U0395783

国家出版基金项目
NATIONAL PUBLICATION FOUNDATION

"十三五"国家重点
出版物出版规划项目

战略前沿新材料
——石墨烯出版工程
丛书总主编　刘忠范

石墨烯薄膜与
柔性光电器件

史浩飞　李占成　等 编著

Graphene Based
Flexible Optoelectronics
Devices

GRAPHENE
11

华东理工大学出版社
EAST CHINA UNIVERSITY OF SCIENCE AND TECHNOLOGY PRESS
·上海·

上海高校服务国家重大战略出版工程资助项目

图书在版编目(CIP)数据

石墨烯薄膜与柔性光电器件/史浩飞等编著.—上海：华东理工大学出版社,2021.4
（战略前沿新材料——石墨烯出版工程/刘忠范总主编）
ISBN 978-7-5628-6345-8

Ⅰ.①石… Ⅱ.①史… Ⅲ.①石墨-纳米材料-薄膜-研究②石墨-纳米材料-柔性材料-光电器件-研究
Ⅳ.①TB383②TN15

中国版本图书馆 CIP 数据核字(2020)第 238763 号

内容提要

全书共八章,依次介绍了石墨烯薄膜的生长、转移、改性、图案化技术及其应用。本书在内容上阐明了基本概念、原理,并介绍了最新的国内外研究进展与成果。具体包括化学气相沉积法制备石墨烯薄膜,石墨烯薄膜基底刻蚀转移法、直接剥离转移法,石墨烯的功函数、导电性能及能带的调控方法,石墨烯的"自上而下"间接图案化制备方法与"自下而上"直接图案化制备方法,以及石墨烯薄膜在有机发光二极管领域、太阳能电池领域、柔性触控和电子纸中的应用等。

本书适用于从事石墨烯薄膜材料制备、性能调控、应用研究,特别是柔性光电器件领域研究工作的工程技术人员,以及科研院所和大中专高校相关专业的学生和科研人员。

项目统筹 / 周永斌　马夫娇
责任编辑 / 陈婉毓
装帧设计 / 周伟伟
出版发行 / 华东理工大学出版社有限公司
地址：上海市梅陇路 130 号,200237
电话：021-64250306
网址：www.ecustpress.cn
邮箱：zongbianban@ecustpress.cn
印　　刷 / 上海雅昌艺术印刷有限公司
开　　本 / 710 mm×1000 mm　1/16
印　　张 / 23.75
字　　数 / 414 千字
版　　次 / 2021 年 4 月第 1 版
印　　次 / 2021 年 4 月第 1 次
定　　价 / 298.00 元

版权所有　侵权必究

战略前沿新材料 —— 石墨烯出版工程
丛书编委会

顾 问 刘云圻 中国科学院院士

　　　　成会明 中国科学院院士

总主编 刘忠范 中国科学院院士

编 委（按姓氏笔画排序）

　　　　史浩飞 中国科学院重庆绿色智能技术研究院,研究员

　　　　曲良体 清华大学,教授

　　　　朱宏伟 清华大学,教授

　　　　任玲玲 中国计量科学研究院,研究员

　　　　刘开辉 北京大学,研究员

　　　　刘忠范 北京大学,院士

　　　　阮殿波 宁波大学,教授

　　　　孙立涛 东南大学,教授

　　　　李义春 中国石墨烯产业技术创新战略联盟,教授

　　　　李永峰 中国石油大学(北京),教授

　　　　杨全红 天津大学,教授

　　　　杨 程 中国航发北京航空材料研究院,研究员

　　　　张 锦 北京大学,院士

　　　　陈弘达 中国科学院半导体研究所,研究员

　　　　周 静 中关村石墨烯产业联盟,秘书长

　　　　段小洁 北京大学,研究员

　　　　侯士峰 山东大学,教授

　　　　高 超 浙江大学,教授

　　　　彭海琳 北京大学,教授

　　　　智林杰 国家纳米科学中心,研究员

　　　　谭平恒 中国科学院半导体研究所,研究员

总序　一

2004 年,英国曼彻斯特大学物理学家安德烈·海姆(Andre Geim)和康斯坦丁·诺沃肖洛夫(Konstantin Novoselov)用透明胶带剥离法成功地从石墨中剥离出石墨烯,并表征了它的性质。仅过了六年,这两位师徒科学家就因"研究二维材料石墨烯的开创性实验"荣摘 2010 年诺贝尔物理学奖,这在诺贝尔授奖史上是比较迅速的。他们向世界展示了量子物理学的奇妙,他们的研究成果不仅引发了一场电子材料革命,而且还将极大地促进汽车、飞机和航天工业等的发展。

从零维的富勒烯、一维的碳纳米管,到二维的石墨烯及三维的石墨和金刚石,石墨烯的发现使碳材料家族变得更趋完整。作为一种新型二维纳米碳材料,石墨烯自诞生之日起就备受瞩目,并迅速吸引了世界范围内的广泛关注,激发了广大科研人员的研究兴趣。被誉为"新材料之王"的石墨烯,是目前已知最薄、最坚硬、导电性和导热性最好的材料,其优异性能一方面激发人们的研究热情,另一方面也掀起了应用开发和产业化的浪潮。石墨烯在复合材料、储能、导电油墨、智能涂料、可穿戴设备、新能源汽车、橡胶和大健康产业等方面有着广泛的应用前景。在当前新一轮产业升级和科技革命大背景下,新材料产业必将成为未来高新技术产业发展的基石和先导,从而对全球经济、科技、环境等各个领域的发展产生深刻影响。中国是石墨资源大国，也是石墨烯研究和应用开发最活跃的国家，已成为全球石墨烯行业发展最强有力的推动力量，在全球石墨烯市场上占据主导地位。

作为 21 世纪的战略性前沿新材料，石墨烯在中国经过十余年的发展，无论在科学研究还是产业化方面都取得了可喜的成绩，但与此同时也面临一些瓶颈和挑战。如何实现石墨烯的可控、宏量制备，如何开发石墨烯的功能和拓展其应用领域，是我国石墨烯产业发展面临的共性问题和关键科学问题。在这一形势背景下，为了推动我国石墨烯新材料的理论基础研究和产业应用水平提升到一个新的高度，完善石墨烯产业发展体系及在多领域实现规模化应用，促进我国石墨烯科学技术领域研究体系建设、学科发展及专业人才队伍建设和人才培养，一套大部头的精品力作诞生了。北京石墨烯研究院院长、北京大学教授刘忠范院士领衔策划了这套"战略前沿新材料——石墨烯出版工程"，共 22 分册，从石墨烯的基本性质与表征技术、石墨烯的制备技术和计量标准、石墨烯的分类应用、石墨烯的发展现状报告和石墨烯科普知识等五大部分系统梳理石墨烯全产业链知识。丛书内容设置点面结合、布局合理，编写思路清晰、重点明确，以期探索石墨烯基础研究新高地、追踪石墨烯行业发展、反映石墨烯领域重大创新、展现石墨烯领域自主知识产权成果，为我国战略前沿新材料重大规划提供决策参考。

参与这套丛书策划及编写工作的专家、学者来自国内二十余所高校、科研院所及相关企业，他们站在国家高度和学术前沿，以严谨的治学精神对石墨烯研究成果进行整理、归纳、总结，以出版时代精品作为目标。丛书展示给读者完善的科学理论、精准的文献数据、丰富的实验案例，对石墨烯基础理论研究和产业技术升级具有重要指导意义，并引导广大科技工作者进一步探索、研究，突破更多石墨烯专业技术难题。相信，这套丛书必将成为石墨烯出版领域的标杆。

尤其让我感到欣慰和感激的是，这套丛书被列入"十三五"国家重点出版物出版规划，并得到了国家出版基金的大力支持，我要向参与丛书编写工作的所有同仁和华东理工大学出版社表示感谢，正是有了你们在各自专业领域中的倾情奉献和互相配合，才使得这套高水准的学术专著能够顺利出版问世。

最后，作为这套丛书的编委会顾问成员，我在此积极向广大读者推荐这套丛书。

中国科学院院士

刘云圻

2020 年 4 月于中国科学院化学研究所

总序 二

"战略前沿新材料——石墨烯出版工程":
一套集石墨烯之大成的丛书

2010 年 10 月 5 日,我在宝岛台湾参加海峡两岸新型碳材料研讨会并作了"石墨烯的制备与应用探索"的大会邀请报告,数小时之后就收到了对每一位从事石墨烯研究与开发的工作者来说都十分激动的消息:2010 年度的诺贝尔物理学奖授予英国曼彻斯特大学的 Andre Geim 和 Konstantin Novoselov 教授,以表彰他们在石墨烯领域的开创性实验研究。

碳元素应该是人类已知的最神奇的元素了,我们每个人时时刻刻都离不开它:我们用的燃料全是含碳的物质,吃的多为碳水化合物,呼出的是二氧化碳。不仅如此,在自然界中纯碳主要以两种形式存在:石墨和金刚石,石墨成就了中国书法,而金刚石则是美好爱情与幸福婚姻的象征。自 20 世纪 80 年代初以来,碳一次又一次给人类带来惊喜:80 年代伊始,科学家们采用化学气相沉积方法在温和的条件下生长出金刚石单晶与薄膜;1985 年,英国萨塞克斯大学的 Kroto 与美国莱斯大学的 Smalley 和 Curl 合作,发现了具有完美结构的富勒烯,并于 1996 年获得了诺贝尔化学奖;1991 年,日本 NEC 公司的 Iijima 观察到由碳组成的管状纳米结构并正式提出了碳纳米管的概念,大大推动了纳米科技的发展,并于 2008 年获得了卡弗里纳米科学奖;2004 年,Geim 与当时他的博士研究生 Novoselov 等人采用粘胶带剥离石墨的方法获得了石墨烯材料,迅速激发了科学界的研究热情。事实上,人类对石墨烯结构并不陌生,石墨烯是由单层碳原子构成的二维蜂窝状结构,是构成其他维数形式碳材料的基本单元,因此关于石墨烯结构的工作可追溯到 20 世纪 40 年代的理论研究。1947 年,Wallace 首次计算了石墨烯的电子结构,并且发现其具有奇特的线性色散关系。自此,石墨烯作为理论模型,被广泛用于描述碳材料的结构与性能,但人们尚未把石墨烯本身也作为一种材料来进行研究与开发。

石墨烯材料甫一出现即备受各领域人士关注,迅速成为新材料、凝聚态物理等领域的"高富帅",并超过了碳家族里已很活跃的两个明星材料——富勒烯和碳纳米管,这主要归因于以下三大理由。一是石墨烯的制备方法相对而言非常简单。Geim 等人采用了一种简单、有效的机械剥离方法,用粘胶带撕裂即可从石墨晶体中分离出高质量的多层甚至单层石墨烯。随后科学家们采用类似原理发明了"自上而下"的剥离方法制备石墨烯及其衍生物,如氧化石墨烯;或采用类似制备碳纳米管的化学气相沉积方法"自下而上"生长出单层及多层石墨烯。二是石墨烯具有许多独特、优异的物理、化学性质,如无质量的狄拉克费米子、量子霍尔效应、双极性电场效应、极高的载流子浓度和迁移率、亚微米尺度的弹道输运特性,以及超大比表面积,极高的热导率、透光率、弹性模量和强度。最后,特别是由于石墨烯具有上述众多优异的性质,使它有潜力在信息、能源、航空、航天、可穿戴电子、智慧健康等许多领域获得重要应用,包括但不限于用于新型动力电池、高效散热膜、透明触摸屏、超灵敏传感器、智能玻璃、低损耗光纤、高频晶体管、防弹衣、轻质高强航空航天材料、可穿戴设备,等等。

因其最为简单和完美的二维晶体、无质量的费米子特性、优异的性能和广阔的应用前景,石墨烯给学术界和工业界带来了极大的想象空间,有可能催生许多技术领域的突破。世界主要国家均高度重视发展石墨烯,众多高校、科研机构和公司致力于石墨烯的基础研究及应用开发,期待取得重大的科学突破和市场价值。中国更是不甘人后,是世界上石墨烯研究和应用开发最为活跃的国家,拥有一支非常庞大的石墨烯研究与开发队伍,位居世界第一。有关统计数据显示,无

　　　　　　　　　　　　　　　　　　　　石墨烯薄膜与柔性光电器件

论是正式发表的石墨烯相关学术论文的数量、中国申请和授权的石墨烯相关专利的数量，还是中国拥有的从事石墨烯相关的企业数量以及石墨烯产品的规模与种类，都远远超过其他任何一个国家。然而，尽管石墨烯的研究与开发已十六载，我们仍然面临着一系列重要挑战，特别是高质量石墨烯的可控规模制备与不可替代应用的开拓。

十六年来，全世界许多国家在石墨烯领域投入了巨大的人力、物力、财力进行研究、开发和产业化，在制备技术、物性调控、结构构建、应用开拓、分析检测、标准制定等诸多方面都取得了长足的进步，形成了丰富的知识宝库。虽有一些有关石墨烯的中文书籍陆续问世，但尚无人对这一知识宝库进行全面、系统的总结、分析并结集出版，以指导我国石墨烯研究与应用的可持续发展。为此，我国石墨烯研究领域的主要开拓者及我国石墨烯发展的重要推动者、北京大学教授、北京石墨烯研究院创院院长刘忠范院士亲自策划并担任总主编，主持编撰"战略前沿新材料——石墨烯出版工程"这套丛书，实为幸事。该丛书由石墨烯的基本性质与表征技术、石墨烯的制备技术和计量标准、石墨烯的分类应用、石墨烯的发展现状报告、石墨烯科普知识等五大部分共 22 分册构成，由刘忠范院士、张锦院士等一批在石墨烯研究、应用开发、检测与标准、平台建设、产业发展等方面的知名专家执笔撰写，对石墨烯进行了 360° 的全面检视，不仅很好地总结了石墨烯领域的国内外最新研究进展，包括作者们多年辛勤耕耘的研究积累与心得，系统介绍了石墨烯这一新材料的产业化现状与发展前景，而且还包括了全球石墨烯产业报告和中国石墨烯产业报告。特别是为了更好地让公众对石墨烯有正确的认识和理解，刘忠范院士还率先垂范，亲自撰写了《有问必答：石墨烯的魅力》这一科普分册，可谓匠心独具、运思良苦，成为该丛书的一大特色。我对他们在百忙之中能够完成这一巨制甚为敬佩，并相信他们的贡献必将对中国乃至世界石墨烯领域的发展起到重要推动作用。

刘忠范院士一直强调"制备决定石墨烯的未来"，我在此也呼应一下："石墨烯的未来源于应用"。我衷心期望这套丛书能帮助我们发明、发展出高质量石烯的制备技术，帮助我们开拓出石墨烯的"杀手锏"应用领域，经过政产学研用的通力合作，使石墨烯这一结构最为简单但性能最为优异的碳家族的最新成员成为支撑人类发展的神奇材料。

中国科学院院士

成会明，2020 年 4 月于深圳

清华大学，清华－伯克利深圳学院，深圳

中国科学院金属研究所，沈阳材料科学国家研究中心，沈阳

丛书前言

　　石墨烯是碳的同素异形体大家族的又一个传奇,也是当今横跨学术界和产业界的超级明星,几乎到了家喻户晓、妇孺皆知的程度。当然,石墨烯是当之无愧的。作为由单层碳原子构成的蜂窝状二维原子晶体材料,石墨烯拥有无与伦比的特性。理论上讲,它是导电性和导热性最好的材料,也是理想的轻质高强材料。正因如此,一经问世便吸引了全球范围的关注。石墨烯有可能创造一个全新的产业,石墨烯产业将成为未来全球高科技产业竞争的高地,这一点已经成为国内外学术界和产业界的共识。

　　石墨烯的历史并不长。从 2004 年 10 月 22 日,安德烈·海姆和他的弟子康斯坦丁·诺沃肖洛夫在美国 *Science* 期刊上发表第一篇石墨烯热点文章至今,只有十六个年头。需要指出的是,关于石墨烯的前期研究积淀很多,时间跨度近六十年。因此不能简单地讲,石墨烯是 2004 年发现的、发现者是安德烈·海姆和康斯坦丁·诺沃肖洛夫。但是,两位科学家对"石墨烯热"的开创性贡献是毋庸置疑的,他们首次成功地研究了真正的"石墨烯材料"的独特性质,而且用的是简单的透明胶带剥离法。这种获取石墨烯的实验方法使得更多的科学家有机会开展相关研究,从而引发了持续至今的石墨烯研究热潮。2010 年 10 月 5 日,两位拓荒者荣获诺贝尔物理学奖,距离其发表的第一篇石墨烯论文仅仅六年时间。

"构成地球上所有已知生命基础的碳元素,又一次惊动了世界",瑞典皇家科学院当年发表的诺贝尔奖新闻稿如是说。

从科学家手中的实验样品,到走进百姓生活的石墨烯商品,石墨烯新材料产业的前进步伐无疑是史上最快的。欧洲是石墨烯新材料的发祥地,欧洲人也希望成为石墨烯新材料产业的领跑者。一个重要的举措是启动"欧盟石墨烯旗舰计划",从 2013 年起,每年投资一亿欧元,连续十年,通过科学家、工程师和企业家的接力合作,加速石墨烯新材料的产业化进程。英国曼彻斯特大学是石墨烯新材料呱呱坠地的场所,也是世界上最早成立石墨烯专门研究机构的地方。2015 年 3 月,英国国家石墨烯研究院(NGI)在曼彻斯特大学启航;2018 年 12 月,曼彻斯特大学又成立了石墨烯工程创新中心(GEIC)。动作频频,基础与应用并举,矢志充当石墨烯产业的领头羊角色。当然,石墨烯新材料产业的竞争是激烈的,美国和日本不甘其后,韩国和新加坡也是志在必得。据不完全统计,全世界已有 179 个国家或地区加入了石墨烯研究和产业竞争之列。

中国的石墨烯研究起步很早,基本上与世界同步。全国拥有理工科院系的高等院校,绝大多数都或多或少地开展着石墨烯研究。作为科技创新的国家队,中国科学院所辖遍及全国的科研院所也是如此。凭借着全球最大规模的石墨烯研究队伍及其旺盛的创新活力,从 2011 年起,中国学者贡献的石墨烯相关学术论文总数就高居全球榜首,且呈遥遥领先之势。截至 2020 年 3 月,来自中国大陆的石墨烯论文总数为 101 913 篇,全球占比达到 33.2%。需要强调的是,这种领先不仅仅体现在统计数字上,其中不乏创新性和引领性的成果,超洁净石墨烯、超级石墨烯玻璃、烯碳光纤就是典型的例子。

中国对石墨烯产业的关注完全与世界同步,行动上甚至更为迅速。统计数据显示,早在 2010 年,正式工商注册的开展石墨烯相关业务的企业就高达 1 778 家。截至 2020 年 2 月,这个数字跃升到 12 090 家。对石墨烯高新技术产业来说,知识产权的争夺自然是十分激烈的。进入 21 世纪以来,知识产权问题受到国人前所未有的重视,这一点在石墨烯新材料领域得到了充分的体现。截至

2018年底，全球石墨烯相关的专利申请总数为69 315件，其中来自中国大陆的专利高达47 397件，占比68.4%，可谓是独占鳌头。因此，从统计数据上看，中国的石墨烯研究与产业化进程无疑是引领世界的。当然，不可否认的是，统计数字只能反映一部分现实，也会掩盖一些重要的"真实"，当然这一点不仅仅限于石墨烯新材料领域。

中国的"石墨烯热"已经持续了近十年，甚至到了狂热的程度，这是全球其他国家和地区少见的。尤其在前几年的"石墨烯淘金热"巅峰时期，全国各地争相建设"石墨烯产业园""石墨烯小镇""石墨烯产业创新中心"，甚至在乡镇上都建起了石墨烯研究院，可谓是"烯流滚滚"，真有点像当年的"大炼钢铁运动"。客观地讲，中国的石墨烯产业推进速度是全球最快的，既有的产业大军规模也是全球最大的，甚至吸引了包括两位石墨烯诺贝尔奖得主在内的众多来自海外的"淘金者"。同样不可否认的是，中国的石墨烯产业发展也存在着一些不健康的因素，一哄而上，遍地开花，导致大量的简单重复建设和低水平竞争。以石墨烯材料生产为例，2018年粉体材料年产能达到5 100吨，CVD薄膜年产能达到650万平方米，比其他国家和地区的总和还多，实际上已经出现了产能过剩问题。2017年1月30日，笔者接受澎湃新闻采访时，明确表达了对中国石墨烯产业发展现状的担忧，随后很快得到习近平总书记的高度关注和批示。有关部门根据习总书记的指示，做了全国范围的石墨烯产业发展现状普查。三年后的现在，应该说情况有所改变，随着人们对石墨烯新材料的认识不断深入，以及从实验室到市场的产业化实践，中国的"石墨烯热"有所降温，人们也渐趋冷静下来。

这套大部头的石墨烯丛书就是在这样一个背景下诞生的。从2004年至今，已经有了近十六年的历史沉淀。无论是石墨烯的基础研究，还是石墨烯材料的产业化实践，人们都有了更多的一手材料，更有可能对石墨烯材料有一个全方位的、科学的、理性的认识。总结历史，是为了更好地走向未来。对于新兴的石墨烯产业来说，这套丛书出版的意义也是不言而喻的。事实上，国内外已经出版了数十部石墨烯相关书籍，其中不乏经典性著作。本丛书的定位有所不同，希望能够全面总结石墨烯相关的知识积累,反映石墨烯领域的国内外最新研究进展,展示石墨烯新材料的产业化现状与发展前景,尤其希望能够充分体现国人对石墨烯领域的贡献。本丛书从策划到完成前后花了近五年时间,堪称马拉松工程,如果没有华东理工大学出版社项目团队的创意、执着和巨大的耐心,这套丛书的问世是不可想象的。他们的不达目的决不罢休的坚持感动了笔者,让笔者承担起了这项光荣而艰巨的任务。而这种执着的精神也贯穿整个丛书编写的始终,融入每位作者的写作行动中,把好质量关,做出精品,留下精品。

　　本丛书共包括 22 分册,执笔作者 20 余位,都是石墨烯领域的权威人物、一线专家或从事石墨烯标准计量工作和产业分析的专家。因此,可以从源头上保障丛书的专业性和权威性。丛书分五大部分,囊括了从石墨烯的基本性质和表征技术,到石墨烯材料的制备方法及其在不同领域的应用,以及石墨烯产品的计量检测标准等全方位的知识总结。同时,两份最新的产业研究报告详细阐述了世界各国的石墨烯产业发展现状和未来发展趋势。除此之外,丛书还为广大石墨烯迷们提供了一份科普读物《有问必答:石墨烯的魅力》,针对广泛征集到的石墨烯相关问题答疑解惑,去伪求真。各分册具体内容和执笔分工如下:01 分册,石墨烯的结构与基本性质(刘开辉);02 分册,石墨烯表征技术(张锦);03 分册,石墨烯基材料的拉曼光谱研究(谭平恒);04 分册,石墨烯制备技术(彭海琳);05 分册,石墨烯的化学气相沉积生长方法(刘忠范);06 分册,粉体石墨烯材料的制备方法(李永峰);07 分册,石墨烯材料质量技术基础:计量(任玲玲);08 分册,石墨烯电化学储能技术(杨全红);09 分册,石墨烯超级电容器(阮殿波);10 分册,石墨烯微电子与光电子器件(陈弘达);11 分册,石墨烯薄膜与柔性光电器件(史浩飞);12 分册,石墨烯膜材料与环保应用(朱宏伟);13 分册,石墨烯基传感器件(孙立涛);14 分册,石墨烯宏观材料及应用(高超);15 分册,石墨烯复合材料(杨程);16 分册,石墨烯生物技术(段小洁);17 分册,石墨烯化学与组装技术(曲良体);18 分册,功能化石墨烯材料及应用(智林杰);19 分册,石墨烯粉体材料:从基础研究到工业应用(侯士峰);20 分册,全球石墨烯产业研究报告(李义春);21分册,中国石墨烯产业研究报告(周静);22分册,有问必答:石墨烯的魅力(刘忠范)。

本丛书的内容涵盖石墨烯新材料的方方面面,每个分册也相对独立,具有很强的系统性、知识性、专业性和即时性,凝聚着各位作者的研究心得、智慧和心血,供不同需求的广大读者参考使用。希望丛书的出版对中国的石墨烯研究和中国石墨烯产业的健康发展有所助益。借此丛书成稿付梓之际,对各位作者的辛勤付出表示真诚的感谢。同时,对华东理工大学出版社自始至终的全力投入表示崇高的敬意和诚挚的谢意。由于时间、水平等因素所限,丛书难免存在诸多不足,恳请广大读者批评指正。

刘忠范

2020年3月于墨园

前 言

　　柔性光电薄膜(如透明导电薄膜等)材料是新型显示、高效光伏器件等领域的核心材料,推动着信息社会的迅速发展。石墨烯的高载流子迁移率、宽波段光学响应、优异机械柔性等特性使之成为柔性光电薄膜的重要候选材料。此外,相对于其他新兴柔性光电薄膜材料,石墨烯还具备水氧阻隔、功函数易调控、掺杂方便等特性,有利于实现高性能光电器件。目前,石墨烯已在光电探测、有机发光二极管(Organic Light‐Emitting Diode, OLED)、太阳能电池、柔性触控、柔性电子纸等器件的研究方面得到了广泛关注,有望推动人机交互、智能穿戴、绿色能源等应用领域快速发展。

　　尽管目前已有石墨烯薄膜和柔性光电器件的相关综述文章及部分书籍章节,但尚无专著全面系统地介绍该主题。鉴于此,我们承蒙刘忠范院士的邀请,编写了本书。为了满足读者对该领域最新进展的系统了解,我们召集了从事相关研究的科研人员,共同凝练和总结了该领域的研究现状,形成了本书的主要内容。全书分为八章,依次介绍了石墨烯薄膜的生长、转移、改性、图案化技术及其应用。全书在内容上阐明了基本概念、原理,并介绍了最新的国内外研究进展与成果。第1章绪论由罗伟撰写,第2章石墨烯薄膜制备技术由李占成和张永娜撰写,第3章石墨烯薄膜转移技术由朱鹏撰写,第4章石墨烯薄膜性能调控方法由黄德萍和段银武撰写,第5章石墨烯薄膜图案化工艺由聂长斌和农金鹏撰写,第6章石墨烯薄膜在 OLED 领域的应用由冷重钱撰写,第7章石墨烯薄膜在太阳能电池领域的应用由姬乙雄撰写,第8章石墨烯薄膜在柔性电子纸和触控器件中的应用由姜浩、马金鑫和徐鑫撰写。全书由史浩飞负责统稿、审稿,李占成负责全书的整理、校对工作。此外,刘前林、周熙、杨婵、蒋昊也参与了全书的校对。由于编著者的专业水平有限，加之该领域发展迅速、学科交叉性强，书中难免存在不足和谬误之处，恳请各位专家和读者多多批评指正。

我们希望此书在激发石墨烯研究兴趣方面能够做出一点微薄的贡献，愿更多的学者和技术人员投身其中，共同推动该领域的进步与发展。

目 录

● **第 3 章　石墨烯薄膜转移技术**　079

第 1 章

绪　　论

1.1　石墨烯光电性质概述

　　长期以来,传统理论认为二维晶体因热力学扰动而无法稳定存在。直至 2004 年,英国曼彻斯特大学的康斯坦丁·诺沃肖洛夫(K. Novoselov)和安德烈·海姆(A. Geim)使用 3M 胶带从高定向热解石墨中剥离出首片二维晶体——石墨烯,掀起了以石墨烯为代表的二维材料研究热潮。石墨烯是一种由 sp² 杂化碳原子呈蜂巢晶格排列构成的二维薄膜材料[图 1-1(a)],每个碳原子贡献 s、p_x、p_y 轨道电子与邻近 3 个碳原子形成 σ 键,余下的 p_z 轨道电子则垂直于石墨烯平面形成离域大 π 键。独特的原子结构赋予了石墨烯优异的物理化学特性。其载流子迁移率高达 2×10^5 cm²/(V·s),杨氏模量和强度分别约为 1 TPa、130 GPa,热导率和比表面积分别可达 5 300 W/(m·K)、2 630 m³/g,并展现出常温量子霍尔效应、室温弹道输运、非线性光学性质、宽带光学响应等特性。因此,石墨烯在众多研究和应用领域得到了广泛关注。

图 1-1　石墨烯的结构

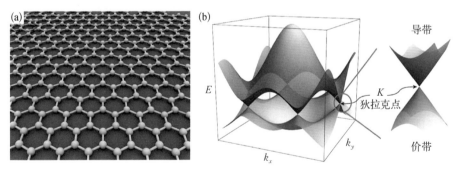

（a）原子结构；（b）能带结构

　　在柔性光电器件领域,石墨烯作为新兴柔性透明导电材料激发了科研人员浓厚的研究兴趣。柔性透明导电薄膜既是器件内部各功能层与外部驱动电路形成电气通道的关键环节,又是光束从器件入射或出射的窗口,因此在柔性光电器件中扮演着重要的角色。而且石墨烯优异的光电和机械性能使之成为极具潜力的柔性透明导电薄膜。

得益于特殊的能带结构,石墨烯具有极高的载流子迁移率,是优良的导电材料。其价带与导带在布里渊区边缘相交于狄拉克点,如图 1-1(b)所示。能带在布里渊区附近相交形成狄拉克锥形能谱,在这些相交点附近,电子能量与波矢呈线性关系,因此电子表现出无质量的狄拉克费米子行为,其费米速度可达光速的 1/300,石墨烯能在常温下具有超高载流子迁移率,其电导率高达 10^8 S/m。

石墨烯具有宽谱高透过率,透光光谱宽而平坦,覆盖可见光到近红外波段。因其独特的锥形电子结构,本征态石墨烯的光电导 G 是与光子频率无关的恒定值: $G=e^2/4\hbar$。式中,e 为元电荷; $\hbar$ 为约化普朗克常量,$\hbar=h/2\pi$,其中 h 为普朗克常量。因而石墨烯的透过率 T 与光子频率无关,其取决于精细常数 α,即

$$T=(1+2\pi G/c)^{-2} \approx 1-\pi\alpha \approx 97.7\% \qquad (1-1)$$

式中,$\pi\alpha \approx 2.3\%$ 为单层石墨烯的吸收率; $\alpha=e^2/\hbar c$,其中 c 为光速。因此,石墨烯在可见光及近红外波段的透过率可达 97.7%,这有助于利用更多光谱波段的光能量。对于多层石墨烯,可将其近似光学等效为非接触的单层石墨烯的叠加。所以忽略石墨烯较小的反射率且仅考虑每层石墨烯吸收约 2.3% 的光,N 层石墨烯的透过率为 $(1-\pi\alpha)^N \approx 1-2.3\% \times N$。最后,石墨烯的原子结构使其具备良好的柔性。石墨烯能于 11% 的拉伸应变下保持其导电性能,于 3% 的弯曲应变下被弯曲 30 万次而方块电阻维持不变。

近年来,石墨烯新技术的开发进一步拓展了其应用前景。例如,大面积单晶石墨烯生长技术利于获得高质量的薄膜材料,提升器件的光电特性;石墨烯清洁转移技术有效减少薄膜表面杂质,利于制备高性能的薄膜光电器件。柔性石墨烯薄膜将会对柔性太阳能电池、柔性有机发光二极管、柔性触控及柔性显示等柔性光电器件的发展带来全新的机遇。

1.2　石墨烯与柔性透明导电薄膜

传统的透明导电薄膜是基于透明导电氧化物材料,主要包含 In_2O_3、SnO_2、

ZnO、Cd₂InO₄ 及其掺杂体系 In₂O₃：Sn(氧化铟锡，简称 ITO)、SnO₂：F(掺氟二氧化锡，简称 FTO)、ZnO：Al(掺铝氧化锌，简称 AZO 或 ZAO)等。其基本特性包括较大的禁带宽度(＞3.0 eV)、较低的电阻率($10^{-5} \sim 10^{-4}$ Ω·cm)、较高的可见光透过率(＞80%)、紫外区的截止特性及红外区的高反射率。透明导电氧化物薄膜面临透光光谱窄、离子扩散、稀有金属资源限制等问题，并在低应力下易破裂而无法承受反复弯曲。易脆性成为透明导电氧化物薄膜的发展瓶颈，以致其难以满足未来柔性光电器件可挠曲变形的应用需求，因此发展了以石墨烯、金属等为基底材料的新型柔性透明导电薄膜。以下将分别介绍金属基、导电高分子、碳纳米管、石墨烯透明导电薄膜，并分析石墨烯与其他透明导电薄膜在方块电阻、透过率、功函数、粗糙度、柔性、雾度等技术指标上的差异与优势。

1. 金属基透明导电薄膜

根据金属基透明导电薄膜的结构，分为金属纳米线薄膜、金属网格薄膜和超薄金属薄膜三类。

(1) 金属纳米线薄膜

金属纳米线薄膜是由金属线交织而成的金属网络薄膜，具备光电性能优异、柔性良好、可溶液加工、大批量低成本制备等优点，如图 1-2 所示。金属纳米线的直径通常为几十纳米到几百纳米，长度为几十微米到几百微米，种类包含综合性能优异的银纳米线、低成本的铜纳米线、高稳定性的金纳米线等。金属纳米线薄膜的光电性能主要取决于三方面：金属纳米线的性质(组成和尺寸)、金属纳米线网络的形成(用量和排列方式)、金属纳米线间的接触电阻。在研究金属纳米线的性质方面，经过仿真计算，高长径比的金属纳米线将有利于实现更低的方块电阻和更高的透过率。目前，银纳米线的平均直径、长度分别为 $20 \sim 200$ nm、$10 \sim 300$ μm，长径比为 $1\,000 \sim 4\,000$。在研究金属纳米线的形成方面，发展了旋涂、刮涂、喷涂、狭缝式挤压涂布等方法，这些方法通常会引起金属纳米线随机排布。通过引入毛细作用、剪切力等手段来合理地排列金属纳米线，有助于减少金属纳米线的用量以增强电极性能。降低金属纳米线间的接触电阻是优化光电性能的关键，为此开发了热处理、溶剂清洗、等离子刻蚀、机械压印、材料复合、电化学镀膜、焊接等技术。金属纳米线纵横交错、上下堆叠的排列方式导致其导电薄膜界面粗糙,不利于制备有机发光二极管等器件,将金属纳米线嵌入聚合物、复合其他透明电极等方法可用于改善粗糙度问题。金属纳米线的散射作用会引发电极产生一定雾度,从而影响显示清晰度,如图1-2(c)所示。此外,金属纳米线面临稳定性问题,特别是银纳米线和铜纳米线,易被空气环境中的水、氧、硫等侵蚀,并在光照、高温及电流条件下加速退化。

图 1-2 银纳米线薄膜

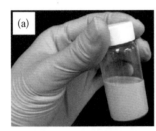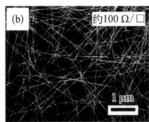

(a)银纳米线溶液;(b)SEM图;(c)柔性透明导电薄膜

(2)金属网格薄膜

金属网格薄膜通常是指互相致密连接的周期性金属线网络薄膜。相比于金属纳米线薄膜,它的优点在于金属线间无接触电阻、金属线的长径比可调控、金属网格的图形可设计。理论上,在给定透过率的情况下,可设计足够厚的金属网格以实现足够低的方块电阻,但由此会增加工艺难度和薄膜表面粗糙度。因此,金属网格的设计和制备方法是其研究重点。在设计方面,金属网格可以被制备为正方形、三角形、蜂巢状、裂纹状、纳米槽网络等图形。在制备方法方面,开发了光刻、激光烧结、纳米压印、静电纺丝、模板调制自组装、打印等技术。其中光刻、激光烧结等减法工艺和纳米压印等真空镀膜工艺因材料利用率低或制备过程复杂而存在成本高昂的问题,而利用金属纳米颗粒等材料自下而上地制备金属网格的溶液法则具备低成本优势。金属网格的光电性能较好,例如电镀法制备的嵌入式金属网格(图1-3)可达到高于90%的透过率及小于1 Ω/□的方块电阻。类似于金属纳米线,金属网格也存在界面粗糙问题。金属网格的功函数、稳定性等性质取决于金属原材料,例如金的功函数高,但价格昂贵;铜的功函数中等,但稳定性较差;银的电导率最高,但功函数较低。此外,金属网格存在一个共性问题:导电薄膜非连续,金属网格裸眼可见,从而影响其在高分辨率显示方面的应用。

        石墨烯薄膜与柔性光电器件

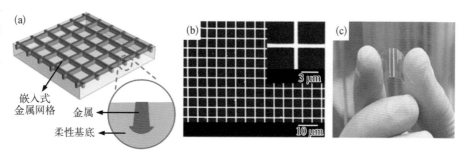

图 1-3 嵌入式金属网格薄膜

嵌入式
金属网格
金属
柔性基底

（a）示意图；（b）SEM 图；（c）柔性透明导电薄膜

（3）超薄金属薄膜

超薄金属薄膜是指厚度为几纳米或者数十纳米并具备一定透光率的金属导电薄膜。区别于金属纳米线薄膜、金属网格薄膜，超薄金属薄膜是连续且平整的导电薄膜。通常，超薄金属薄膜须在其界面匹配一定厚度的增透层或减反射层以提高导电薄膜的透过率。根据匹配材料的种类，超薄金属薄膜可分为介质/金属/介质复合多层结构薄膜和透明导电氧化物/金属/透明导电氧化物叠层透明导电薄膜。其中，金属层的厚度和界面性质严重影响导电薄膜的光电性能。这是由于金属在成膜过程中会因其与基底的表面能不匹配而形成非连续的三维岛状结构，为了形成完整连续的导电通道，需要增大金属膜厚度，甚至大于金属的趋肤深度，因此对导电薄膜的透过率有较大的影响。解决该问题的思路是添加金属、金属氧化物、有机小分子、复合层等种子层以减小临界成膜厚度，或者掺杂金属薄膜以抑制金属的三维岛状生长模式。例如，利用聚乙烯亚胺（PEI）作为种子层的方法能有效减小银的临界成膜厚度且提升薄膜连续性，如图 1-4 所示。

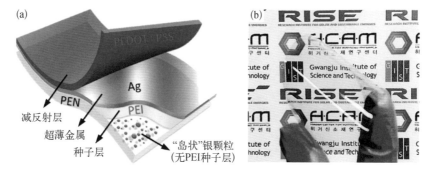

图 1-4 基于 PEI 种子层的银纳米薄膜

PEDOT:PSS
Ag
PEN
PEI
减反射层
超薄金属
种子层
"岛状"银颗粒
（无PEI种子层）

（a）示意图；（b）超薄金属柔性透明导电薄膜

并引入导电聚合物作为减反射层,可使透明导电薄膜获得小于10 Ω/□的方块电阻和大于95%的透过率。超薄金属薄膜还具有功函数可调节的优点,通过改变所匹配的上层界面材料能够成为高功函数的阳极或低功函数的阴极。但超薄金属薄膜也存在稳定性问题,且附着力差,薄膜易于脱落而导致器件失效。

2. 导电高分子透明导电薄膜

1977 年,Heeger 发现聚乙炔薄膜经电子受体掺杂后电导率增加了 9 个数量级,打破了有机高分子(聚合物)总是绝缘体的传统观念。此后,出现了聚噻吩、聚吡咯、聚苯胺等导电高分子,其中以聚乙撑二氧噻吩-聚(苯乙烯磺酸盐)[PEDOT∶PSS,如图 1-5(a)所示]为代表。PEDOT∶PSS 具有可溶液加工、成膜平整、功函数较高(4.9~5.2 eV)且机械柔性和透光性优良的特点。其原始电导率通常小于 1 S/cm,所以提高 PEDOT∶PSS 的电导率是其研究重点。采取的思路为实现 PEDOT 和 PSS 相分离,运用该方法制备的 PEDOT∶PSS 薄膜经过浓硫酸处理后,其电导率可被提高到 4 380 S/cm,接近 ITO 的电导率(约5 000 S/cm)。PEDOT∶PSS 的可溶液加工能力使之兼容低成本的溶液法薄膜器件制备技术。图 1-5(b)列举了溶液法卷对卷制备的 PEDOT∶PSS 柔性透明导电薄膜,其在 50 000 次弯曲循环中方块电阻变化产生的标准差仅为 2.32 Ω/□,展现出优异的柔性。然而,PEDOT∶PSS 存在酸性和易吸湿性的缺点,影响了其薄膜和器件稳定性,这还需要进一步解决。

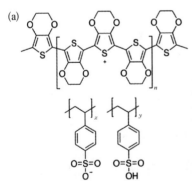 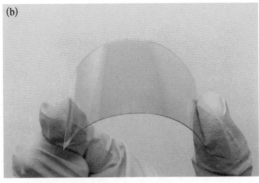

图 1-5 PEDOT∶PSS 透明导电薄膜

(a) PEDOT∶PSS 分子结构;(b) 溶液法卷对卷制备的 PEDOT∶PSS 柔性透明导电薄膜

石墨烯薄膜与柔性光电器件

3. 碳纳米管透明导电薄膜

碳纳米管透明导电薄膜的研究始于 2004 年所报道的抽滤和浸涂法制备的单壁碳纳米管[图 1-6(a)]薄膜，其优点在于可溶液法制备、稳定性高、机械强度大、柔性性能良好。碳纳米管的宏量制备主要通过化学气相沉积（Chemical Vapor Deposition，CVD）法，之后利用溶液法进一步制备碳纳米管透明导电薄膜，例如图 1-6(b)所示的刷涂法可便捷制备高性价比的碳纳米管透明导电薄膜，其方块电阻、透过率分别达到 286 Ω/□、78.45%。因碳纳米管长径比高、比表面积大，范德瓦耳斯力容易导致其积聚，从而引发溶液法制备碳纳米管的材料分散问题。此外，碳纳米管透明导电薄膜存在界面粗糙和接触电阻问题。尤其是接触电阻问题，降低了碳纳米管透明导电薄膜的光电性能。单壁碳纳米管可达到 2×10^5 S/cm 的电导率和 1×10^5 cm²/(V·s) 的载流子迁移率，但碳纳米管随机分布构成的薄膜仅获得了约 6 600 S/cm 的电导率和 $1\sim10$ cm²/(V·s) 的载流子迁移率。碳纳米管透明导电薄膜的光电性能尚且不高，有待进一步深入研究。

图 1-6 碳纳米管透明导电薄膜

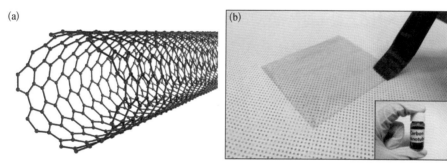

（a）单壁碳纳米管结构；（b）刷涂法制备高性价比的碳纳米管透明导电薄膜（插图为碳纳米管溶液）

4. 石墨烯透明导电薄膜

石墨烯拥有优异的光学、电学、力学、热学等性质，其单层薄膜的透过率高、导电性好且柔性性能优良，如图 1-7(a)所示。石墨烯的制备方法可分为 CVD 法、碳化硅外延生长法、机械剥离法、液相剥离法、氧化还原法等，其中 CVD 法以优异的综合性能和大面积制备的潜力成为制备石墨烯的主要方法之一。

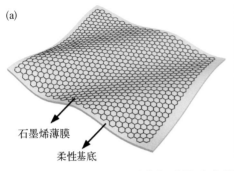
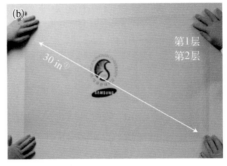

图 1-7　石墨烯透明导电薄膜

（a）柔性石墨烯透明导电薄膜示意图；（b）卷对卷制备及转移的 30 in 大面积石墨烯薄膜

　　实现石墨烯薄膜的低方块电阻是获得高性能透明导电薄膜的关键。其方块电阻 R_{sh} 的计算公式可表达为

$$R_{sh} = \left(\sum_{i=1}^{N} e\,\mu_i n_i \right)^{-1} \tag{1-2}$$

式中，μ_i 和 n_i 分别为第 i 层石墨烯薄膜的载流子迁移率和载流子浓度；e 为元电荷。从式（1-2）可得出降低石墨烯薄膜方块电阻的三种方法。① 增加石墨烯薄膜的载流子迁移率，为此需要减少石墨烯的缺陷、开发大面积单晶石墨烯生长和石墨烯无损转移技术。② 增加石墨烯薄膜的载流子浓度，通常采取吸附掺杂或晶格掺杂技术，前者使用氯化金（$AuCl_3$）、硝酸（HNO_3）等掺杂试剂，后者则使用氮、硼等原子替换石墨烯中的碳原子。③ 增加石墨烯薄膜的层数，通过并联多层石墨烯以降低方块电阻，包含的方法有反复转移得到多层石墨烯、直接生长多层石墨烯、还原氧化石墨烯等。2010 年，Bae 等报道了卷对卷制备及转移 30 in 大面积石墨烯薄膜［图 1-7（b）］，通过硝酸掺杂并堆叠 4 层石墨烯使透明导电薄膜获得了 30 Ω/□ 的方块电阻和 90% 的透过率。

　　表 1-1 对比了目前主要透明导电薄膜的性能。石墨烯薄膜存在润湿性差、制备成本高等问题，光电综合性能也有待提升，但石墨烯薄膜在功函数可调性、稳定性、雾度等技术指标上具备优势。

---

① 　1 in＝0.025 4 m。

表 1-1 不同透明导电薄膜的性能对比（○ 表示优异，□ 表示一般，△ 表示有待改善）

电极种类	高透过率低方块电阻	功函数可调性	粗糙度	柔性	稳定性	雾度	图案化	润湿性	成本
商用 ITO	□	□	○	△	○	○	○	□	□
金属纳米线薄膜	○	□	△①	○	△②	△	□	□	○
金属网格薄膜	○	□	△①	○	○	○	□	□	□
超薄金属薄膜	○	○	○	○	□	○	△	○	□
导电高分子薄膜	△	○	○	○	△	○	□	□	○
碳纳米管薄膜	△	○	△	○	○	□	□	□	□
石墨烯薄膜	□	○	○	○	○	○	○	△	△

① 所指金属基透明导电薄膜采用常规结构，而采用嵌入结构则具有较小的粗糙度；
② 所指金属基透明导电薄膜采用常规材料和结构，而采用稳定金属或嵌入结构则具有较好的稳定性。

1.3 石墨烯柔性光电器件

石墨烯优异的综合性能使之在柔性光电器件中展现出应用潜力。其在稳定性、水氧阻隔性、功函数可调性等方面的特性将为有机发光二极管、太阳能电池、触摸屏、电子墨水和液晶显示面板等柔性光电器件的发展带来新的机遇。

1. 有机发光二极管

石墨烯薄膜是有机发光二极管（OLED）透明电极的候选材料，其优异的柔性有望满足 OLED 可挠曲变形的需求。石墨烯薄膜的易修饰性使功函数具备较大的调控范围，因而既可作为高功函数的 OLED 阳极，也可以作为低功函数的 OLED 阴极。图 1-8 是石墨烯薄膜作为 OLED 阳极的结构示意图和柔性石墨烯 OLED 发光照片。石墨烯芳香环中的高电子密度仅形成 0.064 nm 的几何孔径，小至任何分子无法通过，可阻隔导致 OLED 性能退化的水氧分子，由此具备器件封装功能。此外，石墨烯结构稳定，不存在困扰传统导电氧化物的离子扩散问题，从而避免离子扩散至有源层而引起发光激子猝灭。

2. 太阳能电池

石墨烯薄膜在太阳能电池器件中可扮演多种角色，如透明电极、光活性层、

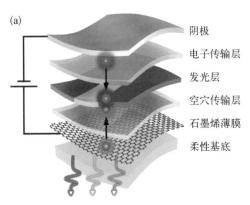

(a)
阴极
电子传输层
发光层
空穴传输层
石墨烯薄膜
柔性基底

图 1-8 柔性石墨烯 OLED

（a）结构示意图；（b）实验室样品发光照片

载流子传输通道等，如图 1-9 所示。作为透明电极，石墨烯薄膜已被用于多种光伏器件，如无机太阳能电池、有机太阳能电池、染料敏化太阳能电池、钙钛矿太阳能电池等。相比于其他透明导电薄膜，其具备宽谱高透过率的独特优势，在近红外波段仍能达到约 97.7% 的高透过率，从而扩展了太阳能光伏器件的利用范围，有效地提升了器件效率。此外，石墨烯 sp^2 的杂化结构赋予其化学稳定性，使石墨烯薄膜具备耐候性和耐久性，利于光伏器件于恶劣环境下工作。

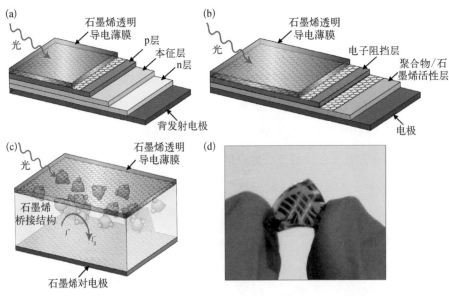

图 1-9 基于石墨烯透明电极的柔性太阳能电池器件

（a）无机太阳能电池结构示意图；（b）有机太阳能电池结构示意图；（c）染料敏化太阳能电池结构示意图；（d）有机太阳能电池器件实物照片

3. 触摸屏

石墨烯薄膜有望满足柔性触摸屏对方块电阻和透过率的应用要求。柔性触摸屏依赖电阻或电容的变化来判断触点位置,而反复的弯曲会引起导电薄膜电学性能衰退,所以导电薄膜的方块电阻稳定性是应用的重要指标。相比于其他柔性导电薄膜,石墨烯薄膜能于3%的应变下承受约30万次弯曲循环而保持方块电阻稳定,且具备毫米尺度的弯曲半径。目前,石墨烯薄膜已实现在柔性触摸屏上的应用(图1-10)。

图1-10 柔性石墨烯触摸屏

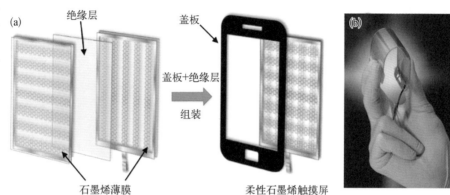

(a)结构示意图;(b)实物照片

4. 电子墨水和液晶显示面板

石墨烯薄膜可作为柔性透明导电窗口用于柔性电子墨水和液晶显示面板。柔性透明导电窗口既可为这类光电器件施加电场,改变电子墨水或聚合物分散型液晶的状态,从而变换显示图形,也可以作为光学透明窗口使图形得以显示(图1-11)。传统的透明导电窗口材料ITO因昂贵的稀土原材料及其易脆性而难

图1-11 基于石墨烯薄膜的柔性液晶显示透明导电窗口

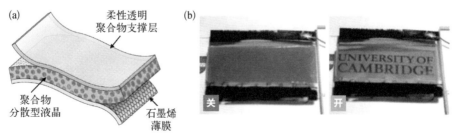

(a)结构示意图;(b)实物照片

以满足发展要求。石墨烯薄膜则具备潜在的成本优势,其优异的柔性还使之兼容电子墨水、液晶显示面板的卷对卷生产方式,进一步降低制备成本。未来,石墨烯薄膜有望使柔性电子墨水及液晶显示器件泛在化,用于电子纸、电子标签和广告面板等领域。

1.4　石墨烯应用的技术需求

目前,石墨烯薄膜已在柔性光电器件领域展现出积极的发展态势。因不同器件的需求差异,石墨烯应用于这些柔性光电器件的具体过程中须关注其如下几方面性质。

1. 合适的方块电阻和透过率

不同应用领域对石墨烯薄膜的方块电阻和透过率需求不同。例如对于电阻类触摸屏,石墨烯薄膜的方块电阻为 $10\sim10^3$ $\Omega/\square$,而薄膜太阳能电池和 OLED 的高工作电流密度使得它们需要低至 10 $\Omega/\square$ 的石墨烯薄膜。在透过率方面,电阻类触摸屏的要求则高于薄膜太阳能电池和 OLED,须达到大于 90%。综合分析方块电阻和透过率的需求,薄膜太阳能电池和 OLED 等器件对方块电阻的需求相对较高,以期提升器件效率,而电阻类触摸屏等器件则对透过率的需求相对较高。

2. 匹配的功函数

本征态石墨烯的功函数为 4.4~4.6 eV。若用于提取或注入空穴,其功函数偏小;若用于提取或注入电子,其功函数偏大。因此,石墨烯薄膜作为电极与有机半导体接触时,其功函数须被调控以匹配能级。由于石墨烯的易修饰性,可通过掺杂或吸附一层界面材料进行调控,目前其功函数最小可调控至 3.25 eV,最大可增加到 5.95 eV。

3. 大面积均匀性

石墨烯薄膜须具备大面积均匀的性质以满足柔性光电器件的性能及应用需求，例如目前第六代柔性 OLED 生产线采用 1 850 mm×1 500 mm 的基底。如此大尺寸的石墨烯薄膜，对其均匀性也提出了挑战，须保证整个石墨烯薄膜的方块电阻等性能指标的变化率控制在较小范围内。

4. 易加工性

为了图案化石墨烯薄膜以应用于柔性光电器件，石墨烯薄膜须具备易加工性。一方面，石墨烯薄膜应易于大面积刻蚀。另一方面，要达到精密可控加工石墨烯薄膜，例如刻蚀微米级图案阵列以用于柔性显示应用。

5. 薄膜洁净度

提升石墨烯薄膜洁净度对于柔性光电器件（例如有机太阳能电池和 OLED）至关重要。石墨烯生长、转移或掺杂过程中会引入几十纳米到几百纳米尺度的杂质，这不利于器件的制备与工作。例如，OLED 的有源层厚度为 200 nm 左右，较大的粗糙度会引起器件严重短路；同时，引入的杂质会成为电子散射中心，降低石墨烯薄膜的电学性能。

6. 界面性能

石墨烯的界面性能主要包含界面附着力及润湿性。石墨烯与基底之间的相互作用力为范德瓦耳斯力，以致界面附着力低、薄膜易脱落或遭受损坏。因此在实际应用中，须提升石墨烯界面附着力，使器件的制备更好地兼容现有制程。而石墨烯表面的润湿性影响着后续薄膜的成膜质量，例如石墨烯的疏水性使得水溶性的材料在其表面难以成膜。因此，须对石墨烯表界面进行修饰以提升材料的成膜质量。

为了满足上述需求，需要研究石墨烯薄膜的生长、转移、改性及图案化技术。其中生长、转移、改性技术均对石墨烯薄膜的方块电阻、透过率及洁净度影响重大，功函数和界面性能调控主要依赖于改性技术，薄膜的尺寸、均匀性则受限于石墨烯的生长和转移技术，图案化技术则关系石墨烯的加工性能及电学性能。

1.5　本书章节安排

本书共八章,依次介绍了石墨烯薄膜的生长、转移、改性、图案化技术及其应用。本书在内容上阐明了基本概念、原理,并介绍了最新的国内外研究进展与成果。

薄膜材料制备是石墨烯研究的基础。第 2 章对石墨烯薄膜制备方法进行了概述,并着重介绍了大面积制备方法——CVD 法。从原理出发,首先阐述了CVD 法制备石墨烯的微观机理及生长动力学,包含碳源裂解和石墨烯成核热力学过程,以及基底、氢气、温度对生长过程的影响。然后介绍了石墨烯层数的控制,主要包含单层石墨烯与双层石墨烯的制备。最后介绍了单晶石墨烯制备、低温制备石墨烯、非催化基底上生长石墨烯等技术。

薄膜转移是保持石墨烯性能的重要环节。第 3 章介绍了基底刻蚀转移法和直接剥离转移法两类石墨烯薄膜转移方法,以及片式和卷式石墨烯薄膜转移装置。

薄膜改性是提升石墨烯性能的关键。第 4 章主要介绍了石墨烯在 p/n 型掺杂及功函数、导电性能、能带等方面的调控方法。

薄膜图案化是石墨烯应用过程中的必要步骤。第 5 章介绍了"自上而下"和"自下而上"两类石墨烯薄膜图案化方法,前者包含掩模刻蚀技术和直接切割法,后者则是指直接原位生长图案化的石墨烯薄膜。

石墨烯薄膜在柔性光电器件中具备较大应用潜力。第 6 章和第 7 章分别介绍了石墨烯薄膜在 OLED 和太阳能电池等代表性柔性光电器件领域的应用。

第 8 章以柔性电子纸和触控器件为典型案例,就石墨烯在规模化应用中存在的关键共性问题进行了讨论,包含石墨烯薄膜界面静态黏附能、石墨烯薄膜动态力学性能,并详细介绍了石墨烯柔性电子纸和石墨烯柔性触控器件的工艺流程,最后分析了石墨烯柔性触控产品的应用现状与趋势。

第 2 章

石墨烯薄膜制备技术

2.1 引言

材料制备是研究其性能和探索其应用的前提和基础。迄今为止,已经发展了多种制备石墨烯的方法,石墨烯的质量和产量都有了很大程度的提升,极大促进了对石墨烯本征物性和应用的研究。本章将着重介绍化学气相沉积(CVD)法制备石墨烯薄膜的原理和特点。

2.1.1 石墨烯制备方法概述

目前,石墨烯的主要制备方法有机械剥离法、碳化硅(SiC)外延生长法、氧化还原法、液相剥离法、有机合成法、离子插层法、原位自生模板法、CVD 法等,这些方法优势各异,适用于各种不同的用途。

机械剥离法是 2004 年由英国曼彻斯特大学的 K. Novoselov 和 A. Geim 发展的一种制备石墨烯的方法。该方法利用胶带的黏力,通过多次反复粘贴将高定向热解石墨(Highly Oriented Pyrolytic Graphite,HOPG)、鳞片石墨等实现层层分离,最后将带有石墨薄片的胶带粘贴到目标基底上,从而在硅片等基底上得到单层和少层的石墨烯(图 2 - 1)。该方法因制备过程简单、石墨烯质量高的优点,所以被广泛用于石墨烯本征物性的研究。但其产量低、重复性差,难以被用来实现大面积、规模化制备石墨烯。

SiC 外延生长法即利用 Si 的高蒸气压,在高温(通常大于 1 400℃)和超高真空(通常小于 10^{-6} Pa)条件下使 Si 原子挥发,剩余的 C 原子在 SiC 表面通过结构重排形成石墨烯层。通过对低能电子显微镜(Low Energy Electron Microscopy,LEEM)图像的研究,发现 SiC 表面剩下的碳层本质上是石墨。也就是说,通过合理控制条件,用这种方法可以获得单层或少数几层石墨烯(图 2 - 2)。通过严格控制工艺参数及改善样品表面的粗糙度可改善石墨烯的品质,如当使用 6H - SiC 单晶制备石墨烯时,通常会先氧化单晶的 SiC 面用来改进表面的质量,然后在超高真空

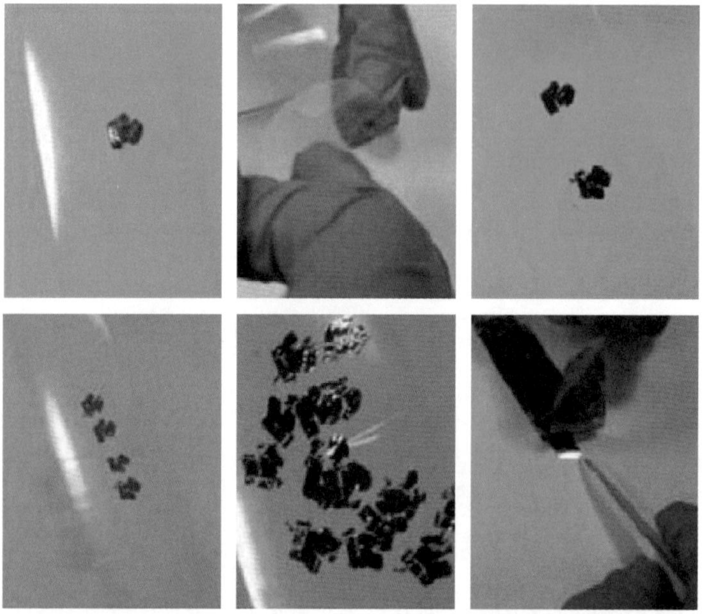

图 2-1 微机械剥离法制备石墨烯的过程

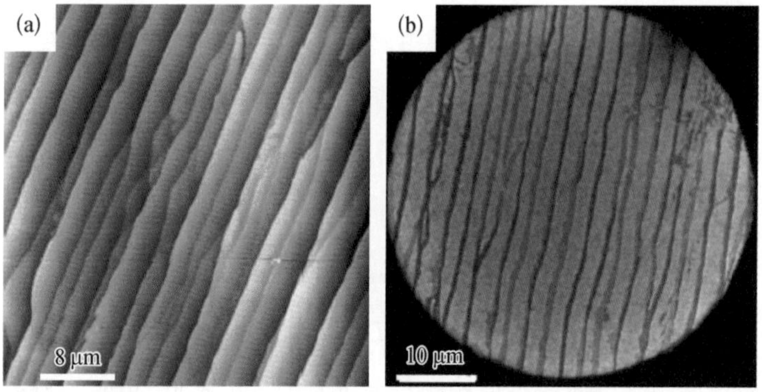

(a)

8 μm

(b)

10 μm

图 2-2 SiC 外延生长法制备石墨烯的原子力显微镜图（a）和 LEEM图（b）

中用电子轰击加热到 1 000℃去掉表面的氧化层。当氧化层去掉后，单晶样品再被加热到 1 250～1 450℃，这时会有 1～3 层的石墨烯形成，层数取决于分解 SiC 的温度。然而，单晶 SiC 的价格昂贵，需要高温、超高真空等苛刻的生长条件，并且生长出来的石墨烯难以转移。因此，该方法主要用于以 SiC 为基底的石墨烯器件等方面的研究，不宜被用来大规模工业化制造石墨烯。

氧化还原法采用的原料是石墨粉，利用氧化反应在石墨层的碳原子上引入官能团使石墨的层间距增大，从而削弱其层间相互作用，然后通过超声或快速膨胀将氧化石墨层层剥离得到氧化石墨烯,最后通过化学还原或高温还原等方法去除含氧官能团得到石墨烯(图2-3)。常用的还原剂有 $NaBH_4$、水合肼等。随着研究人员对还原方法的不断探索,氧化还原法制备石墨烯正逐步向绿色、环保、高效的方向发展。将氢气热解膨胀还原氧化石墨烯可成功制得单层石墨烯,但是氧化、超声及后续还原往往会造成碳原子的缺失,因此氧化还原法制备的石墨烯含有较多缺陷且导电性差。

图2-3 石墨氧化剥离过程示意图

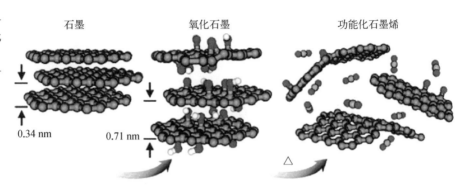

石墨　　氧化石墨　　功能化石墨烯

0.34 nm　　0.71 nm　　△

液相剥离法即首先将石墨磨成粉末,然后在液相中利用机械手段将颗粒分离成极小的片层,其中只包含几层石墨烯的片层会与其他片层分离开。最初,液相剥离法是利用超声手段来制备石墨烯片层,但是后来人们发现使用搅拌器也一样能够实现石墨烯片层的无损分离(图2-4)。这种方法生产的石墨烯在复合

图2-4 液相剥离法生产石墨烯示意图

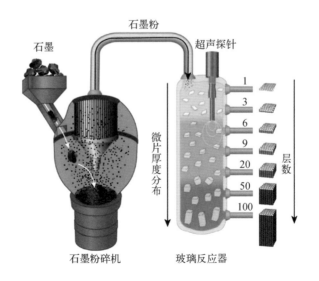

石墨粉　　超声探针

石墨

微片厚度分布

层数

1
3
6
9
20
50
100

石墨粉碎机　　玻璃反应器

材料等领域得到了广泛的应用。液相剥离法的缺点在于其制得产物是胶状石墨烯悬浊液，并且这种方法制备得到单层石墨烯的产量较少、成本高。

有机合成法是利用具有特定结构的芳香有机小分子，通过使其发生耦合反应生成苯环结构的中间体，再在催化剂作用下发生环化及脱氢反应，从而得到石墨烯微片。此外，多环芳香烃化合物大分子也常被用来作为制备石墨烯的碳前驱体。在溶液可控化学反应下，多环芳香烃化合物通过环化脱氢反应和平面作用，可制备出厚度小于 5 nm 的大片石墨烯；如果先热解小分子，再通过高温碳化处理，同样可以得到石墨烯微片。有机合成法是典型的"自下而上"的合成方法，其溶解性好、加工性能优，可获得具有可控化学和电子特性的石墨烯条带结构，但反应步骤多、反应时间长和脱氢效率不高，而且会给环境带来污染。

离子插层法是以膨胀的石墨为前驱体，石墨片层间插入其他分子或离子以增大石墨片层间的距离，从而减弱了石墨分子间的相互作用力，再将插层后的石墨原液加入与石墨烯表面能相近的有机溶液中，利用相似相溶原理将石墨烯分散出来。离子插层法是一种大量制备石墨烯的有效方法，石墨烯的结构不会被破坏，因而可以得到面积大、缺陷少的石墨烯，且生产成本低廉。但制得的石墨烯分散度低，随着插层离子浓度的不同，石墨烯的导电性能也会表现出显著差异，从而限制了石墨烯的应用范围。

原位自生模板法是以含有较多极性基团的聚合物为碳源，通过与 Fe^{2+} 的作用而形成致密的网状结构，再通过低温热解形成掺碳铁、碳层和铁层的络合物，进一步热处理即可制得石墨烯。原位自生模板法可以通过控制碳源极性基团的种类、数量及与 Fe^{2+} 络合作用的程度来实现低缺陷、高导电性石墨烯的制备，但该方法无法工业化生产。

CVD 法是利用一种或几种气态化合物或单质在基底表面进行化学气相反应生成薄膜的方法。不同于热解 SiC 的方法，CVD 法生长石墨烯的碳源是由外界供给的。CVD 法制备石墨烯通常是将甲烷等碳前驱体加热分解形成碳活性基团，然后在基底表面组装排列生长石墨烯。该方法能够通过选择基底的类型、生长的温度、前驱体的流量等参数调控石墨烯的生长速率、厚度、面积等，因而能够制备出厘米级或更大面积的单层或少层石墨烯。图 2-5 是生长石墨烯的典型

CVD 管式炉装置示意图,主要包括气体传送系统、反应系统和抽气系统。由于 CVD 法制备石墨烯简单易行、所得石墨烯质量很高、可实现大面积可控制备,而且易于转移至各种基底上使用,目前已成为制备大面积、高品质石墨烯薄膜的主要方法。

图 2-5 典型 CVD 管式炉装置示意图

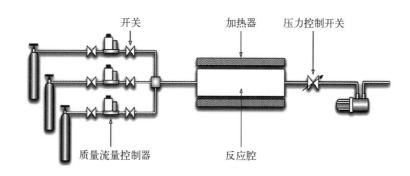

除了上述主要的几种方法,还有诸如超声分散法、溶剂热法、火焰法、电弧放电法等。但大部分制备方法主要都以石墨为原料制备石墨烯微片、石墨烯粉末,而制备石墨烯薄膜的方法相对较少。CVD 法在大面积生长高质量石墨烯薄膜方面拥有独特的优势,已成为石墨烯薄膜生长领域的主流制备方法。

2.1.2　CVD 法制备石墨烯薄膜

CVD 法是 20 世纪 60 年代发展起来的一种制备高纯度、高性能固态材料的化学方法,早期主要用于合金刀具的表面改性,后来被广泛用于半导体工业薄膜制备。典型的 CVD 工艺是将基底暴露在一种或多种不同的前驱物下,在基底表面发生化学反应或化学分解来产生欲沉积的薄膜。

CVD 法制备石墨烯早在 20 世纪 70 年代就有开展,但由于当时材料测试条件限制,对制备石墨烯的品质并不清楚,缺少对石墨烯性能的深入研究。直到 2009 年初,Reina 与 Kim 等先后采用 CVD 法在多晶镍(Ni)膜上制备出大面积少层石墨烯,并将石墨烯完整地转移至目标基底上。在 Ni 膜上生长的石墨烯存在晶粒尺寸小、层数难以控制等问题,Li 等利用铜(Cu)箔作为基底生长出单层覆盖率达 95% 的厘米级石墨烯，掀起了 CVD 法制备石墨烯薄膜的研究热潮。

CVD 法制备石墨烯主要涉及三个方面的影响因素：① 碳源；② 生长基底；③ 生长条件（载气、温度、压强等）。

作为石墨烯生长的原料提供者，碳源的分子结构、形态很大程度上决定了石墨烯的制备方式和生长温度。目前，CVD 法制备石墨烯的碳源主要是以甲烷（CH_4）、乙烯（C_2H_4）、乙炔（C_2H_2）等为主的烃类气体，选择碳源需要考虑的因素主要有分解温度、分解速度和分解产物等。一般来说，采用等离子体辅助等方法可以降低石墨烯的生长温度。

生长基底在石墨烯生长过程中可以作为生长模板，对于金属基底同时还可作为碳源分解的催化剂。CVD 法制备石墨烯常用的生长基底主要包括金属箔或特定基底上的金属薄膜。金属主要有 Ni、Cu、钌（Ru）、铂（Pt）、铱（Ir）及其合金等，选择基底的主要依据有金属的熔点、溶碳量及是否有稳定的金属碳化物等。此外，玻璃、六方氮化硼（h-BN）、SiO_2/Si 等绝缘基底也被用来直接制备石墨烯，但相对于金属基底上制备的石墨烯，绝缘基底上制备的石墨烯的品质较差。

工艺参数对石墨烯的品质具有决定性的影响，获取高质量的石墨烯须对工艺参数进行最佳的探索和选择。根据载气类型不同可分为还原性气体（H_2）、惰性气体（Ar、N_2、He）；根据生长温度不同可分为高温（>800℃）、中温（600～800℃）和低温（<600℃）；从生长压强角度可分为常压、低压（10^{-3}～10^5 Pa）和超低压（<10^{-3} Pa）。

在金属基底上，CVD 法生长石墨烯是一个复杂的多相催化反应体系，该过程可以简单地概括为以下三个阶段：① 碳源脱氢裂解，并在金属基底表面上形成 C 原子或含有少量 C 团簇的含 C 基团；② 含 C 基团在金属基底表面成核；③ 石墨烯核横向生长成膜。

根据 C 在金属中的溶解度不同，可以将 CVD 法在过渡金属基底上制备石墨烯的生长机制分为两种：表面吸附机制和溶解-隔离-析出机制。

表面吸附机制是指当 C 在金属（如 Cu）中的溶解度非常低时，以至于石墨烯生长过程中 C 原子不会向金属体相中扩散（或可以忽略扩散进入体相中的 C 原子），同时在降温过程中也没有多余的 C 从体相中析出。高温下气态碳前驱体裂解生成的 C 原子吸附于金属表面,进而在金属表面上扩散、成核、生长形成"石墨烯岛",随着"石墨烯岛"数量的增加和面积的不断扩大,最终在金属表面上拼接形成连续的石墨烯薄膜。该过程是表面吸附过程,是一种自限生长机制,即当金属基底表面被石墨烯全覆盖后,基底失去促进碳前驱物分解的催化活性,进而限制了石墨烯的进一步生长。利用自限生长机制有利于获得单层石墨烯。

溶解-隔离-析出机制为当 C 在金属(如 Ni)中的溶解度非常高时,石墨烯生长遵循"溶解-隔离-析出"过程,即石墨烯生长过程中 C 原子先在金属体相中溶解,当整个金属或近表面区溶解的 C 达到饱和后,多余的 C 原子被隔离在金属表面上形成单层石墨烯。由于 C 的溶解度随温度降低而降低,导致在随后的降温过程中大量的 C 从金属体相中析出至表面形成多层石墨烯。利用溶解-隔离-析出机制更容易获得多层石墨烯。

Li 等通过 C 原子的同位素(^{12}C 和 ^{13}C)标定法和拉曼光谱结合对石墨烯的两种不同生长机制进行了验证。在拉曼特征谱中,^{12}C 和 ^{13}C 制备的石墨烯将表现不同的特征峰。在 CVD 法制备石墨烯的过程中,交替改变 ^{12}CH$_4$ 和 ^{13}CH$_4$ 通入工艺腔的顺序,研究在 Cu、Ni 基底上石墨烯的生长过程(图 2 - 6)。由于金属表面具有催化活性,CH$_4$ 在金属表面将裂解形成 CH$_x$ 基团或 C 原子。当采用 Ni 作为生长基底时,高温下分解的 C 原子将向 Ni 体相中扩散直到达到对应温度下的饱和溶解度或碳源中断时对应的溶解度。这种情况下,^{12}C 和 ^{13}C 原子将在 Ni 体相内扩散和混合,与两种碳源被引入的先后顺序无关[图 2 - 6(a)]。随着 C 在 Ni 中的溶解达到对应温度下的过饱和度后,多余的 C 原子被隔离在 Ni 表面形成一层单层石墨烯。在降温过程中,C 原子从体相中析出至表面形成多层石墨烯,石墨烯的厚度受 Ni 体相中溶解 C 的浓度和降温速度的影响。在石墨烯的拉曼光谱中,G 峰的均匀分布表明 ^{12}C 和 ^{13}C 在金属基底表面呈均匀分布[图 2 - 6(c~e)]。另一方面,当采用 Cu 作为生长基底时,石墨烯的生长过程对应表面吸附机制。根据引入 ^{12}CH$_4$ 和 ^{13}CH$_4$ 的顺序,石墨烯在金属表面依次生长[图 2 - 6(b)],在拉曼光谱中,通过 G 峰峰位可以对其进行清晰的区分[图 2 - 6(f~h)]。

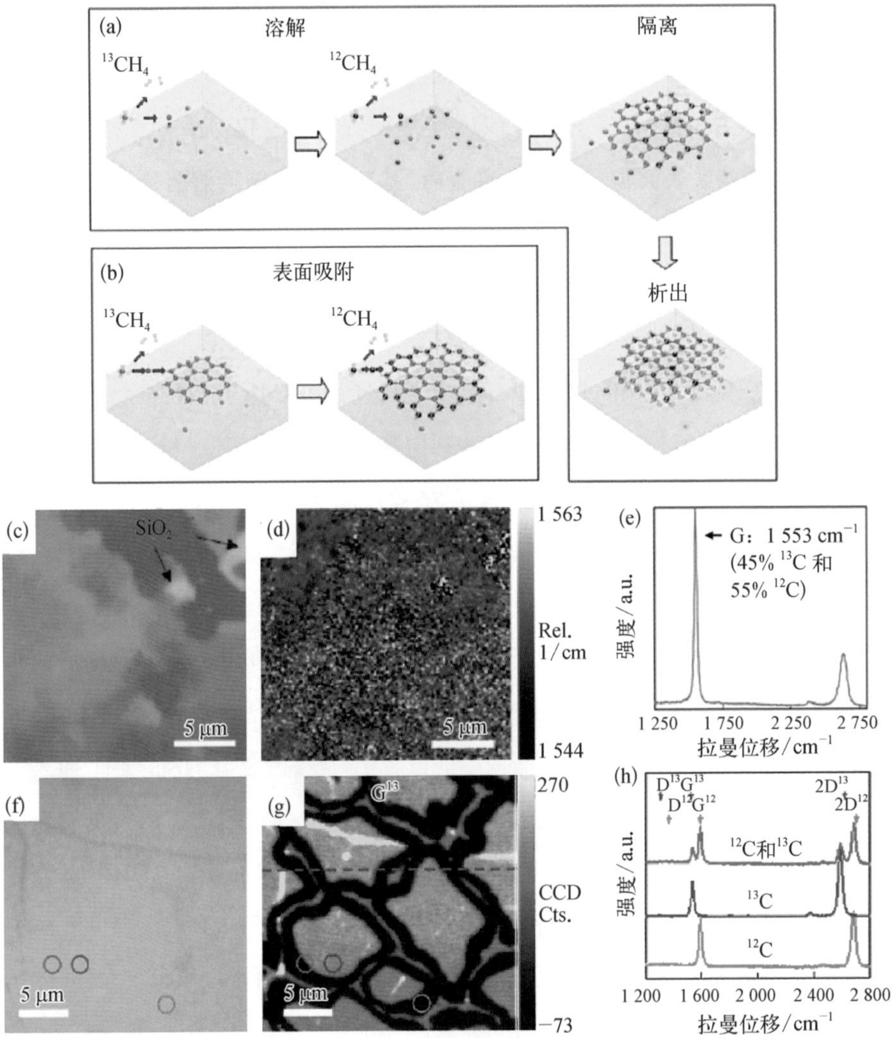

图 2-6 基于不同生长机制制备石墨烯薄膜中同位素 C 的分布

（a，b）基于石墨烯不同的生长机制，交替改变 $^{12}CH_4$ 和 $^{13}CH_4$ 通入的顺序而获得石墨烯中 C 同位素的分布示意图；（c~e）和（f~h）分别为在 Ni 和 Cu 基底上制备石墨烯的显微镜图、拉曼成像图和拉曼光谱图

　　采用 CVD 法制备的石墨烯具有可控性好、价格低、易转移和可规模化推广等优点，有望实现石墨烯薄膜的规模化制备。Bae 等进一步发展了该方法，他们利用铜箔柔韧可卷曲的特点，将铜箔卷曲在直径为 8 in 的 CVD 反应炉中，并结合热释放胶带的连续滚压转移方法制备出 30 in 的石墨烯单层膜。此外，Polsen、Deng 等也在 Cu 箔上先后实现了石墨烯的卷对卷制备。

2.2 CVD 法制备石墨烯成核热力学过程

开展 CVD 法制备石墨烯的微观机理研究对理解其微观动力学过程、石墨烯品质控制具有重要意义。下面分别从碳源裂解和石墨烯成核两方面介绍 CVD 法制备石墨烯的热力学过程。

2.2.1 碳源裂解热力学过程

在 CVD 法制备石墨烯过程中,碳源经过裂解形成活性 C 基团,这些活性 C 基团将被进一步用来生成石墨烯。碳源裂解的效率直接影响了石墨烯成核、生长的速率。下面以 CH₄ 为碳源、Cu 为催化基底说明在 CVD 法制备石墨烯过程中碳源脱氢裂解的过程。

在 CVD 法制备石墨烯过程中,使用金属基底作为催化剂可以改变 CH₄ 分解反应的分解路径、分解效率和分解产物,如高温条件下,金属基底上吸附的 CH₄ 或—CH₃ 经过一系列的脱氢反应形成高度分解的含碳基团(—CH—和—C—),而这两种基团可以直接用于基底上后续生成石墨烯。在气相中,CH₄ 的第一步脱氢所需的能量为 4.8 eV,该能量在热力学上并不利于 CH₄ 脱氢分解。然而,在典型的石墨烯制备过程中还涉及以下两个因素:① 较高的石墨烯制备温度(约 1 000℃);② Cu 箔表面可以作为活性基团的存储器(如 CH₃ 自由基),这将导致 CH₄ 分解的化学平衡转向脱氢方向。这两个因素使得气相动力学在石墨烯制备过程中起着不可忽略的作用。在典型 CVD 法制备石墨烯的过程中,CH₄ 将通过以下反应在过渡金属表面分解生成 CH_i($i=0, 1, 2, 3$)自由基:

$$CH_{i+1} = CH_i + 1/2H_2 \quad (i = 0, 1, 2, 3) \tag{2-1}$$

2.2.2 石墨烯成核热力学过程

在生长过程中,过渡金属一般被用来催化加速分解碳源,并作为石墨烯成核、生长的表面模板。石墨烯初始成核是最为关键的一步,核的尺寸和成核势垒决定了核的孕育周期,成核势垒、核的尺寸、C的浓度和C原子在过渡金属表面的扩散决定了石墨烯的成核密度。两个石墨烯晶畴拼接在一起通常会在中间形成晶界,在石墨烯成核阶段通过对过渡金属表面的成核密度和成核取向进行控制可以实现对石墨烯质量的控制。下面从两方面介绍在过渡金属表面石墨烯的初始成核过程:① 从sp杂化C链到sp^2杂化C环石墨烯网格;② 金属表面对石墨烯成核位置的影响。

首先,介绍C团簇从sp杂化C链到sp^2杂化C环石墨烯网格的演变过程。在CVD法生长石墨烯的初始阶段,碳源分子在过渡金属的催化作用下,在过渡金属表面上脱氢分解形成C单体或二聚体。一旦C的浓度达到了一个临界值,它们就开始团聚形成C团簇,并开始石墨烯的初始成核。

在石墨烯的成核过程中,不同尺寸的C团簇都是C单体和石墨烯核的中间产物。在C原子数比较少的C团簇C_N($N<8$)中,由于没有足够的C原子形成两个及以上的sp^2杂化C环网格结构,仅仅有C链和C环两种稳定的结构。而在这个尺寸范围内,C链的热力学要比C环更加稳定,故C原子数小于8的C团簇主要以C链的形式存在。C链在过渡金属表面上的结构取决于C-金属的相互作用。C与Ni具有较强的相互作用,C链上的所有原子几乎是贴在Ni(111)表面上。不同的是,C与Cu相互作用较弱,C链倾向于"站立"在Cu箔表面上,呈弧形C链(或拱形C链)。此外,C链有非常低的扩散势垒(<0.7 eV),可以在催化剂表面快速扩散。因此,这种C链可以直接作为石墨烯生长的潜在前驱体,如在Ir(111)和Ru(0001)表面上"石墨烯岛"的生长主要依靠吸附C原子数为5的C团簇。当C团簇的尺寸达到临界值,会发生从sp杂化的C链到sp^2杂化的C网格的结构转变。因C-金属的相互作用不同,不同金属表面上的临界C团簇的尺寸也不同,如在Cu(111)(与C相互作用较弱)表面和Ru(0001)(与C相互作用强)表面上C团簇的临界尺寸分别为13和9。

随着C团簇尺寸的进一步增大,可能会出现多种同分异构体的sp^2杂化C环网格结构。图2-7给出了在Ni(111)表面上8种C_{13}团簇的同分异构体及对应的形成能,其中包括6个sp^2杂化C环网格结构、1个环形结构和1个链形结构。

对比形成能可以发现,C$_{13-3}$(一种 sp^2 杂化的网格结构)是最稳定的结构,而链形、环形和其他网格结构具有相对较高的形成能。随着 C 团簇尺寸的继续增大,稳定的 sp^2 杂化网格结构进一步增加。此外,最稳定的 sp^2 杂化的网格团簇中总是包含几个五边形,全六边形结构的同分异构体在能量上并不稳定。Yuan 等从试验和理论上证明了包含了 3 个五边形的 C$_{21}$ 团簇是高度弯曲的,比含有 7 个六边形的 C$_{24}$ 团簇的完全平面结构更稳定。相对于本征态石墨烯,sp^2 杂化的 C 网格团簇能量的增量主要源于其边缘的原子。因此,减少这些原子的数量是从能量上分析的优先选择。在 sp^2 杂化网格团簇结构中集成一个或几个五边形使其形状发生从平面结构到碗状结构的变化,这通常会导致圆周长度减小及边缘原子数量减少,进而导致更低的形成能。

图 2-7 在 Ni(111) 表面上 8 个 C$_{13}$ 团簇的同分异构体及对应的形成能,包括 6 个 sp^2 杂化 C 环网格、1 个 C$_{13}$ 环和 1 个 C$_{13}$ 链。红色表示的是基态 C$_{13-3}$

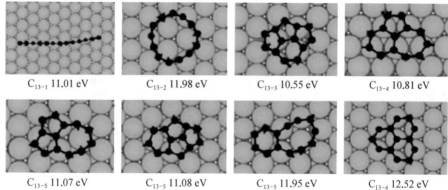

C$_{13-1}$ 11.01 eV   C$_{13-2}$ 11.98 eV   C$_{13-3}$ 10.55 eV   C$_{13-4}$ 10.81 eV

C$_{13-5}$ 11.07 eV   C$_{13-5}$ 11.08 eV   C$_{13-5}$ 11.95 eV   C$_{13-4}$ 12.52 eV

其次,对比分析金属表面对石墨烯成核位置的影响。通过研究催化剂表面 C 团簇进化过程,可以研究石墨烯的成核过程。以石墨烯在 Ni(111) 表面上的成核过程为例说明在平坦的平台上与近台阶处石墨烯成核的差异性。在 CVD 法生长石墨烯的过程中,sp^2 杂化的 C 网格进一步生长将导致石墨烯核的形成。

Gao 等用密度泛函理论(Density Functional Theory, DFT)方法分别计算了在 Ni(111) 平台上和近台阶处不同尺寸 C 团簇的形成能和优化的原子结构 [图 2-8(a,b)]。与 Ni(111) 平台上 C 团簇不同的是,基底表面上 C 原子与近台阶有较强的相互作用,导致最稳定的 C 团簇倾向于有更多的 C 原子吸附在近台阶处,在近台阶形成一种接地的新月形团簇结构,与 Ni(111) 平台上圆形 C 团

图2-8 Ni（111）平台上和近台阶处石墨烯成核差异性对比

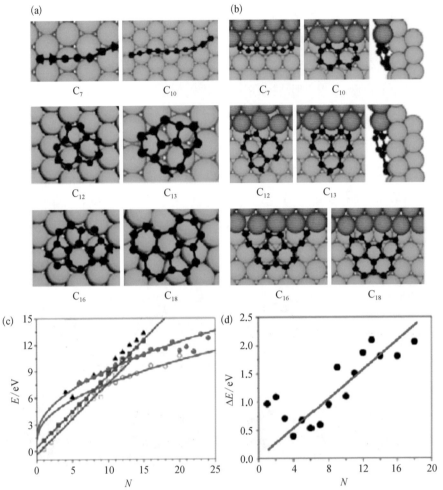

（a, b）Ni（111）平台上和近台阶处C团簇的基态结构；（c）金属平台上和近台阶处C团簇的形成能与C原子个数的函数关系，方形、三角形和圆形分别表示C链、C环和sp²杂化的C网格，实心和空心分别表示在金属平台上和近台阶处C团簇的形成能；（d）Ni（111）平台上和近台阶处最优C团簇结构的形成能差及直线线性拟合

簇结构形成了鲜明的对比。通过对比过渡金属平台上与近台阶处C团簇的形成能，发现金属台阶对C原子有较高的亲和力，可以降低C团簇的形成能。

　　基于上述分析，在金属表面C团簇的基态结构依赖于其尺寸。对于小尺寸，C链是最稳的结构，它们的形成能随团簇尺寸 N 线性增加[图2-8(c)]。对于较大的C团簇，能量更倾向于sp²杂化网格结构。图2-8(d)给出在Ni(111)平台上与近台阶处最优C团簇结构的形成能差与C团簇尺寸的函数关系。很显然，近金属台阶处的 C 团簇最稳定。在团簇尺寸 $N>12$ 时，形成能差可达到 2 eV 或更高，这种形成能差对金属平台上或近台阶处石墨烯的成核行为非常关键。

在过渡金属 Ir(111) 表面，石墨烯的成核位置与生长温度有关。当温度低于 870 K 时，成核绝大部分发生在近台阶处，少量发生在平台上；当温度高于 870 K 时，成核只在近台阶处进行。若石墨烯在 Ru(0001) 表面生长，近台阶处成核时需要吸附的 C 原子浓度比平台上成核时需要的 C 原子浓度低。因此，可以通过控制生长温度、C 原子的浓度来控制成核位置，从而提高石墨烯的生长质量。

石墨烯初始成核后，在随后的阶段中，碳源在催化剂表面持续分解，C 自由基扩散到小核边缘并被吸附到核的边缘上，导致石墨烯核逐渐长大。在这样的过程中，石墨烯的生长是受动力学控制的，因为不是所有可能的结构都会被经历，这是热力学的一个重要特征。

2.3 CVD 法制备石墨烯生长动力学

CVD 法制备的石墨烯薄膜通常是由众多的晶畴拼接而成的，因而其中含有大量晶界，这些晶界会降低石墨烯的性能。石墨烯的晶畴尺寸很大程度上取决于石墨烯初期成核过程。在石墨烯后期晶畴生长过程中，不同的工艺条件对 CVD 法生长的石墨烯有一定的影响，如生长基底、生长温度、时间、碳源类型、气体流量、生长压强及降温速率等。为了获得高质量石墨烯的可控制备，需要了解石墨烯在金属基底上的生长动力学过程。本节分别从基底、载气和温度三个方面介绍 CVD 法制备石墨烯的动力学过程。

2.3.1 基底对石墨烯生长过程的影响

如上所述，CVD 法在过渡金属基底上制备石墨烯可分为两种生长机制，而其区别主要取决于金属基底的溶碳能力、金属碳化物的生成及其在生长温度下的化学稳定性。也就是说，金属基底是决定石墨烯生长的关键要素之一。除了碳溶解度和金属碳化物因素,金属基底的催化活性、晶面取向、与石墨烯的晶格失配度和键合强度、熔点、化学稳定性等都会影响生成石墨烯的质量和结构。

研究表明,CVD 法制备石墨烯最常使用金属基底的活性依次为 Ru≈Rh≈Ir＞Co≈Ni＞Cu＞Au≈Ag。下面通过不同金属基底产生的主要活性 C 自由基和在 Ni、Cu、Cu/Ni 合金、Ir、Ru 等不同金属基底上生长石墨烯两方面介绍基底对石墨烯生长过程的影响。

由于金属基底催化能力和碳溶解度的差异,CH_4 在不同基底表面产生的主要 C 自由基不同,进而导致石墨烯生长机制和最终品质的差异性。在石墨烯生长的初始过程中,过渡金属与 C 的相互作用是决定在过渡金属表面 C 基类型的重要因素。在较活泼的金属(如 Ni)表面,碳氢化合物近乎完全脱氢,脱氢后的 C 原子先扩散入体相中,然后随温度的降低再析出到表面上,最后与周围吸附的 C 原子发生偶联并最后形成石墨烯。而在较为惰性的金属(如 Cu)表面,碳氢化合物则很可能只进行部分分解后就参与到石墨烯成核、生长过程中。

理论研究表明,在 Cu(111)表面生长的石墨烯边缘吸附的主要 C 自由基不是 C 单体,而是 CH_i($i=1,2,3$)自由基。Shu 等通过对比在 4 种代表性过渡金属[Cu(111)、Ni(111)、Ir(111)和 Rh(111)]表面上不同 C 自由基 CH_i($i=0,1,2,3,4$)的能量、动力学及数量,说明了金属表面上的活性 C 自由基对 C-金属的相互作用和生长条件具有非常强的依赖性,同时也导致了石墨烯不同的成核和生长行为。

在石墨烯生长过程中,强的 C-金属结合需要一个活性 C 自由基被吸附在金属表面,并参与后期石墨烯的成核和生长。图 2-9 给出了 CH_i($i=0,1,2,3,4$)在最佳吸附位点的束缚能。对于 Cu(111)和 Ni(111)表面,在亚表面的 C 原子(标记为 C-Ⅱ)具有最强的束缚能,分别为 5.40 eV 和 7.27 eV。而在 Ir(111)和 Rh(111)表面,在表面上的 C 原子(标记为 C-Ⅰ)比在亚表面的 C 原子更稳定,C-Ⅰ 的束缚能分别为 7.08 eV 和 7.21 eV,分别比 C-Ⅱ 的束缚能高 1.57 eV 和 0.31 eV。在活性 C 自由基中增加 H 的分量将导致束缚能减弱。CH_4 在所有金属表面的束缚能几乎接近零(0～0.05 eV),这表明 CH_4 分子与金属基底之间的弱相互作用不足以将分子束缚在金属表面,因此 CH_4 不能被作为石墨烯生长的一个活性 C 基团。从

图2-9 不同C自由基在4种代表性过渡金属表面最佳吸附位点上的束缚能。C-Ⅰ和C-Ⅱ分别表示在金属表面和亚表面的C原子

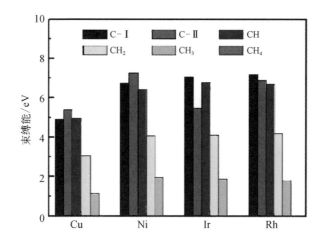

图2-9中可以看到,其他所有CH_i $(i=0,1,2,3)$自由基的束缚能都大于1 eV,因此它们可以在催化剂表面停留足够长的时间,并参与石墨烯的成核和生长。

4个活性C自由基中,CH_3在这些催化剂表面上的束缚能在1.14~1.87 eV。在CVD法制备石墨烯的典型生长温度(1 000~1 300 K)下,CH_3自由基的寿命是10^{-8}~10^{-4} s,这个时间对自由基在催化剂表面扩散较长的距离来说是非常短的。与此相反,其他所有C自由基(C原子、CH和CH_2)具有非常强的束缚能(E_b>3.0 eV),在催化剂表面的寿命可达到10^3 s或更长。因此,可以确定C原子、CH和CH_2是CVD法生长石墨烯中的3个主要自由基。

金属基底的催化活性会影响已分解C自由基CH_i $(i=0,1,2,3)$的稳定性和其在金属表面的数量。CVD法生长石墨烯的过程中经常涉及H,所以活性C自由基的稳定性对H的化学势(μ_H)具有高度依赖性。在Cu(111)表面上,在μ_H>-0.72 eV时最稳定的活性C自由基是CH_3,在-1.24 eV<μ_H<-0.72 eV时变为CH,然后在μ_H<-1.24 eV时是亚表面的C原子(C-Ⅱ)。由于束缚能介于CH和CH_3之间,CH_2并不是Cu(111)表面上的主要自由基。理论计算结果表明,碳源的高度脱氢更倾向于μ_H的减少。在Ni(111)表面上观察到相似的变化趋势,但CH对应的区域非常窄,在μ_H<-0.53 eV时C-Ⅱ成为主要的自由基。CH_i $(i=0,1,2,3)$在Ir(111)和Rh(111)表面上的稳定性非常相似,随着H化学势的减少,最稳定的活性C自由基从CH_3变为CH,最后转变为表面上的C原

子(C-Ⅰ)。

在 CVD 法制备石墨烯过程中,研究人员会根据每种金属基底的特性进行有针对性的干预或控制,从而获得不同特性、符合不同要求的石墨烯薄膜。下面介绍几种代表性的过渡金属基底在 CVD 法制备石墨烯过程中的特性。

1. 金属 Ni 基底

Ni 是最广泛用于石墨烯薄膜合成的催化金属之一。Ni(111)晶体的原子间距为 0.249 nm,石墨烯为 0.246 nm,两者的晶格失配度只有 1%,所以石墨烯在 Ni(111)面上更容易生长。然而,由于 Ni 具有较高的 C 溶解度(原子百分含量大于 0.1%),在 Ni 基底上生长的石墨烯往往是多层石墨烯膜[图 2-10(a)]。与单晶 Ni 不同的是,多晶 Ni 中存在高密度的晶界缺陷,在 CVD 法制备石墨烯过程中,C 原子会优先在晶界处聚集成核,在降温过程中也会优先在晶界缺陷处析出 C 原子,从而在晶界处形成多层石墨烯,如图 2-10(b)所示。

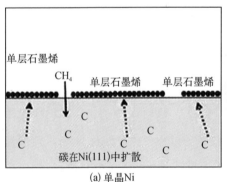

(a) 单晶Ni   (b) 多晶Ni

图 2-10　在单晶 Ni 上和多晶 Ni 上生长石墨烯

此外,表面缺陷也是石墨烯优先成核点和 C 原子析出点。为了有效控制在 Ni 上生长石墨烯的层数,研究人员发展了多种控制石墨烯层数的方法。一方面,通过控制碳源浓度、提高降温速度等方法调控 C 原子在 Ni 体相中的溶解量和析出量。通过降低生长温度到 550℃来降低 Ni 中 C 的溶解度以达到限制石墨烯层数的目的,但如果温度太低,则会形成镍碳化合物。另一方面,通过电化学抛光或长时间退火增加多晶 Ni 的表面平整度,减少表面缺陷密度,进而在 CVD 法制备石墨烯过程中抑制多层石墨烯的成核密度,实现石墨烯的均匀制备。同样,在多晶 Ni 表面沉积缓冲层也可以改善其表面平整度,如在低温下沉积 MgO 或直接沉积 Ni 形成光滑的 Ni(111) 面缓冲层。

2. 金属 Cu 基底

C 在 Cu 中的溶解度很低(原子百分含量小于 0.001%),故 C 原子只在 Cu 表面活动。在 Cu 基底上生长石墨烯是化学吸附-外延生长过程,是一种自限生长机制。同时,由于 Cu 箔具有价格低、易获取、转移简单等特点,Cu 箔成为 CVD 法制备单层石墨烯的主要金属基底。

自 2009 年在 Cu 基底上生长单层石墨烯薄膜的工作首次被报道后,人们对在 Cu 基底上生长石墨烯进行了大量研究。结果表明,通过改变氢气的偏压、碳源的浓度及生长压强可在 Cu 箔上实现单层和少层石墨烯制备。这可能是因为石墨烯和 Cu 是通过弱的范德瓦耳斯力相互作用,石墨烯和 Cu 表面之间的距离较大。在制备石墨烯过程中,会有一定比例的活性 C 原子扩散到石墨烯与 Cu 表面之间成核、生长。在 Cu 表面上 CVD 法制备的石墨烯薄膜通常由单层石墨烯膜与一定比例的双层或多层晶畴组成。

3. Cu/Ni 合金基底

在 CVD 法制备石墨烯过程中,Cu、Ni 表面生长石墨烯的机理完全不同。Cu 的溶解度小、偏析能大,碳源在 Cu 表面直接分解生长;Ni 的溶解度大、偏析能小,C 原子先溶解于 Ni 中,后偏析生长。Cu/Ni 合金可以克服纯金属的缺点,而保留各自的优点,通过控制 Ni 的含量来调节合金中溶解的 C 原子,通过控制 Cu 的含量来调节偏析的速度。相对于纯 Cu,Cu/Ni 合金不仅结合了 Ni 的碳溶解度高和 Cu 的自限制性生长两方面优点,而且增大了合金基底的催化活性(图 2-11)。从图中可以看出,CH_4 在 Cu/Ni(111) 表面上的连续脱氢势垒远低于在 Cu(111) 表面上的脱氢势垒,在 Cu/Ni(111) 表面上的反应能同样低于在 Cu(111) 表面上的反应能,如在 Cu(111) 表面上,CH_4 分子脱氢形成 CH_3 自由基的势垒是 1.56 eV,而在 Cu/Ni(111) 表面上仅为 0.88 eV。减少的势垒(0.68 eV)将加速

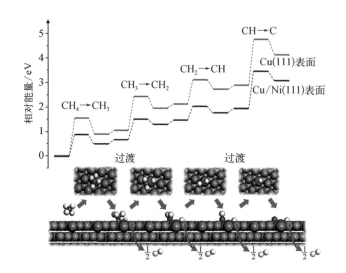

图 2-11 CH₄ 分子在 Cu（111）和 Cu/Ni（111）表面上裂解势能及对应的过渡态[插图展示的是在 Cu/Ni（111）表面上过渡态 CHᵢ 自由基和从表面上脱离的 H 原子形成 H₂ 分子]

CH₄ 分子在 Cu/Ni(111) 表面上的裂解，导致 CH₃ 自由基的浓度明显增加，这将进一步增加 CH₃、CH₂、CH 的含量以形成更多表面活性 C 自由基。利用 Cu/Ni 合金制备石墨烯，有利于实现大面积、高质量石墨烯的可控制备。

由于 Cu、Ni 能以任意比例互溶，当 Cu、Ni 通过相互扩散进行融合时，Ni 膜中的 C 也就随着 Ni 溶入 Cu 的体相中，而 C 在 Cu 中的偏析能较大，体相中的 C 基本都能偏析到合金的表面，并在表面扩散、成核生长成石墨烯。纯 Cu 表面的自限生长效应可以实现单层石墨烯的生长，而 Cu/Ni 合金表面会增大 C 原子的迁移势垒，进而减慢石墨烯的成核与生长。通过控制 Ni 膜的厚度调节合金中溶解的 C 原子，即改变碳源的量，可以获得不同层数的石墨烯。在 CVD 法合成石墨烯的过程中，当合金表面覆盖第一层石墨烯时，合金基底内部溶解的 C 原子在冷却阶段析出，从而实现双层或多层石墨烯的可控制备。研究发现，在 Cu/Ni 合金中 Ni 的原子百分含量为 1.3%～8.6% 时，在合金表面易快速生长单层石墨烯；当 Cu 膜、Ni 膜的厚度均为 150 nm 时，有利于双层均匀石墨烯的形成。

4. 金属 Ir 基底

Ir 是面心立方结构，很适合石墨烯成核。然而，石墨烯在 Ir 上生长与其他金属基底不同，因为 Ir 的 C 溶解度较低，C 原子和 Ir 原子之间的相互作用也较弱。

同时石墨烯和 Ir 表面的最大距离可达到 0.404 nm，而晶格台阶高度只有 0.22 nm。由于石墨烯和 Ir 原子面之间的距离较大，石墨烯可能会跨过晶格台阶沿着向下或向上的方向生长。石墨烯和 Ir 表面之间的相互作用也相对较弱，因此两个表面之间的相互作用主要靠物理和化学吸附。

石墨烯在 Ir(111) 面上的生长遵循非线性动力模型。C 原子必须先溶解到 Ir 体相中达到过饱和，之后 C 原子被吸附在 Ir 台阶边缘。单个 C 原子脱离台阶边缘形成"石墨烯岛"的过程并不稳定，能够脱离台阶边缘的只能是二聚体（C_5、C_8、C_{11}）或更大的 C 团簇。实验发现，石墨烯在 Ir(111) 表面上生长可能是吸附 C_5 团簇到石墨烯边缘的过程。Ir 和石墨烯具有不同的热收缩度，Ir 从 1 000℃冷却到室温收缩 0.8%，而石墨烯的收缩却是极小的，这导致在冷却过程中石墨烯会产生较大褶皱，相邻表面褶皱高度差可达 0.55 nm。

5. 金属 Ru 基底

Ru 是密排六方结构（Hexagonal Close‑Packed Structure，HCP 结构），是 CVD 法生长石墨烯重要的过渡金属之一。Ru 在 1 000℃时的 C 溶解度大约是 0.34%（原子百分含量），而且 Ru 在加热后总是以单晶形式出现，没有晶界，表面相对平坦，这使得石墨烯能够均匀生长，这些优点使 Ru 成为石墨烯制备方面研究最广泛的过渡金属之一。

在 HCP 结构中，Ru(0001) 面通常被认为是热力学中最稳定的面。石墨烯在 Ru(0001) 面以横向传播方式生长。与 Ir 相似，石墨烯在 Ru(0001) 表面的生长速率与碳源浓度是非线性关系，并且也是吸附 C_5 团簇到石墨烯边缘的过程。通常情况下，石墨烯在原子平面的台阶边缘处成核并以下坡的形式连续生长，这是 C 和 Ru 之间强烈的结合力所致。石墨烯和 Ru 面间距平均小于 0.145 nm，比 Ru 的台阶高度少 0.220 nm。当石墨烯的边缘碰到 Ru 台阶时，π 轨道和金属最外层轨道发生的 sp^2 杂化扭曲，拥有 σ 键的局部悬空的锯齿型边缘会投影在 Ru 上升的台阶上，最大化迫使轨道重叠并抑制向上生长。

在 Ru 基底上生长石墨烯也涉及 C 原子溶解-析出过程，所以可以通过控制石墨烯的生长温度来限制 C 在 Ru 的溶解量来控制石墨烯的层数。此外，在 Ru

(0001)表面,石墨烯成核临界晶核尺寸随生长温度的变化不大,但是晶核数目随生长温度的升高而降低。比如,当 C_2H_4 分压为 6.67×10^{-7} Pa 时,晶核的密度在 740 K 时非常高,在 1 070 K 时则非常低,晶核间的距离可以达到 50 μm。这是由于低温时开始成核后,表面吸附的 C 与晶核边界的合并速度较慢,需要的活化能为 2 eV,因而有足够多的时间来形成更多晶核。Ru 基底很容易获得(0001)单晶表面,而且在该面形成的单晶石墨烯对称性好、缺陷密度低、厚度易掌控,且几乎没有褶皱。

然而,石墨烯与 Ru 强烈的相互作用也可能会改变 Ru(0001)表面石墨烯费米能级附近的高电子密度状态,使石墨烯和 Ru 强烈杂化,严重影响石墨烯的电子结构。并且到目前为止,还没有能将石墨烯从 Ru 上转移下来的有效方法。

2.3.2　载气对石墨烯生长过程的影响

除了金属催化基底对石墨烯生长有重要影响,CVD 法制备石墨烯常用的载气(如 Ar、N_2、H_2 等)也会对石墨烯产生重要的影响。Ar 和 N_2 为化学性质不活泼的气体,常被作为保护气体来调节反应气体的浓度和偏压;H_2 为还原性气体,而且在石墨烯生长过程起着重要作用。下面着重介绍 H_2 对石墨烯生长过程的影响。在 CH_4 分解成活性基团的式(2-1)中,反应式右边出现了 H_2,在载气中 H_2 的偏压对控制合成石墨烯的主要 C 自由基非常重要,因此也将极大地影响石墨烯的生长行为。

通常情况下,在退火过程中引入 H_2 可以去除金属表面吸附的杂质,减少基底表面的成核位点,有利于提高石墨烯的品质。在石墨烯生长过程中,H_2 被认为具有双重作用:① 加速碳氢前驱体的分解,产生更多的活性 C 基团;② H 原子可以刻蚀无定形 C 和结合弱的 C—C 键,使石墨烯晶畴形成比较稳定的紧凑六边形结构。但过量的 H 原子也会刻蚀石墨烯,破坏石墨烯晶格的完整性。此外,H 原子也会吸附在基底的活性位点上,与活性 C 基团竞争,减少了活性 C 基团化学吸附活性位点的数量,进而降低石墨烯的成核密度。因此,通过优化生长过程中 CH_4 和 H_2 的比例及偏压可以提高石墨烯的质量。

CVD 法生长石墨烯可以看作是石墨烯生长和被 H_2 刻蚀之间的一个相互竞争的过程，CH_4 和 H_2 的比例可以调控竞争的平衡点，进而得到不同形状的石墨烯晶畴（图 2-12）。当 CH_4 和 H_2 的比例比较小时，H_2 对石墨烯的刻蚀占主导地位，它使得弱结合的 C—C 键断裂，形成比较稳定的六边形结构。随着 H_2 偏压的减小，C 的扩散、吸附在晶核边缘逐渐占据主导地位，使得石墨烯在特定的生长方向生长较快，从而形成雪花形结构的石墨烯晶畴。

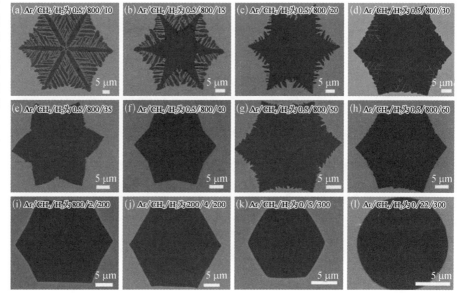

图 2-12 在常压条件下，通过改变 H_2 偏压在液态 Cu 表面制备出不同形状石墨烯晶畴的 SEM 图（流量单位为 sccm[①]）

在 Cu 表面制备石墨烯的过程中，H_2 对石墨烯薄膜的层数控制也起着关键作用。Zhang 等通过总结大量在 Cu 上 CVD 法制备单层石墨烯与双层或少层石墨烯的实验工作发现：当 H_2 偏压小于 0.15 Torr[②] 时，制备的石墨烯几乎都为单层；当 H_2 偏压大于 0.15 Torr 时，制备的石墨烯几乎都为双层或少层[图 2-13(a)]。通过 Ab Initio 计算表明，C 原子结构稳定，且在石墨烯覆盖的 Cu 表面上扩散势垒较小，是生长双层或少层石墨烯的主要活性 C 基团。在较低的 H_2 偏压下，石墨烯边缘的活性 C 原子与 Cu 基底直接相互作用，且石墨烯的边缘是弯向催化基

① 1 sccm=1 mL/min（标准状况）。
② 1 Torr≈133.322 Pa。

底表面的[图2-13(b)]，此时活性 C 基团是很容易吸附到石墨烯边缘上的。因此，在低 H₂ 偏压下，在 Cu 表面上有利于生长单层石墨烯。相反，在高 H₂ 偏压下，石墨烯边缘被 H 原子终结，石墨烯边缘几乎平行于基底表面[图2-13(c)]，这样活性 C 基团就会很容易扩散进石墨烯与其覆盖的金属表面之间，并在表面活性位点成核生长形成双层或少层石墨烯。

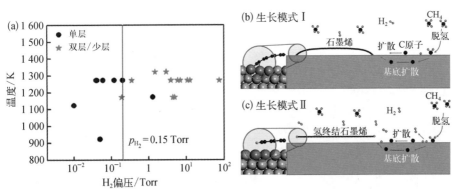

图2-13 H₂ 对石墨烯生长层数的影响

（a）石墨烯层数随温度和 H₂ 偏压的变化；（b，c）在 Cu（111）表面生长两种不同类型边缘石墨烯过程示意图

2.3.3 温度对石墨烯生长过程的影响

温度是 CVD 法制备石墨烯过程中一个非常重要的影响参数，它不仅影响碳氢化合物的裂解产物，而且金属基底的溶碳量也随温度变化，这对石墨烯的成核、生长、层数和品质控制具有显著的影响。Li 等在 CVD 法制备高品质石墨烯的研究中发现，提高温度可降低石墨烯的成核密度、增大石墨烯晶畴的尺寸。理论研究表明，不同温度下在金属催化基底上用于生长石墨烯的主要活性 C 基团也不同。取 H₂ 偏压为 1 Pa、温度为 800 K 时，Cu（111）表面上的主要 C 基团是 CH；温度为 1 000 K 时，Cu（111）表面上主要 C 基团是 CH 和部分 C-Ⅱ；温度为 1 200 K 时，Cu（111）表面上 C-Ⅱ的含量超过 CH；更高的温度（$T = 1 400$ K）时，主要活性 C 基团是近乎完全脱氢的 C-Ⅱ。而在 Ni（111）、Ir（111）和 Rh（111）等催化活性较强的过渡金属基底上，温度为 1 200 K 时，主要活性 C 基团几乎是实

现了完全脱氢的 C 原子。这也说明了 CVD 法制备高品质石墨烯需要较高温度的原因。

　　不同温度下制备的石墨烯质量不同。Hu 等采用 Cu 基底对比研究了 900℃和 1 000℃时制备石墨烯的品质。1 000℃时,在 Cu(111)表面上制备的石墨烯具有较高的质量,而 900℃时制备的石墨烯膜中则存在缺陷。Kim 等研究了在低压条件下,以 CH₄ 为碳源,在电化学抛光的 Cu 基底上及在 720~1 050℃温度内石墨烯的成核、生长过程。结果表明,高温有利于减小石墨烯的成核密度,增大晶畴尺寸[图 2-14(a)]。当温度低于 1 000℃时,石墨烯不能对基底实现全覆盖而达到饱和状态,即使延长生长时间至 150 min,石墨烯晶畴之间也不能相互结合达到 100%全覆盖[图 2-14(b,c)]。当温度不低于 1 000℃时,通过控制生长时间可以很容易获得连续石墨烯薄膜。可以将石墨烯的成核密度看作是石墨烯晶核生长捕获 C 原子速率、活性 C 基团表面扩散速率和 C 原子脱附速率相互竞争

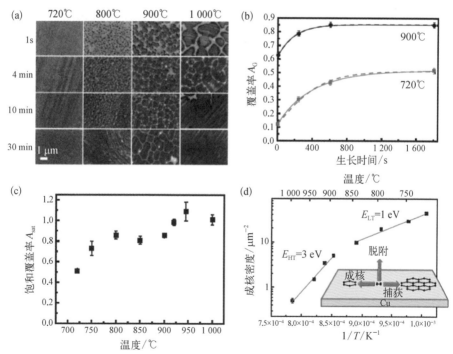

图 2-14　温度对石墨烯生长过程的影响

　　(a)不同温度和生长时间下 Cu(111)表面石墨烯成核的 SEM 图;(b)900℃和 720℃时石墨烯覆盖率随生长时间的变化;(c)石墨烯饱和覆盖率随温度的变化;(d)SEM 分析石墨烯成核密度与 1/T 的自然对数

的结果。而这些现象的能量随温度变化而变化，且成核活性能随温度变化显著，因此受温度影响可将成核区定义为两部分［图 2 - 14(d)］：① 低温条件下（<870℃）成核密度受石墨烯晶核捕获 C 原子过程控制；② 高温条件下（>870℃）成核密度受吸附 C 原子的脱附过程控制。随着温度的升高，石墨烯晶核饱和密度的降低可以理解为由于 C 原子迁移速率的增加或 C 原子脱附速率的增加（在低温区），临界晶核的捕获速率相对于成核速率增加，降低了进一步成核的概率。此外，通过降低 CH_4 分压 p_{CH_4} 来降低碳氢化合物的分解速度，也可以降低成核密度，这种效应在高温区可能更显著。

此外，在 CVD 法制备石墨烯结束后，样品的冷却速率对石墨烯的质量和层数控制同样至关重要。在 Cu 基底上，较快的冷却速率有利于获得大面积、高质量并具有原生长形貌的石墨烯。在高溶碳量的过渡金属（如 Ni）基底上以溶解-析出机制制备石墨烯的过程中，冷却速率对控制石墨烯层数发挥了至关重要的作用。在 375 nm 的 Ni 膜上生长石墨烯，冷却速率保持在 8～13℃ /min 是抑制多层石墨烯形成的关键，主要是由于较快的冷却速率使溶解于 Ni 中的 C 没有足够的时间析出，阻止了多层石墨烯的形成。

2.4　石墨烯层数控制

石墨烯的层数和构型会对其性能产生重要影响，探索不同层数石墨烯的可控制备对深入理解层数和构型对其电学和光学的影响具有重要的意义。本节主要介绍单层石墨烯和双层石墨烯的 CVD 法可控制备。由于在过渡金属基底上CVD 法制备石墨烯存在溶解-隔离-析出和表面吸附两种生长机制，制备不同层数石墨烯主要是围绕这两种生长机制展开。

2.4.1　单层石墨烯制备

过渡金属基底的溶碳量和金属碳化物的稳定性决定了 CVD 法制备石墨烯

生长机制的主导地位。对于 Ni、Co、Ru 等高溶碳量的金属，CVD 法生长石墨烯将经历碳源在催化剂表面吸附和分解、表面 C 原子向金属体相内的溶解和扩散、降温过程中 C 原子从金属体相向表面析出、C 原子在金属表面重构生成石墨烯等多个步骤。这些步骤中，C 原子的高温溶解和降温析出是调控石墨烯生长和层数控制的最关键步骤。控制碳源浓度和降温速度可以在一定程度上控制 C 原子析出的量。金属中 C 溶解度随温度变化，降低石墨烯制备温度的同时同样降低了 C 在 Ni 体相中的溶解度。因此，在 CVD 法制备石墨烯进程中，以 C_2H_4 为碳源，当生长温度低于 600℃时，在 Ni 基底上可以实现单层石墨烯的自限生长，在 550℃时达到最优。但在高温条件下，在多晶 Ni 基底上仍不能完全避免多层石墨烯的析出。

　　Cu 基底上的石墨烯生长过程则完全不同，它具有非常低的 C 溶解度和低 C 亲和力，因此可以忽略 C 在高温下的溶解及降温时的析出，整个生长过程由表面吸附分解与 C 原子的重构主导。在一定条件下，这种被称为"自限生长"的过程能够保证 Cu 基底上生长的石墨烯主要以单层为主，双层（或少层）石墨烯占不到 5% 的总生长面积（图 2-15）。如果将 H_2 偏压控制在 0.15 Torr 以下，则在 Cu 基底上可以实现单层石墨烯的可控制备。

图 2-15　Cu 基底上生长的石墨烯转移至 SiO₂/Si 基底上的 SEM 图、光学显微镜图与拉曼光谱图

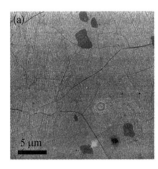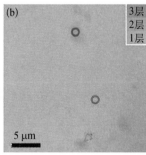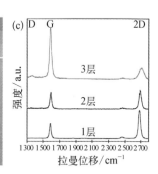

　　金属 Pt 具有较高的 C 溶解度（1 000℃时的原子百分含量约为 0.9%，略低于 Ni），也常被用来制备单层石墨烯。在 Pt 基底上制备石墨烯的过程中，溶解-隔离-析出机制占主导地位。在实验中发现，在温度为 1 000～1 150℃时，都可以在 Pt 基底上制备出单层石墨烯。分别在 Pt 和 Ni 基底上、在相似的生长条件下制

备石墨烯,结果却大不相同,Ni 基底上制备出的是少层石墨烯,而 Pt 基底上制备出的是单层石墨烯。从 Pt 上转移单层石墨烯后,将 Pt 放入真空中退火,在 Pt 上还会产生石墨烯微片,说明在 Pt 上制备单层石墨烯的过程中体相内的 C 并没有被完全析出。

当采用高 C 溶解度的金属作为催化生长基底时,须考虑金属碳化物的稳定性,其对石墨烯层数的控制非常重要。对于不稳定金属碳化物的情况,如亚稳态 Ni_2C 相的形成促进了 C 从 Ni 体相内析出形成石墨烯;对于稳定金属碳化物的情况,一旦金属碳化物形成就很难再从金属体相内分解析出,如Ⅳ～Ⅵ副族金属元素被报道用来生长单层石墨烯。Dai 等提出了一种二元合金作为催化剂生长石墨烯的方法,能够对 C 的偏析和析出过程进行有效的调控甚至抑制。在二元合金催化剂中,一种元素可以有效地催化分解碳源,并使 C 原子重构形成石墨烯;另一种元素与溶入合金体相的 C 原子生成稳定的金属碳化物,固定体相中的 C 原子,有效抑制 C 的析出过程,从而阻断了"析出生长路径",使石墨烯的生长局限为一个表面过程。当表面覆盖了一层完整的石墨烯后,金属不再继续催化碳源分解,从而实现了比 Cu 箔表面生长更为彻底的自限制单层石墨烯生长。图 2-16(a)给出了在 Ni-Mo 二元合金表面上生长单层石墨烯的过程示意图。在 200 nm-Ni/25 μm-Mo 基底上生长石墨烯为均匀的单层石墨烯,没有双层或少层石墨烯出现[图 2-16(b)]。对于 Ni-Mo 二元合金体系来说,在大范围改变实验条件的情况下,生长结果不受任何影响。在保证金属碳化物可以生成的前提下,改变二元合金组成比例、生长温度、碳源浓度、生长时间和降温速率等各种实验条件,都得到了均匀的、100% 覆盖率的严格单层石墨烯[图 2-16(c)]。可见,在 Ni-Mo 二元合金体系表面上生长的单层石墨烯具有较宽的"生长窗口"和容错度。

在此基础上,将互补性合金催化剂的设计思想拓展到更多的合金体系。以金属 Mo 作为偏析抑制元素,与催化元素 Ni、Co 和 Fe 分别构成 Ni-Mo、Co-Mo 和 Fe-Mo 合金体系;或者以 Ni 为固定的催化元素,将偏析抑制元素换成 W 或 V 等金属,构成 Ni-W 或 Ni-V 二元合金体系,均能够实现均匀单层石墨烯的生长。结果表明,这种互补性二元合金催化剂的设计具有一定的普适性。当

图 2 - 16　互补性
二元合金制备单层
石墨烯

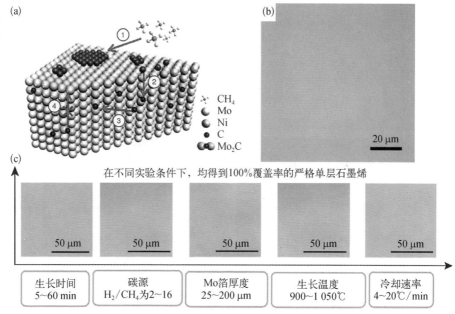

（a）在 Ni - Mo 合金上生长严格单层石墨烯的示意图；（b）在 200 nm - Ni/25 μm - Mo 基底上生长的石墨烯转移至 300 nm - SiO₂/Si 上的光学显微镜图；（c）不同实验条件下在 Ni - Mo 合金上生长的石墨烯均为严格单层且 100% 覆盖

合金组分满足一定的选择规则时，便能够有效地抑制 C 原子的偏析过程。

　　此外，在 Cu/Ni 合金中，通过控制 Ni 的含量来调节合金中溶解的 C 原子，通过控制 Cu 的含量来调节偏析的速度。相对于纯金属，Cu/Ni 合金不仅结合了 Ni 的 C 溶解度较高和 Cu 的自限制性生长两方面优点，而且增大了合金基底的催化活性，降低了碳源的分解温度，缩短了石墨烯的制备时间。在特定组成比例（Ni 原子百分含量为 1.3%～8.6%）的单晶 Cu/Ni 合金基底上制备全覆盖单层石墨烯仅需 5 min 或更快（图 2 - 17）。而相同条件下，在 Cu 基底上达到石墨烯全覆盖则需要 60 min。当然，采用 Cu/Ni 合金制备单层石墨烯的工作还有很多，且 Ni 在合金中的比例也不限于上述范围，这里就不再一一述说。

2.4.2　双层石墨烯制备

　　双层石墨烯同样是零带隙材料，但在狄拉克点附近呈抛物线型色散关系。

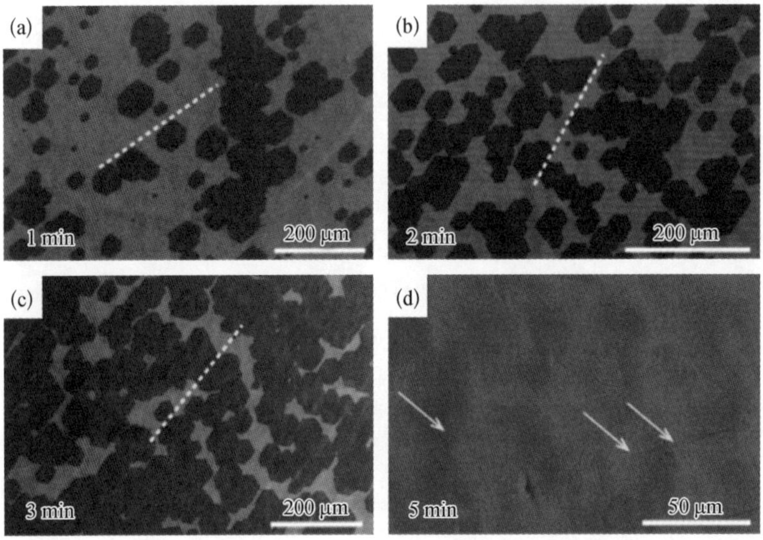

图 2 - 17 在单晶
Cu/Ni 合金（Ni 原子百分含量为 5.6%）基底上，不同时间制备的石墨烯的 SEM 图

对双层石墨烯外加垂直电场可以实现对其带隙的调控，且可调带隙对电场具有一定的依赖性，这使得其在逻辑元件和光电器件等领域具有潜在的应用价值。但是，只有以 AB 堆垛（或者 Bernal 堆垛）的双层石墨烯才会出现能带可调，而所谓的 AB 堆垛双层石墨烯是指上层石墨烯 C 六元环中的 3 个不相邻 C 原子正好落在下层石墨烯 C 六元环的中心。

双层石墨烯可以看作是上层石墨烯相对于下层石墨烯发生了旋转，AB 堆垛可以看作是对应其中一个特殊转角的双层石墨烯。旋转双层石墨烯的电子结构对旋转角具有极大的依赖性，当旋转角大于 20°时，两层石墨烯之间将脱耦合，电子性能类似于单层石墨烯。在旋转角变小时，有助于避免反转散射（Umklapp Scattering），反转散射会降低高温下的载流子迁移率，载流子速度与旋转角相关。当小角度旋转时，在双层石墨烯中将观察到奇异的电子特性，如范霍夫奇点和狄拉克电子局域化。将双层石墨烯以 1.1°旋转，双层石墨烯将表现出莫特绝缘体态，而在莫特绝缘体态情况下加入少量电荷载流子，在 1.7 K 时就可以成功转变为超导态。

目前，采用石墨烯的两种生长机制都可以实现双层石墨烯的可控制备。在 Ni 膜上，通过稀释 CH₄ 的浓度（0.5%）和缓慢的冷却速率（约 4℃/min）可得到双层石墨烯（图 2 - 18）。然而，通过该过程制备的双层石墨烯厚度不均匀，在晶界

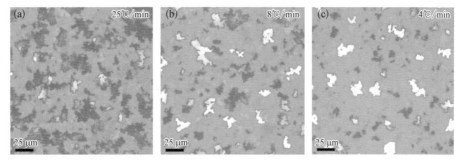

图 2‑18 在 0.5% 的 CH₄ 浓度下，冷却速率对 Ni 薄膜的影响

处倾向沉淀多层膜。

Cu/Ni 合金也常被用来制备双层石墨烯，通过控制 Cu/Ni 合金中 Ni 的含量来调节合金中溶解 C 原子的浓度，并基于 C 原子在 Cu/Ni 合金中溶解‑析出的生长机制获得大面积双层石墨烯薄膜（图 2‑19）。然而，这种制备方法由于受到 Cu/Ni 合金基底纯度不均匀和 C 原子在 Cu/Ni 合金薄膜中溶解量与析出量不同的影响，所制备的双层石墨烯薄膜的均匀性难以控制。

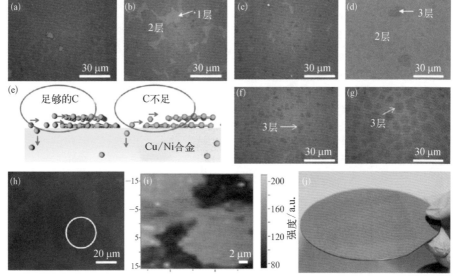

图 2‑19 生长温度为 920℃、H₂ 流量为 5 sccm、生长时间为 120 s，改变生长压强和 CH₄ 流量制备 2~3 层石墨烯

（a）生长压强为 50 Pa，CH₄ 流量为 8 sccm；（b~d）生长压强为 10 Pa，CH₄ 流量分别为 3 sccm、6 sccm、8 sccm；（e）在 Cu/Ni 合金表面，双层石墨烯生长机制示意图；（f，g）生长压强为 20 Pa，CH₄ 流量分别为 8 sccm、10 sccm；（h）双层石墨烯连接区域的显微镜图和白色圆圈区域对应的石墨烯拉曼谱中 2D 峰强的成像图；（i，j）双层石墨烯转移至氧化硅基底的照片

在低溶碳量和低表面活性的金属（如 Cu）表面制备双层石墨烯需要增加活性催化区域的时间或提供额外的催化表面。在上述内容中提到，在 CVD 法制备石墨烯的过程中增大 H_2/CH_4 值，可在 Cu 基底上实现双层或少层石墨烯的制备。然而，采用该方法制备双层或少层石墨烯有一定的局限性：首先，一旦上层的单层石墨烯完全覆盖 Cu 表面时，由于失去了活性 C 基团的供应，下层石墨烯的生长就停止了；其次，在双层石墨烯成核位置通常会继续生长多层（不少于三层）石墨烯；最后，生长速率很低，生长过程需要较长时间（>2 h）。

对于上述局限性，可通过引入额外的催化剂表面为双层石墨烯生长提供所需的碳源。一种有效的方案是采用铜盒制备双层石墨烯（图 2-20）。由于铜盒内外表面处在不同的生长环境中，石墨烯的生长速率存在差异性。铜盒外部碳

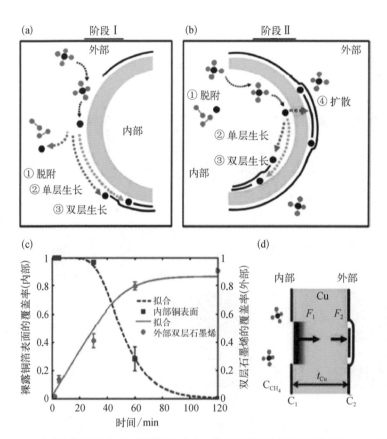

图 2-20　通过铜盒内外碳源浓度差制备双层石墨烯

（a，b）铜盒内外表面生长双层石墨烯机理；（c）对内部裸露铜箔表面的覆盖率和双层石墨烯的外部覆盖率进行时间拟合；（d）内部 C 基团通过铜箔在外表面第一层石墨烯下方形成双层石墨烯的示意图

　　　　　　　　　　　　　　　　　　　　　　　石墨烯薄膜与柔性光电器件

源浓度相对较高,石墨烯生长速率快,在外表面单层石墨烯生长(第Ⅰ阶段)达到完全覆盖(第Ⅱ阶段)时[图 2-20(a,b)],由于铜盒内部碳源浓度相对较低,内表面石墨烯仍未进入成核阶段,即铜箔内表面仍处于裸露状态。经裸露内表面分解的 C 基团通过铜箔向外表面扩散,不断向外提供碳源,在外表面第一层石墨烯下方形成双层石墨烯[图 2-20(b,d)]。随着单层石墨烯逐渐完全覆盖内表面,通过铜箔内表面催化裂解的 C 扩散也逐渐减小,外表面生长的双层石墨烯也随之终止[图 2-20(c)]。在拉曼光谱中,^{12}C 和 ^{13}C 的 G 峰位置不同,分别对应 $1\,580 \sim 1\,620\ cm^{-1}$ 和 $1\,510 \sim 1\,550\ cm^{-1}$。通过同位素标定法可解析铜盒内外表面上石墨烯的生长过程,在石墨烯制备过程中先后通入 $^{12}CH_4$ 和 $^{13}CH_4$ 制备出双层石墨烯。通过绘制 ^{12}C 和 ^{13}C 对应 G 峰的强度值,可以清楚地看到,外表面第一层石墨烯完全由 ^{12}C 组成,而第二层主要由 ^{13}C 组成,说明第二层石墨烯生长在第一层下方。采用铜盒法制备双层或少层石墨烯,外表面石墨烯的厚度受铜箔厚度的影响,较薄的铜箔 C 传递速度快。因此,使用不同厚度的铜箔可以实现对不同厚度石墨烯薄膜的控制。

此外,在样品上游提供额外催化表面(即再引入 Cu 基底)为下游产生 C 自由基或活性基团,即使在下游铜箔被石墨烯完全覆盖后,仍可以利用上游分解的碳源继续在连续膜的上表面生长双层石墨烯。与前面介绍的双层石墨烯不同的是,通过该方法制备的双层石墨烯的第二层位于第一层上面。在实验过程中,采用双温区反应炉,两个温区各放一片铜箔。当下游第二温区单层石墨烯生长完成后,激活上游第一温区的铜箔,经第一温区分解的活性 C 基团会不断传递到第二温区用于双层石墨烯生长(图 2-21)。通过该方法可以获得双层石墨烯的覆盖率达 67%。通过该方法制备双层石墨烯是以第一层石墨烯为基底生长第二层,产生的双层应该是 AB 堆垛结构,但缺点是两块铜箔之间的距离非常关键,生长结果对距离非常敏感。结果表明,只有一小部分下游的石墨烯/Cu 基底是双层形成的最佳位置,其他区域或没有双层或覆盖率较低。此外,通过该方法制备的双层石墨烯的成核位置是随机的,通常取决于石墨烯表面的形貌,如褶皱、边界和底层石墨烯的缺陷,且晶畴大小、形状难以控制。然而,通过该方法似乎只生长双层石墨烯,而不生成多层石墨烯。如果 C 原子(或较大的 C 团簇)可以在石墨烯表面继续生长石墨烯,那么可以期待一种逐层外延生长石墨烯的方法来实现不同层数石墨烯薄膜的精确控制。然而,在目前已报道的文献中,采用该方法制备的石墨烯均未超过双层,这表明 Cu 基底在不直接接触第二层石墨烯的情况下仍有一些催化作用。由于基底表面的催化作用被两层石墨烯减弱或屏蔽,可能无法进一步形成第三层。

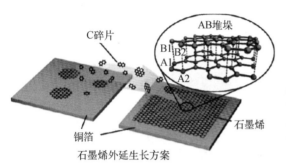
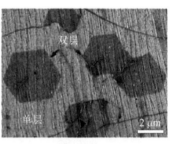

图 2-21 在上游额外引入催化表面,通过两步法制备双层石墨烯

上文论述简要总结了目前 CVD 法在金属基底上制备单层石墨烯和双层石墨烯的方法及对应的机理。通过对实验条件的严格控制,可实现无双层(或多层)的大面积纯单层石墨烯的可控制备,然而目前仍无法实现 100% 双层石墨烯的可控制备。对于 CVD 法制备多层石墨烯,虽然也有文献报道,但都很难实现对石墨烯进行逐层控制。目前,CVD 法制备的多层石墨烯几乎都是由"金字塔"或"倒金字塔"晶畴结构组成的。

2.5　单晶石墨烯制备

CVD 法制备的石墨烯薄膜通常含有结构缺陷,包括零维的点缺陷(如缺位和间隙原子吸附等)和一维的线缺陷(如位错和晶界等),这些结构缺陷会作为载流子的捕获中心和散射中心而影响石墨烯的性能。例如,线缺陷会像一条河流中的大坝干扰载流子和热扰动,因此大量的线缺陷会显著降低石墨烯的载流子迁移率和导热系数。单晶石墨烯几乎没有缺陷,其性质与理论计算值接近。为了充分发挥石墨烯的优异特性,近年来,可控制备大面积单晶石墨烯已成为一个重要的研究方向。

本节将着重论述大面积单晶石墨烯的可控制备。在过去 10 年里,单晶石墨烯的尺寸经历了从几微米到几英寸的发展,增长了约 5 个数量级。制备大面积单晶石墨烯主要有单核石墨烯生长方法和多核石墨烯生长方法两种路线,下面分别介绍其微观机理及大面积制备取得的进展。

2.5.1　单核石墨烯生长方法

石墨烯晶畴的尺寸很大程度上取决于前期成核过程(即成核密度的大小)。基底的表面形貌、表面杂质及缺陷的密度和生长条件等都会影响石墨烯的成核密度。通过对基底表面的前期处理和生长条件的控制,可以有效降低石墨烯成核密度、提高单个晶畴的尺寸。

Cu 箔表面通常存在杂质、结构缺陷及一些机械压痕,这些都是石墨烯成核的活性位点,是导致石墨烯成核密度过高的主要因素。通过对基底进行前处理,可以有效地减少基底表面的杂质及缺陷,改善基底的表面形貌,从而显著降低石墨烯的成核密度,有助于提高单晶石墨烯的尺寸。目前,被广泛应用的基底前处理方法如下:① 高温退火,其不仅可以提高多晶基底的再结晶度,也能降低基底表面的粗糙度;② 电化学抛光,通过电化学处理可以使基底表面更加平滑,减少成核位点。

在低压 CVD 法制备石墨烯过程中,高温下基底表面原子易挥发,导致基底表面粗糙度增加。为了抑制 CVD 法制备石墨烯过程中 Cu 表面粗糙度的增大,Chen 等将经过前处理后的 Cu 箔制成了"Cu 盒子"和"Cu 管"[图 2 - 22 (a,b)],在经历长时间低压高温处理后,Cu 管外表面由于 Cu 原子的挥发损失而变得非常粗糙[图 2 - 22(c,e,g)],而管内 Cu 原子处于挥发、再沉积的动态平衡过程中,Cu 管内表面变得非常光滑[图 2 - 22(c,d)],这使得 Cu 管内石墨烯成核被抑制,通过控制生长条件最终在 Cu 管内表面长出 2 mm 的单晶石墨烯[图 2 - 22(f)]。

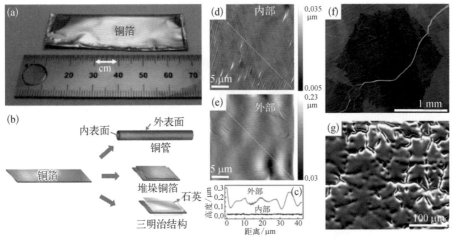

图 2 - 22 通过"Cu 盒子"和"Cu 管"结构制备大面积单晶石墨烯

（a，b）制备石墨烯的铜箔结构；（d，e）在铜管内外表面生长石墨烯的 AFM 图；（c）对应图（d）和图（e）中虚线位置的线性轮廓；（f，g）在铜管内外表面生长石墨烯的 SEM 图

常压下退火可有效减少基底表面原子的挥发，利于保持基底表面的平整度。此外，在退火过程中引入 H_2 可以去除基底表面的氧化物和缺陷，有利于基底表面更平滑。研究表明，在常压 H_2 环境中退火 3 h，石墨烯成核同样可以得到抑制，可以获得亚毫米级石墨烯晶畴。然而，在常压下通过简单的退火过程并不能完全去除铜箔表面上的褶皱。因此，研究人员将高压退火引入至基底前处理过程中，高压条件下退火可以有效减少铜箔表面较大的褶皱和缺陷。抛光铜箔在两个大气压（2 atm[①]）条件下退火 7 h 后，表面会变得非常平整，以其作为基底可以获得 2.3 mm 的六边形石墨烯晶畴。

虽然上述方法在金属基底上生长单晶石墨烯已取得了很大的进展，但这些方法需要对固态基底进行长时间的前处理，而且需要对处理工艺进行严格控制。一种在短时间内获得原子级平整基底表面的方法是先将金属基底熔融、再固化。相对于固态金属，液态金属可以消除固态多晶金属的晶界，得到均匀的表面，从而有利于降低石墨烯的成核密度，增大单个核的尺寸。Mohsin 等以常用的石墨烯生长基底 Cu 为例，先将清洗过的 Cu 箔置于 W 箔上面，然后将温度升至 1 100℃ 将 Cu 箔熔融（Cu 的熔点是 1 084℃），再将温度慢慢降至 1 075℃ 使 Cu 再

①　1 atm＝101 325 Pa。

固化[图 2 - 23(a)]。经对比发现,再固化 Cu 表面的粗糙度约 8 nm[图 2 - 23(b)],比热退火处理的样品(约 81 nm)及电化学处理的样品(约 48 nm)都低。通过对生长条件的控制,在再固化 Cu 表面上可获得毫米级单晶石墨烯[图 2 - 23(c)]。

图 2 - 23　在熔融-再固化 Cu 表面生长单晶石墨烯

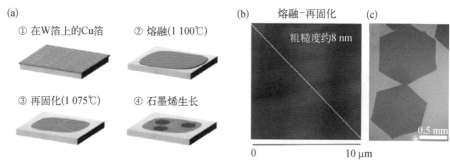

(a) 示意图; (b) AFM 图; (c) SEM 图

综上所述,前处理过程会降低基底表面的粗糙度以及杂质和缺陷的数目,进而减小基底表面的成核密度,最终改变单晶石墨烯的尺寸。然而,对于大尺寸单晶石墨烯的生长而言,需要发展更加通用、有效的基底前处理方法。Hao 等在 CVD 法制备石墨烯的过程中通过引入氧来钝化 Cu 基底表面的活性位点,即使 Cu 表面非常粗糙,也可以减少石墨烯成核密度。通过两种不同氧含量的铜箔[富氧铜(Oxygen - Rich Cu,氧原子百分含量约为 10^{-2} %)和无氧铜(Oxygen - Free Cu,氧原子百分含量约为 10^{-6} %)]作为对比,并在相同的条件下生长石墨烯,从两种铜箔生长石墨烯的 SEM 图[图 2 - 24(a,b)]可以看到,富氧铜上石墨烯的成核密度低于无氧铜上石墨烯成核密度约 3 个数量级。正如前面讨论的,金属基底表面杂质、缺陷及机械压痕不仅可以作为吸附活性 C 基团增加石墨烯成核的活性位点,也可以作为其他吸附物的活性位点。因此,这些活性位点也容易吸附氧,并被氧有效钝化,导致在富氧铜基底上产生较低的石墨烯成核密度。为进一步研究氧对石墨烯成核密度的抑制作用,研究人员将两种 Cu 基底暴露在高温氧环境中,使其表面形成氧化层。此外,为了避免氧化层在升温、退火过程中被 H_2 还原,在升温、退火过程中将氧化基底置于非还原环境中,如纯 Ar 环境。

结果表明,石墨烯的成核密度与 Cu 基底暴露氧环境的时间成函数关系[图 2 - 24 (c)];两种 Cu 基底表现出相同的成核趋势,即随着暴露时间的增加成核密度迅速减少。将富氧铜在 O_2 暴露 5 min 后,将 H_2 和 CH_4 直接引入至 CuO 基底的反应腔,石墨烯成核密度可控制至每平方厘米 1 个,经过 12 h 的生长,石墨烯晶畴尺寸可达到 1 cm 以上[图 2 - 24(d)]。上述结果表明,氧可以有效钝化 Cu 基底表面上的活性位点,这为生长厘米级单晶石墨烯提供了一种新的基底快速前处理方法。

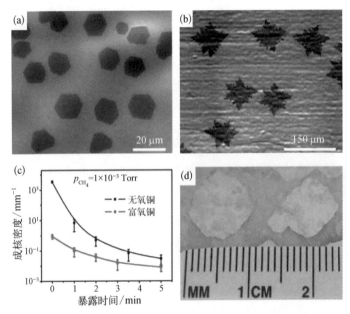

图 2 - 24 通过氧钝化 Cu 基底表面的活性位点来制备大面积单晶石墨烯

(a,b)在无氧铜和富氧铜表面生长石墨烯的 SEM 图;(c)石墨烯成核密度与 Cu 基底在氧环境中暴露时间的函数关系;(d)在富氧铜暴露氧环境后生长厘米级单晶石墨烯的光学显微镜图

此外,石墨烯在富氧铜上的生长速度远大于在无氧铜基底上的生长速度[图 2 - 24(a,b)]。理论研究表明,在 Cu 基底上引入 O 原子不仅会增加碳氢基团的脱氢反应速度,而且氧还可以减少活性基团的吸附势垒、促进 C—C 键结合、加快石墨烯生长。

在现有生长方法中,单晶石墨烯的生长速度普遍低于 $0.4~\mu m/s$,制备一块 $1~cm^2$ 的单晶石墨烯薄膜至少需要 1 天。较长制备周期不仅降低了石墨烯的制备效率,而且增加了制备成本。提高单晶石墨烯的制备速度是快速制备大面积单晶石墨烯中非常关键的一步。为此,研究人员发展了大量提高石墨烯晶畴生长速度的方法,并取得了一系列的进展。其中,Wang 等开发了分子流动模式快速生长单晶石墨烯的方法。根据石墨烯在堆叠铜箔(间隙为 $10\sim30~\mu m$)中的生长参数,可计算出前驱气体的分子平均自由程约为 $300~\mu m$,石墨烯生长过程中在分子平均自由程内流动的气体以高频率撞击间隙内上下铜箔表面,这不仅提高了碳源的浓度,也加强了活性基团与铜箔表面的相互作用。因此,铜箔间的卷绕或堆叠所形成的微小间隙可以促进石墨烯晶畴的快速生长[图 2-25(a)]。利用该微小间隙的方法,在堆叠铜箔内侧可实现 10 min 内生长石墨烯方形晶畴的最大尺寸为 3 mm[图 2-25(b)]。

图 2-25　通过堆叠铜箔快速制备大面积单晶石墨烯

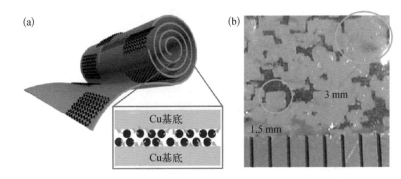

（a）在分子流动模式下快速生长石墨烯单晶阵列示意图（插图为 H_2/CH_4 在分子流动模式下传输、分解示意图）；（b）在堆叠铜箔内表面生长石墨烯单晶畴的照片

　　如上所述,氧可以促进碳源分解,加快石墨烯生长,如在石墨烯生长过程中源源不断地提供氧,可提高石墨烯晶畴的生长速度。然而,在石墨烯制备过程中,实现充分和连续的供氧并不是件容易的事情。CVD法生长石墨烯时通常需用到氢气,在氧到达 Cu 表面之前就会很容易地与氢反应并被"拦截"。为此,Xu 等在铜箔下方约 15 μm 的地方放置一块平面氧化物基底,其作为氧源为 Cu 表面连续供氧[图 2-26(a~c)]。尽管氧化物释放的氧量不多,但在铜箔和氧化物基底之间非常狭小的间隙之内,氧浓度能达到较高水平,可以满足石墨烯快速生长的需要。实验结果表明,氧的连续供应能够显著提高 Cu 表面的单晶

石墨烯生长速率。用二氧化硅和氧化铝基底作为氧提供源，都可以在铜箔正对氧化物基底的一面快速生长大面积圆形石墨烯单晶畴；而在铜箔背对氧化物基底的一面以及使用石墨、钽、碳化硅等非氧化物基底时铜箔的两面上，都只出现了面积小约 20 倍的星形石墨烯晶畴。通过该方法可大幅提高单晶石墨烯的生长速率（约 60 μm/s），生长石墨烯单晶畴横向尺寸 0.3 mm 仅用 5 s [图 2-26(f,g)]。

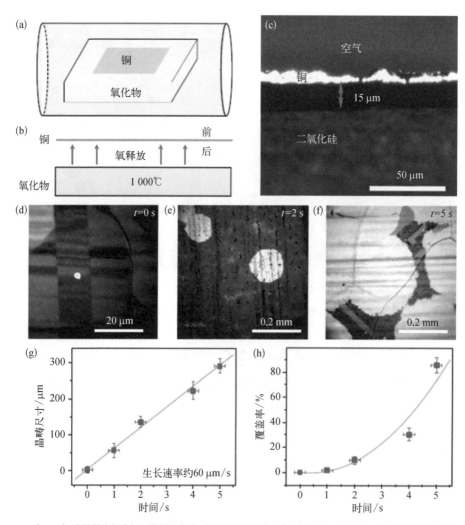

图 2-26　通过供氧加速石墨烯生长速率来快速制备大面积单晶石墨烯

（a～c）连续供应氧生长石墨烯示意图、侧面图和光学图；（d～f）0 s、2 s、5 s 生长石墨烯的光学显微镜图；（g, h）石墨烯晶畴尺寸和石墨烯覆盖率随时间的变化及拟合曲线

除了 Cu 基底，其他金属基底也被用来制备大面积单晶石墨烯，如 Pt、Cu/Ni 合金等。与 Cu 基底相比，Pt 在 1 000℃条件下 C 的溶解度高达 0.9%（原子百分含量）。虽然略低于相同温度下 Ni 的 C 溶解度，但在 Pt 基底上生长石墨烯可以很容易控制到单层石墨烯。由于高的 C 溶解度，Pt 对 CH_4 的分解表现出较高的催化活性，在相同的条件下，石墨烯在 Pt 基底上的生长速度约是 Cu 基底上的 4 倍。Ren 等在 Pt 基底上采用生长-刻蚀-再生长的方法调控单晶石墨烯的生长过程，在原子水平上实现了对边缘动力学生长过程的控制，成功制备了毫米级均匀、单层、低缺陷的单晶石墨烯（图 2-27）。

图 2-27 在生长-刻蚀-再生长过程中，Pt 基底表面上石墨烯单晶畴形貌和边缘的变化过程（气体流量单位为 sccm）

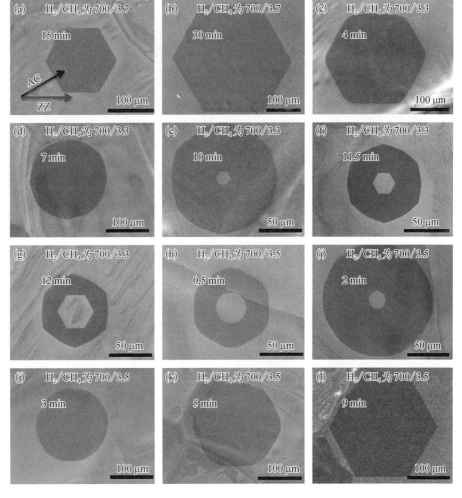

合金基底可以克服纯金属的缺点,而保留各自的优点,使其成为快速制备石墨烯单晶的理想基底。其中,Cu/Ni合金常被用来制备大面积单晶石墨烯,通过调节Cu/Ni合金中Cu和Ni的比例可以调节合金的C溶解度和催化活性。当适量的C溶解在近表层区域,然后迅速附着在石墨烯晶核上,不仅可以控制石墨烯的层数,而且将极大地提高石墨烯的生长速度。Wu等利用$Cu_{85}Ni_{15}$合金基底,并结合定点供给碳源的方法,实现了单个核的可控生长,并在150 min内制备出1.5 in的单晶石墨烯(图2-28)。

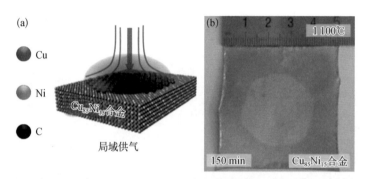

图2-28 采用定点供气的方式在$Cu_{85}Ni_{15}$合金基底上制备英寸级单晶石墨烯

(a)局域供碳源示意图;(b)在$Cu_{85}Ni_{15}$合金基底上制备的单个1.5 in单晶石墨烯的光学照片

虽然制备单晶石墨烯已取得了很大的进展,但单晶石墨烯的最大尺寸仅为英寸量级,仍无法满足更大面积应用的需求。近期,Vlassiouk等拓展了进化选择方法,采用类似于柴可拉斯基法实现了二维单晶石墨烯的连续制备。该技术的基本生长原理被称为进化选择生长。也就是说,生长最快的晶粒将逐渐取代生长较慢的晶粒,生长慢的晶粒将逐步消失,生长最快的晶粒占据主导地位,最终得到连续的高品质单晶石墨烯[图2-29(b)]。基于该原理,研究人员开发了一种易于拓展的卷对卷CVD法量产装置[图2-29(a)]。在生长过程中,H_2/Ar混合气体正常通入炉内,CH_4/Ar混合前驱气体则通过小尺寸喷嘴的形式对准卷对卷移动的生长基底以实现定点连续提供碳源,生长温度保持在1 000℃以上,通过控制H_2/Ar混合气体的流速(>32 cm/s)可以有效地避免单晶前方不必要的晶核生成,而影响最终单晶的品质。基于此方法,研究人员在Cu/Ni合金基底上,以乙烷作为碳源,以2.5 cm/h的移动速度实现了人体脚掌大小的单晶石墨烯薄膜的制备[图2-29(c)]。值得一提的是,该技术对生长基底的质量要求不高,可以在多晶基底上实现大面积单晶石墨烯的可控制备,通过设备优化甚至还可以实现米级单晶石墨烯薄膜的连续化CVD法制备。

图2-29 采用进化选择生长方法连续制备单晶石墨烯

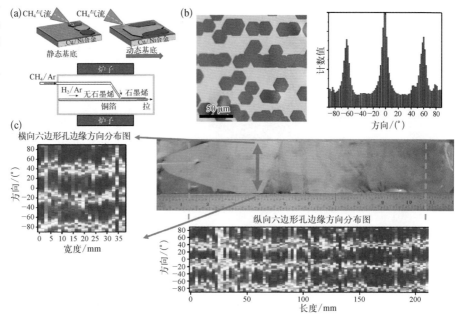

(a)在静止和运动两种类型的基底上制备石墨烯样品的示意图及基于进化选择生长方法在多晶基底上制备大面积单晶石墨烯装置示意图;(b)在单晶石墨烯上刻蚀的六边形孔边缘方向几乎相同,成60°夹角分布;(c)采用进化选择生长方法,以乙烷作为碳源,以2.5 cm/h的移动速度在Cu/Ni合金基底上制备人体脚掌大小的单晶石墨烯薄膜的照片,以及将其刻蚀成六边形孔后沿单晶石墨烯横向及纵向六边形孔边缘方向分布图

2.5.2 多核石墨烯生长方法

单核石墨烯生长方法就是通过极大压缩石墨烯的成核数量、延长生长时间来制备大面积单晶石墨烯,这种方法不可避免地需要花费大量的时间。此外,大范围内控制石墨烯的成核数量本身也是个极大的挑战。研究人员提出在与石墨烯具有晶格失配度较低的单晶基底上多点定向外延生长石墨烯的方法,可实现大面积单晶石墨烯的快速制备。这种方法不用特意去降低石墨烯的成核数量,只需要控制

每个成核点石墨烯晶畴的晶向一致。由于这些外延生长的石墨烯晶畴具有相同的取向,随着生长时间的增加,相同取向的石墨烯晶畴间通过原子级无缝拼接,最终可快速获得大面积单晶石墨烯(图 2-30),这时单晶石墨烯的大小仅受生长基底尺寸的限制。多核石墨烯生长方法的优势是可以在短时间内获得连续、均匀的单晶石墨烯。

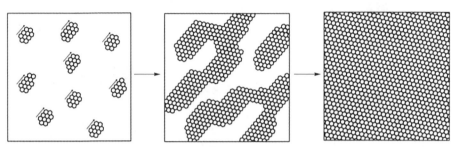

图 2-30　利用多点成核法制备大面积单晶石墨烯的示意图

　　h-BN 是与石墨烯有相似晶格常数的六边形晶体,因此,h-BN 被认为是外延生长石墨烯最理想的基底之一。图 2-31(a)阐述了在 h-BN 基底上外延生长石墨烯的过程。在机械剥离法获得的单晶 h-BN 微片上,CH_4 分解成的反应活性 C 基团在 h-BN 基底上开始成核、生长。通过 AFM 图可以看到,在形成连续膜之前,h-BN 基底上石墨烯晶畴具有相同的取向[图 2-31(b)]。对两个拼接的石墨烯晶畴的取向及拼接处石墨烯进行原子级表征,可以看到两个邻近的石墨烯晶畴具有相同的莫列波纹图案[图 2-31(c)],且两个晶畴拼接区域没有明显的晶格线缺陷[图 2-31(d)],这证明两个石墨烯晶畴是无缝拼接的。虽然石墨烯与 h-BN 基底仍存在一定的晶格失配度(约为 1.8%),可能会使相邻晶畴拼接时出现偏移,但是相对于石墨烯晶畴几百纳米的尺寸,这种程度的晶格失配可以忽略。此外,石墨烯与 h-BN 基底之间的弱相互作用导致石墨烯在 h-BN 基底上的摩擦力非常小,因此在晶畴拼接过程中,两个石墨烯晶畴之间的小角度不匹配可以通过局部晶畴形变或晶畴移位所调节。通过延长生长时间,在 h-BN 基底上会形成无晶界或线缺陷的单晶石墨烯。然而,机械剥离法得到的 h-BN 尺寸仅为微米尺度,阻碍了大面积单晶石墨烯的制备及应用研究。

　　有序石墨烯晶畴的无缝拼接在原则上可以制备大面积单晶石墨烯膜,也被认为是适合快速制备大面积单晶石墨烯的方法。通过该方法快速制备大面积单晶单

图 2 - 31　在 h - BN 基底上外延生长石墨烯

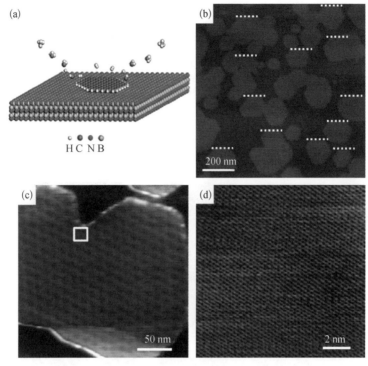

（a，b）在 h - BN 基底上外延生长石墨烯示意图和 AFM 图；（c）两个拼接石墨烯晶畴的莫列波纹图案；（d）对应图（c）中白色实线框的原子分辨图

晶石墨烯须克服以下几个问题：① 选择合适的生长基底；② 外延生长有序的石墨烯晶畴；③ 众多有序排列的石墨烯晶畴无缝拼接成连续单晶石墨烯。h - BN 虽然是石墨烯外延生长的理想基底，但受其尺寸的限制，不适合被用来制备大面积单晶石墨烯，需要寻找其他替代的基底。

　　研究发现，在单晶蓝宝石（α - Al$_2$O$_3$）（0001）或 MgO（111）上异质外延生长可获得六角结构金属单晶膜，如 Co（111）、Ni（111）、Ir（111）、Ru（111）和 Cu（111），这些单晶化的金属膜可被用来低成本外延生长大面积单晶石墨烯。由于低 C 溶解度、自限生长石墨烯的特性，单晶 Cu 膜被应用最多。图 2 - 32（a）是在蓝宝石基底上异质外延生长单晶 Cu 膜的背散射电子衍射（Electron Backscattered Diffraction，EBSD）图。从图中可以清晰地看到，蓝宝石基底上制备的 Cu 膜为均匀的（111）晶向，没有晶界和孪晶出现。以 CH$_4$ 为碳源，通过典型的常压 CVD 法在单晶 Cu 膜（111）表面上外延生长石墨烯。在宏观和微观尺度上证明在 Cu

(111)表面外延生长的石墨烯晶畴是有序排列且晶畴之间无缝拼接,这对单晶 Cu 膜是否适合用作多点成核法快速制备大面积单晶石墨烯的基底至关重要。通过 LEEM 可表征石墨烯膜的晶格结构,这种测量方法的优势是可以直接在 Cu 基底上测试石墨烯的晶格结构,不需要将石墨烯转移,通过简单的移动台就可以实现样品的大面积测量。图 2 - 32(b)为 LEEM 在 100 eV 和 1 mm 测量范围时在异质外延 Cu 膜上生长石墨烯膜的低能电子衍射(Low - Energy Electron Diffraction,

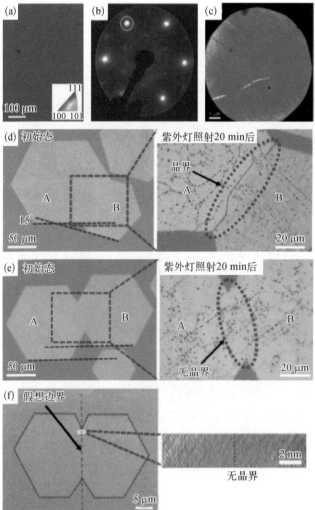

图 2 - 32 采用多点成核法在单晶 Cu 膜上快速制备大面积单晶石墨烯

(a)在蓝宝石基底上制备单晶 Cu 膜的 EBSD 图;(b, c)在单晶 Cu(111)表面上制备石墨烯的 LEED 图和暗场 LEED 图;(d, e)两个六边形非无缝拼接和无缝拼接的光学显微镜图;(f)无缝拼接处原子分辨图

石墨烯薄膜与柔性光电器件

LEED)图,6个锐利的斑点来源于石墨烯晶格(绿圈)和Cu(111)晶格(红圈),表明在Cu(111)表面上生长的石墨烯膜为单晶膜。换句话说,石墨烯与下面基底具有较高的晶格匹配度。在Cu(111)表面上外延生长石墨烯的暗场低能电子衍射图也展示了测量区域内石墨烯均匀的结构[图2-32(c)],进一步证实了形成的膜为均匀单晶石墨烯。

LEEM给出的是在约1 mm电子束斑点内石墨烯晶畴结构方向的平均值,因此微米量级内石墨烯膜的方向不能被保证。此外,也没有明确的结果表明这些外延生长的石墨烯膜的晶界和线缺陷不存在。需要进一步证明在Cu(111)上外延生长的石墨烯晶畴是原子级无缝拼接。Nguyen等通过宏观对比、微观表征的方法进一步证明了在Cu(111)上外延生长的石墨烯晶畴是原子级无缝拼接。首先,先将Cu膜基底经电化学抛光、高温退火等基底前处理工艺去除基底表面的保护层、锐利的褶皱,使Cu(111)表面非常平整;然后,在石墨烯制备过程中保持H_2/CH_4为1 600的高比例以获得六边形石墨烯晶畴。在石墨烯长成连续膜之前终结生长,可以看到拼接的石墨烯[图2-32(d~f)]。为了更形象地说明在Cu(111)上外延生长的石墨烯是无缝拼接的,先对比在Cu基底上非外延生长的两个六边形石墨烯晶畴拼接的例子[图2-32(d)]。两个六边形石墨烯晶畴的边缘偏移约15°,表明这两个石墨烯晶畴并非有序排列。在潮湿的环境中用紫外线(Ultraviolet,UV)照射样品,再结合加热处理,就可以清晰地看到石墨烯晶界。相反,如果两个六边形石墨烯晶畴边缘的方向相同,就表明这两个石墨烯晶畴的取向相同[图2-32(e)]。且经过UV照射后,在两个晶畴拼接位置并没有看到晶界线,说明这两个六边形石墨烯晶畴是无缝拼接的。通过扫描隧道显微镜(Scanning Tunneling Microscope,STM)进一步测量两个晶畴拼接区域的原子图像,也并没有发现两个晶畴之间的晶界或弱拼接的地方,这进一步在原子级别证明了石墨烯晶畴的无缝拼接[图2-32(f)]。换句话说,两个外延有序生长的邻近石墨烯晶畴是原子级拼接的。通过采用无缝拼接的方法,在抛光的Cu(111)上1 h内可制备出没有晶界的尺寸为6 cm×3 cm的单晶石墨烯。

Cu(111)表面和石墨烯具有较小的晶格失配度(<4%),且Cu(111)表面和石墨烯晶格结构具有三重旋转对称性。此外,Cu具有价格低、低溶碳量的特性。

因此,大尺寸单晶 Cu 被认为是外延生长大面积单晶石墨烯的理想基底。商品级大尺寸 Cu 几乎都是多晶 Cu,单晶 Cu 通常是毫米级别,而且价格昂贵。对多晶 Cu 箔进行高温退火处理可产生厘米级 Cu(111)单晶箔,进一步增加单晶箔的尺寸会变得非常困难。Xu 等开发了一种将多晶 Cu 箔快速处理成 Cu(111)单晶箔的工艺。首先,将 Cu 箔的一端剪成锥形结构,这样可以确保先在尖端形成 Cu(111)晶粒;然后,缓慢移动多晶 Cu 箔通过中心温度为 1 035℃的高温区。中心温度附近的温度梯度提供了一个驱动力,推动 Cu 箔上 Cu(111)晶粒边界的连续移动[图 2-33(a)]。这一思想与传统的柴可拉斯基法类似,在这种方法中,液体和固体之间的界面温度梯度是单晶硅锭生长的驱动力。随着 Cu 箔不断通过中心高温区,尖端 Cu(111)晶粒的边界逐渐扩展至整个 Cu 箔宽度,并随着 Cu 箔的移动逐渐向多晶区域扩展[图 2-33(b)]。以 1 cm/min 的速度移动多晶 Cu 箔通过中心高温区,在 50 min 内可制备 5 cm×50 cm 的 Cu(111)单晶箔[图 2-33(c)]。通过低能电子衍射(LEED)、电子背散射衍射(EBSD)、X 射线衍射(X-Ray Diffraction,XRD)及超高分辨透射电子显微镜(High Resolution Transmission Electron Microscopy,HRTEM)对整个 Cu 箔测试,结果均显示整

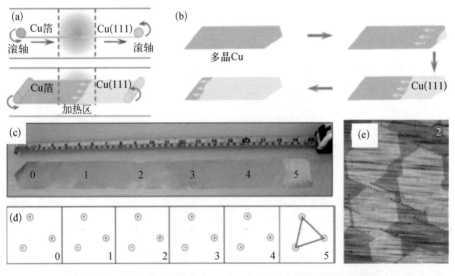

图 2-33 卷对卷制备 Cu(111)单晶箔

(a)连续制备 Cu(111)单晶箔示意图;(b)Cu(111)单晶箔从尖端逐渐进化示意图;(c,d)5 cm×50 cm Cu(111)单晶箔照片和对应 6 个不同区域的 LEED 图;(e)在 Cu(111)表面上有序生长石墨烯晶畴的光学显微镜图

个 Cu 箔为面心立方(111)表面晶向[图 2 - 33(d)]。结合氧辅助快速生长石墨烯的方法,在 Cu(111)表面上快速外延生长有序石墨烯[图 2 - 33(e)],实现了 20 min 制备 5 cm×50 cm 的单晶石墨烯薄膜。

除了上述与石墨烯有较小晶格失配度的六角结构基底,Lee 等在与石墨烯有较大晶格失配度的 Ge(110)表面上也实现了石墨烯与基底共轭匹配生长及石墨烯晶畴之间的无缝拼接(图 2 - 34),通过外延生长的方法在氢终结 Ge(110)表面上制备出了晶圆级单晶石墨烯。图 2 - 34(a)展示了在氢终结 Ge(110)表面上没有完全长满石墨烯的 SEM 图,图中白色箭头指的是两个拼接石墨烯晶畴边缘之间的夹角。用 HRTEM 聚焦到这些夹角位置,可以获得拼接处石墨烯的原子级分辨图像[图 2 - 34(b)],从图像中可以清晰地看到两个夹角之间没有线缺陷产生,说明两个石墨烯晶畴之间是无缝拼接的。通过 LEED 测量在氢终结 Ge(110)表面上的石墨烯[图 2 - 34(c)]的晶格结构,从 LEED 图中可以看到 6 个锐

图 2 - 34　在氢终结 Ge（110）表面上制备晶圆级单晶石墨烯

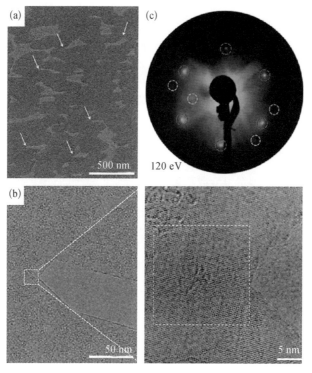

（a）SEM图;（b）拼接处 HRTEM图;（c）LEED图

利的点(红色虚线圈)表示单晶石墨烯,而白色虚线圈则对应 Ge(110)的峰。石墨烯在氢终结的 Ge(110)上外延生长可能是因为 Ge(110)超晶胞的周期是(8×10),而石墨烯的每 23 个之字型单元和 16 个椅子型单元分别与(110)面[001]方向上的 $10a_{Ge}$(a_{Ge} 为 Ge 的晶格常数)和[$\bar{1}10$]方向上的 $8 \times \sqrt{2}\, a_{Ge}$ 完全一致。

2.6　低温制备石墨烯

传统 CVD 法制备石墨烯通常是以 CH_4 为碳源,在 800~1 000℃的高温下使其热分解成活性 C 基团,然后进一步在基底表面生长石墨烯。然而,高温条件不仅能耗高、设备制造成本高,而且很难与电子器件制造过程兼容。当石墨烯制备温度低于 400℃时,可以将石墨烯制备流程直接引入半导体制备工艺过程中;而当石墨烯制备温度低于 300℃时,则可以在柔性基底上直接制备石墨烯。发展低温制备高品质石墨烯是石墨烯制备的另一个重要研究方向。本节将着重从碳源、能量辅助碳源分解两个方面介绍在低温制备石墨烯领域取得的一些进展。

2.6.1　低分解温度的碳源制备石墨烯

在 CVD 法制备石墨烯的工艺中,碳源的裂解温度很大程度上影响了石墨烯的制备温度。选择低裂解温度或高吸附能的碳源是降低石墨烯生长温度的一个重要方法。通常情况下,以 CH_4 为碳源在金属基底上制备高质量的石墨烯需要在 1 000℃左右的高温下进行。随着温度的降低,不仅石墨烯的品质会降低,而且当温度低于 700℃(C—H 键断开所需温度)时,便不能在铜箔基底上生成石墨烯。相对于甲烷,烃类气体乙烯(C_2H_4)和乙炔(C_2H_2)具有高反应性和表面反应能,因此,具有高热解速率特性的 C_2H_4 和 C_2H_2 也常被用来作为有效碳源在较低的温度下制备石墨烯。以 C_2H_2 为碳源,600℃时可在 Ni 基底上制备出多层石墨烯(650℃时在 Fe 基底上制备出多层石墨烯);以 C_2H_4 为碳源,可以在 Ni 催化基底上制备出单层石墨烯。由于具有高的 C 溶解度,在 Ni 基底上通常获得的是多层石墨烯。然而 C 溶解度的大小依赖于温度的变化,降低石墨烯制备温度的同时同样减少了 C 在 Ni 体相中的溶解度。因此,在 CVD 法制备石墨烯过程中,当生长温度低于 600℃ 时,以 C_2H_4 为碳源在 Ni 基底上可以自限生长单层石墨烯,且在 550℃ 时达到最优。

相对于典型气态碳源的 C—H 键键能,如 CH_4 为 410 kJ/mol、C_2H_2 为 443 kJ/mol、C_2H_4 为 506 kJ/mol,固态聚苯乙烯(PS)和聚甲基丙烯酸甲酯(PMMA)具有较弱的 C—H 键键能(分别为 292～305 kJ/mol 与 283～288 kJ/mol),以 PMMA 和 PS 为碳源可以在 400～1 000℃ 温度内制备出单层石墨烯(图 2-35)。当温度低至 400℃ 时,可能是由于聚合物未完全分解,在石墨烯晶界处出现了无定形碳。除了气态碳源和固态大分子聚合物,具有低热分解温度的甲醇、乙醇和丙醇等液态含氧碳前驱物也常被用作低温制备石墨烯的碳源。

图 2-35 以 PMMA 为碳源低温制备单层石墨烯

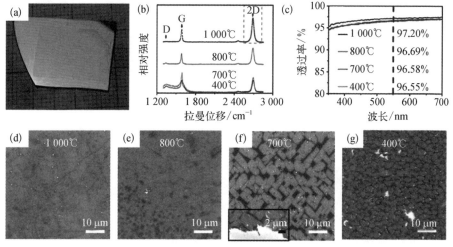

(a) 光学照片;(b) 拉曼光谱;(c) 透过率谱图;(d~g) 不同温度下的 SEM 图

相对于其他碳前驱体,芳香烃分子表现出极大的机遇和潜力。2011 年,以苯为碳源在 300℃ 的低温下首次制备出高品质的单层石墨烯。之后很多低温下制备石墨烯的研究工作主要集中在选择不同的芳香烃碳源上,如六氯苯、吡啶、对三联苯等。sp² 杂化的芳香烃分子低温制备石墨烯具有以下优势。(1)相对于常用气态碳源 CH_4,芳香烃分子具有高吸附能和脱附势垒。伦敦色散力可以增加芳香烃分子的吸附能(0.5~1.8 eV),因此芳香烃分子会经历较长周期的吸附过程,有利于在低温下进一步进行脱氢反应。(2)含苯环的平面结构会显著减少石墨烯的合成能。相对于其他结构的碳源,芳香烃分子具有苯环结构,在经历脱氢反应后,形成的苯环可直接作为构筑石墨烯的结构单元连接到石墨烯晶核边缘,有利于在低温下合成石墨烯(图 2 - 36)。通过理论计算苯的脱氢时间(t_D)发现,即使在温度低至 300℃时,苯环的脱氢时间仍在 6.5 s 的合理范围内(表 2 - 1)。相反,CH_4 在 300℃时脱氢时间长达 122 h,与 CVD 法制备过程很难兼容。

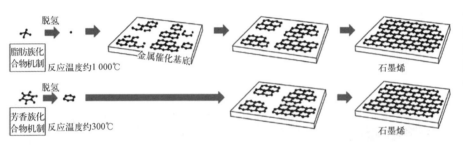

图 2 - 36 不同碳源生长石墨烯的生长机制示意图

温度/℃	估算脱氢时间 t_D/s		
	CH_4	C_6H_6	$C_{18}H_{14}$
1 000	0.18	8.4×10^{-4}	5.2×10^{-8}
800	1.6(√)[①]	3.2×10^{-3}	8.5×10^{-7}
600	43(×)[②]	2.3×10^{-2}	4.9×10^{-5}
400	8.1×10^3	0.57	2.9×10^{-2}
300	4.4×10^5	6.5(√)[①]	3.6(√)[①]
200	1.4×10^8	1.2×10^3(×)[②]	3×10^3(×)[②]

表 2 - 1 甲烷、苯、对三联苯在不同温度下的脱氢时间估算

① √表示石墨烯生长;② ×表示石墨烯不生长。

随着温度的降低,碳源的脱氢时间会延长,最终导致无法进一步形成石墨烯。对于对三联苯分子($C_{18}H_{14}$),在 200℃时 3 000 s 的脱氢时间导致无法生成石墨烯,而在 300℃时则可以形成连续单层石墨烯。即使 CH_4 在 600℃时的脱氢时间为 43 s,也无法形成石墨烯。以六氯苯为碳源低温制备石墨烯,需要先经过脱氯反应,脱氯后的苯环基团同样可以在 300℃时制备出石墨烯。

伦敦色散力在自然界中普遍存在,并且越来越被认为是各种表面处理过程中的一个重要因素。因此,当苯分子吸附在 Cu(111) 表面时,伦敦色散力阻止其脱附,苯分子脱氢后形成的苯环基团可直接作为活性基团生长石墨烯。然而,以苯为碳源低温制备的石墨烯晶畴仅为微米量级,不能形成更大面积或连续石墨烯膜。可能是低压生长条件减弱了脱氢反应和 C—C 键的形成,进而限制了石墨烯的尺寸。为了克服这个问题,研究者开发了不同的方法,包括无氧常压化学气相沉积法(Atmospheric Pressure Chemical Vapor Deposition,APCVD)、高碳源偏压的两步生长法、引入种子层、使用多相碳源或电抛光 Cu 基底等,以实现高质量、连续石墨烯薄膜的制备。在常压条件下,有足够的苯环参与脱氢反应形成苯环基团促使石墨烯成核、生长。在常压无氧环境中,石墨烯膜的连续生长可以看作是苯分子的吸附、脱氢、C—C 键形成及活性基团脱附之间的微妙平衡过程。

碳源的偏压可以影响低温下石墨烯的生长速度,生长基底表面粗糙度也可以影响石墨烯的成核和生长。研究发现,不平整的表面会降低石墨烯核对活性 C 基团的吸附率,导致在未经过前处理的 Cu 基底上,以甲苯为碳源在 300～600℃ 温度下只形成石墨烯晶畴。生长基底表面经过电抛光、高温退火等前处理,增加其表面平整度,并在生长过程中采用两步法,即先在低碳源偏压的条件下使石墨烯成核,再提高碳源偏压加速石墨烯生长,通过这种方法以甲苯为碳源在 600℃ 时获得了全覆盖的连续石墨烯膜。其实,两步生长法可以理解为第一步是形成石墨烯种子,第二步是在种子的基础上进一步生长。也就是说,生长石墨烯前可以先在基底上引入种子,再在种子的基础上生长石墨烯。选择合适的种子层可以提高石墨烯的均匀性和覆盖率。通过 APCVD 法以萘为碳源在 400℃ 时获得的是由多层石墨烯片组成的非均匀石墨烯膜,这可能是因为低温下反应物处于过饱和状态而引起高密度、不可控的随机石墨烯成核。然而,当先在 Cu 催化基底上引入六苯并苯种子层后,这种不可控成核情况得到抑制,得到合理尺寸和密度的石墨烯晶核,最后形成均匀的石墨烯膜。

多环芳香烃(Polycyclic Aromatic Hydrocarbons,PAHs)由多个苯环组成,有一个相对更平的平面结构,由于伦敦色散力的增加,PAHs 被认为可以大幅度减少石墨烯的合成温度。然而,由于 PAHs 分子自身的非旋转对称性,当其脱氢后形成 C—C 键时,容易形成大量的空位缺陷,如对三联苯、芘($C_{16}H_{10}$)和 1,2,3,4-四苯基萘,低温下合成的石墨烯膜中包含了大量的空位缺陷。以 1,2,3,4-四苯基萘与辛基磷酸混合作为有效碳源,在低温制备石墨烯的过程中,辛基磷酸中的小石墨烯微片会很自然地填充至空位缺陷中,进而在 400℃时合成石墨烯薄膜的缺陷密度大幅度降低。

此外,采用芳香烃碳源低温制备石墨烯,有可能实现高浓度、高有序的掺杂石墨烯膜。通过第一性原理计算,当异质原子(如 N 原子)原位替代苯环结构中的 C 原子后,形成含有异质原子的芳香烃分子,如吡啶、五氯吡啶等,以其作为低温制备石墨烯的有效碳源,脱氢后的苯基在生长基底表面自组装可获得高掺杂浓度(约 17%)的氮掺杂石墨烯。Cui 等通过第一性原理计算了在 Cu(111) 表面上,以 C_5NCl_5 分子为碳源低温制备高密度有序氮掺杂石墨烯的动力学路径(图 2-37)。第一,作为芳香烃分子,C_5NCl_5 与 Cu 基底之间较强的范德瓦耳斯作用力可大大提高分子在 Cu 基底上的吸附能,使得在相对低的过饱和气压下即可实现低温生长。第二,由于 C—Cl 键较弱,吸附的 C_5NCl_5 脱氯比通常利用碳氢化合物前驱体生长石墨烯过程中的脱氢更容易,可实现快速、连续脱氯,进而在 Cu 基底上形成大量的 C_5N 自由基。第三,C_5N 自由基在 Cu 基底上的转动和扩散势垒都相对较低,同时这些自由基带有相同的电荷,彼此之间存在长程库仑排斥

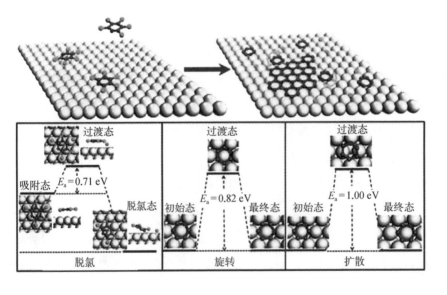

图 2-37 通过 C_5NCl_5 低温脱氯自组装实现高浓度、高有序的氮掺杂石墨烯的动力学机理示意图

力,这种排斥力可影响 C_5N 在 Cu 基底上自组装时的整体取向,形成相对更有序的结构。此外,C_5N 通过所带的 N 原子的"钉扎"作用可有效限制其在 Cu(111) 上的取向,也有利于抑制生长石墨烯过程中晶界的形成。基于这种生长方法,有望制备出高度有序的掺杂石墨烯,从而获得具有高载流子浓度、高载流子迁移率等特点的二维金属石墨烯。

在实验方面,Xue 等以吡啶为碳源,首先实现了在 300℃ 低温下制备出高浓度 N 掺杂石墨烯,N 含量达到了 16.7%,石墨烯表现出 n 型特征。此外,N 掺杂的石墨烯单晶畴呈现出四边形阵列(图 2-38),单晶石墨烯的缺陷峰强度与 G 特征峰强度的比值(I_D/I_G)为 0.16,小于 N 掺杂多晶石墨烯的典型值。聚 4-乙烯吡啶(P4VP)、四溴噻吩也被用作碳源低温制备掺杂石墨烯。在 Cu 基底上,以 P4VP 和四溴噻吩为碳源分别可以在 800℃ 和 600℃ 下制备连续、均匀的 N

图 2-38 以吡啶为碳源低温制备高浓度 N 掺杂石墨烯

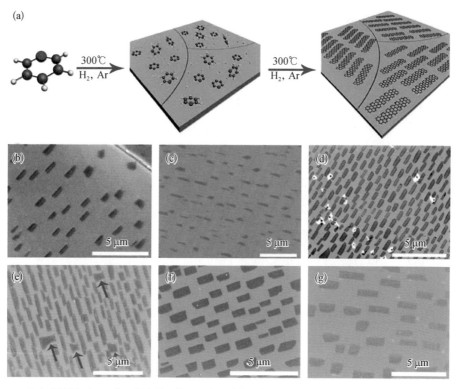

(a)示意图;(b~g)不同条件下的 SEM 图,生长温度均为 300℃,(b~e)气体流量比(H_2/Ar)为 150 sccm/30 sccm,生长时间分别为 0.5 min、1 min、3 min、5 min;(f,g)生长时间为 3 min,气体流量比(H_2/Ar)分别为 100 sccm/20 sccm 和 50 sccm/10 sccm

掺杂石墨烯膜。以 P4VP 为碳源获得石墨烯单层覆盖率大于 80%，含 N 量为 6.37%。

2.6.2 能量辅助低温制备石墨烯

能量辅助 CVD 法低温制备石墨烯是在石墨烯制备过程中，通过热能以外的其他额外能量源产生的能量促进碳氢化合物的键断裂，使碳源在低温下分解，使得石墨烯在金属催化基底甚至绝缘基底上实现低温生长。这些辅助能量源通常集成在 CVD 装置上，主要制备方法有等离子体增强化学气相沉积（Plasma Enhanced Chemical Vapour Deposition，PECVD）、电感耦合等离子体化学气相沉积（Inductively Coupled Plasma Chemical Vapour Deposition，ICPCVD）、微波等离子体化学气相沉积（Microwave Plasma Chemical Vapour Deposition，MPCVD）等。

等离子体辅助化学气相沉积法是降低石墨烯合成温度的一种有效方法。等离子体可以帮助气态碳前驱体在低温下分解成活性碳基团，进而在低温下合成石墨烯。以 CH$_4$ 为碳源，使用 PECVD 法在 600℃ 时就可以合成石墨烯，提高载气中 H$_2$ 的浓度可以进一步提高石墨烯的品质。使用 ICPCVD 法在 AuNi 和 CuNi 合金基底上，以 C$_2$H$_2$ 为碳源在 600℃ 时可合成载流子迁移率达 9 000 cm^2/(V·s) 的均匀单层石墨烯。此外，使用 ICPCVD 法可以在柔性基底上直接生长石墨烯，例如在图案化 Cu 膜覆盖的聚酰亚胺基底上，以 C$_2$H$_2$ 为碳源在 300℃ 下可合成石墨烯-石墨碳膜而不损伤基底。MPCVD 法也常被用来降低 CVD 工艺中的合成温度，在 Ni 基底上，以 CH$_4$ 为碳源可实现在 450～750℃ 温度内制备石墨烯(图 2 - 39)。并且随温度的提升，石墨烯的品质将逐渐得到改善，当温度为 750℃ 时，获得的石墨烯薄膜的方块电阻可达到 590 Ω/□。

然而在石墨烯制备过程中，等离子体不仅会促进碳源分子的裂解，而且会损坏其所接触其他物质的表面，包括已形成的石墨烯膜，进而影响最终石墨烯的品质。为了避免离子轰击已形成的石墨烯，表面微波等离子体 CVD（Surface Microwave Plasma Chemical Vapour Deposition，SMPCVD）被用来改善石墨烯

图 2-39 采用 MPCVD 法低温制备石墨烯

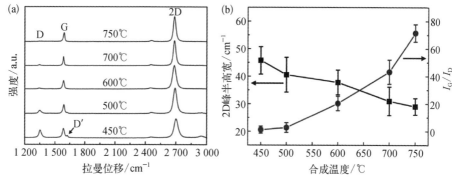

（a）以 Ni 为基底、CH₄ 为碳源，使用 MPCVD 法在不同温度下制备石墨烯的拉曼光谱；（b）2D 峰半高宽、G 峰与缺陷 D 峰强度比（I_G/I_D）随合成温度的变化

的品质，表面微波等离子体将产生高密度、低电子能（<3 eV）的等离子体（$10^{11} \sim 10^{12}$ cm⁻³）。使用 SMPCVD 法在 Cu 基底上，以 PMMA 为碳前驱体可以在温度低至 280℃ 下合成高品质的石墨烯膜（方块电阻约为 600 Ω/□，透光率为 96%）。

2.7　非催化基底生长石墨烯

在金属基底上制备的石墨烯薄膜需要进一步将其转移到绝缘基底上才能进行器件制备、光电性能表征等，然而转移过程中会在不同程度上破坏石墨烯的结构导致其产生更多的缺陷，使得石墨烯的电子迁移率等性能大大降低，而且转移工艺很难与现在广泛应用的硅器件工艺相结合。近年来，多种改进的石墨烯转移方法被提出并得到了有效应用，这些方法显著降低了石墨烯转移过程中的褶皱和破损等问题。但是转移工艺繁杂、污染环境、成本难以降低等问题仍然没有得到根本解决。因此，在绝缘基底上直接生长石墨烯不但可以省去转移这一个复杂过程，而且可以在目标基底上直接获得石墨烯薄膜，这对石墨烯的器件研究和应用具有重要意义。

与在金属上使用 CVD 法生长石墨烯不同，绝缘基底不仅没有基底催化作用，而且绝缘基底的溶碳率极低。因此，在绝缘基底上制备石墨烯将面临诸多困难。尽管如此,研究人员还是做了大量的探索研究,且已取得了阶段性的进展,实现了在 h-BN、SiO_2/Si、石英、Al_2O_3、$SrTiO_3$ 乃至普通玻璃等不同绝缘基底上生长石墨烯。本节从绝缘基底-金属辅助层生长石墨烯和绝缘基底上直接生长石墨烯两个方面介绍已取得的一些进展。

2.7.1 绝缘基底-金属辅助层生长石墨烯

研究人员通过在绝缘基底上制备一层金属辅助层,成功实现了在绝缘基底上生长高质量石墨烯。绝缘基底-金属辅助层生长石墨烯的模式一般有两种:一种为绝缘基底-金属覆盖层表面生长石墨烯,该模式下碳源在金属覆盖层的催化作用下先在金属覆盖层表面生长石墨烯,随着高温下薄金属层逐渐蒸发脱离绝缘基底,最后石墨烯直接落在绝缘基底上(图 2-40);另一种为绝缘基底-金属覆盖层界面处生长石墨烯。

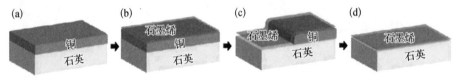

图 2-40　在镀 Cu 石英表面生长石墨烯

目前,在绝缘基底-金属覆盖层界面处生长石墨烯已经取得了很大的进展。在绝缘基底-金属界面处生长石墨烯,可以预先将碳源置于绝缘基底与金属层之间,该模式下碳源在金属覆盖层的催化下直接生长于绝缘基底-金属覆盖层界面处。Zhuo 等利用该模式成功在 SiO_2-Cu 界面处制备了高质量石墨烯[图 2-41(a)]。此外,将碳源置于金属覆盖层上表面,在 CVD 法过程中碳原子穿过金属层渗透到绝缘基底-金属覆盖层界面处成核、生长,然后腐蚀掉金属覆盖层,在绝缘基底表面获得高质量的石墨烯。Su 等利用该模式在多种绝缘基底-Cu 覆盖层界面处成功制备了石墨烯[图 2-41(b,c)]。

不同于金属 Cu,金属 Ni 具有较高的催化活性和较强的溶碳能力。以多晶 Ni 薄膜作为金属覆盖层,高温下分解的碳原子溶入 Ni 体相中,在降温过程中,碳

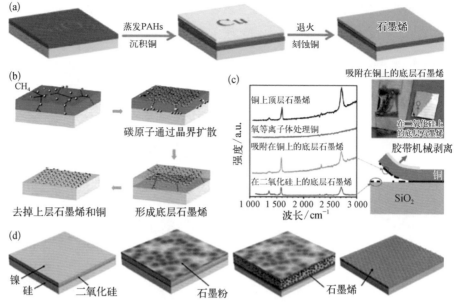

图 2-41 在绝缘基底-金属界面处生长石墨烯

（a）铜催化 SiO₂ 上直接生长石墨烯示意图；（b）铜催化生长石墨烯示意图；（c）不同条件下石墨烯的拉曼光谱；（d）扩散-辅助生长石墨烯示意图

原子通过晶界析出在绝缘基底和 Ni 膜界面处形成大面积、少数层的石墨烯薄膜。Kwak 等使用 Ni 作为金属覆盖层，利用石墨粉作为碳源，在低温甚至室温条件下，实现了在 SiO₂-Ni 界面处制备高质量石墨烯[图 2-41(d)]。通过给 SiO₂-Ni-C 结构施加小于 1 MPa 的压力，促使碳原子穿透到 SiO₂ 基底表面，然后在 25～260℃退火 1～10 min，刻蚀掉 Ni 层后在 SiO₂ 基底表面获得了较高质量的石墨烯。

这种方法虽然实现了直接在绝缘基底上制备石墨烯，而且避免了由于转移而导致的缺陷，但是在除去金属层的过程中不可避免地引入杂质，这也会在一定程度上影响石墨烯的质量，需要进一步开发在绝缘基底上直接生长石墨烯的方法。

2.7.2　绝缘基底上直接生长石墨烯

近年来，科研人员在多种绝缘基底上直接生长石墨烯领域开展了一系列工作。Sun 等在软化温度约为 600℃的普通玻璃上成功生长出了高质量的石墨烯[图 2-42(a,b)]。此外,他们还利用乙醇作为碳源,成功制备了 25 in 的石墨烯玻璃[图 2-42(c,d)]。除了玻璃基底,在高介电常数基底(如 SrTiO₃)上也实现了直接生长石墨烯。与低介电常数基底(如 SiO₂)相比,SrTiO₃ 能够有效减少栅极漏电、提升栅极电容从而获得更佳的栅极调制效果[图 2-42(e~g)]。

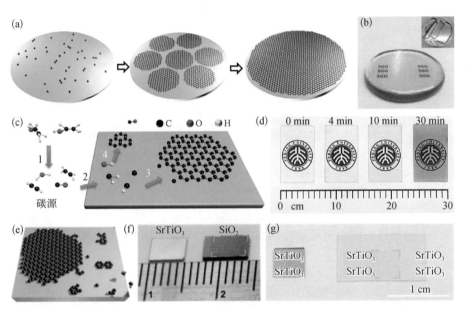

图 2-42　直接在绝缘基底上生长石墨烯

（a）在熔融玻璃上生长石墨烯示意图;（b）石墨烯玻璃照片;（c）以乙醇为碳源在固态石英玻璃上生长石墨烯示意图;（d）不同时间制备石墨烯玻璃样品照片;（e）在 SrTiO₃ 上生长石墨烯示意图;（f, g）将 SrTiO₃ 上生长的石墨烯转移至 SiO₂ 和 PET 上的样品照片

　　此外,Chen 等利用近平衡法直接在 SiO₂/Si、Si₃N₄、石英、蓝宝石等多种绝缘基底上成功生长了石墨烯。其中,SiO₂/Si 上生长的石墨烯能很好地与现有半导体硅工艺相结合,且能直接制备多种器件并进行电学性能表征。与金属基底上制备石墨烯类似,通过对 SiO₂/Si 基底进行预处理同样可以提高制备石墨烯的质量。研究发现,氧能有效提高石墨烯的成核密度。理论计算表明,基底表面上的氧能提高 C—C 键结合的概率,从而促进石墨烯的生长,这与在金属基底表面引入氧可促进石墨烯生长的结论类似。在绝缘基底上直接生长石墨烯,研究人员采用两步法提高石墨烯的制备质量,即在成核过程中,通过使用较低浓度的甲烷

来降低成核密度,而在生长过程中提高甲烷浓度以促进石墨烯的生长。此外,通过调节成核和生长过程中的反应温度也能实现同样的效果。Hwang等利用此方法成功在蓝宝石基底上直接制备了较高质量的石墨烯。h-BN作为一种新型基底,由于其具有良好的绝缘性、原子级平整的台面、没有悬挂键,且晶格常数与石墨烯接近(两者之间的晶格失配度只有1.8%)等特点,用h-BN作为石墨烯的基底能最大限度地保留石墨烯的本征特性,如上所述,研究人员在h-BN表面定向外延生长大面积单晶石墨烯。

2.8　本章小结

本章首先从CVD法制备石墨烯微观机理出发,阐述了碳源裂解、初期石墨烯成核过程、石墨烯晶核生长的热力学过程,以及基底、氢气、温度等工艺参数对石墨烯生长动力学过程的影响。随后论述了CVD法制备单层石墨烯和双层石墨烯方面已取得的一些进展,并分别从"单点成核"和"多点成核"两种方法介绍了制备大面积单晶石墨烯的相关原理和已取得的一些进展。

其次,低温下实现高品质石墨烯的可控制备也是石墨烯薄膜制备的一个重要研究方向。通过选择不同的碳源,增加其在金属催化基底上的吸附能和脱附势垒,促使其在低温下进行裂解反应,可实现较低温度下制备石墨烯。以芳香烃分子(如苯、对三联苯等)作为碳源,可在300℃时实现高品质石墨烯的可控制备。此外,在CVD法制备石墨烯过程中,引入等离子体等辅助能量促使碳源在低温下分解也可以降低石墨烯的制备温度。

最后,本章分别从在绝缘基底-金属辅助层和绝缘基底上直接生长石墨烯两个方面介绍了在绝缘基底上制备石墨烯领域取得的一些进展。目前,已经实现了在h-BN、SiO_2/Si、石英、Al_2O_3、$SrTiO_3$乃至普通玻璃等不同绝缘基底上石墨烯的生长。相比于在金属基底上制备的石墨烯,在绝缘基底上制备的石墨烯品质还有待进一步提升。

第 3 章

石墨烯薄膜转移技术

3.1 引言

石墨烯薄膜主要外延生长于过渡金属或 SiC 上,而器件及应用一般需要硅片、玻璃、聚合物作为基底,因此如何将石墨烯薄膜低成本、高效率、高质量地转移至与应用需求相匹配的目标基底上,是石墨烯薄膜应用亟待解决的重要问题之一。

本章详细介绍了近年来研究人员发展的石墨烯薄膜转移方法,详细对比了各种方法的优劣和面临的挑战,讨论了其前景和发展趋势,并介绍了适合大规模石墨烯薄膜自动化转移的装备和配套工艺,为工业化石墨烯转移研究和实践提供指导。

3.2 石墨烯薄膜基底刻蚀转移法

目前,研究人员开发了多种基于基底刻蚀的转移技术,已成为转移石墨烯薄膜比较直接和易于实现的方法,包括聚合物过渡转移法、非聚合物过渡转移法、热释放胶带法和一步式直接刻蚀转移法等,这些方法的迅速发展为石墨烯在各领域的应用提供了很好的技术途径。

3.2.1 聚合物过渡转移法

聚合物过渡转移法是目前实验室转移石墨烯的主流方法,该方法的特点在于转移过程中石墨烯需要一层聚合物作为支撑层。研究人员开发了多种基于不同转移介质的转移方法,如聚甲基丙烯酸甲酯(PMMA)、聚二甲基硅氧烷(PDMS)、乙烯醋酸乙烯酯(EVA)、有机硅、松香、萘、樟脑、压敏胶和聚碳酸酯转移法等。

1. 聚甲基丙烯酸甲酯转移法

PMMA 因具备多种优良的特性,如黏度低、浸润性好、柔性高和易溶于有机溶剂等,成为目前使用最广、研究最深入的一种高分子聚合物。其转移的工艺流程如下:① 用氧等离子体刻蚀去除铜箔基底背面的石墨烯;② 在石墨烯/铜箔基底上旋涂 PMMA 并固化;③ 用蚀刻剂刻蚀下层的铜箔基底,再用去离子水清洗;④ 用目标基底捞取 PMMA/石墨烯样品;⑤ 烘干后用丙酮去除 PMMA,再用去离子水清洗和吹干,完成转移。

PMMA 转移法在 2009 年由 Li 等提出,其操作简单,但也存在一些问题:转移后的石墨烯易出现裂纹和破损;PMMA 残胶无法完全去除;金属在腐蚀过程中产生难以去除的氧化物颗粒等副产物;丙酮等有机溶剂对柔性高分子等目标基底有破坏等。为了克服传统 PMMA 转移方法中的缺陷,研究人员进行了大量的研究与改进工作。Li 等发现固化后的 PMMA 膜是硬质涂层,PMMA/石墨烯复合膜很难和目标基底完全无间隙贴合,除胶时石墨烯不能自发弛豫而变平整,其在与基底未贴合的空隙区域易破损产生裂纹。他们通过二次旋涂 PMMA 溶液的方法,将原 PMMA/石墨烯置于基底上再次旋涂 PMMA 溶液,该溶液可使之前 PMMA 固化膜部分溶解,使固化膜"释放"下方的石墨烯,增加石墨烯与基底的贴合度,转移后的石墨烯裂纹明显减少[图 3-1(a,b)]。Liang 等发现金属基底去除后,将 PMMA/石墨烯放置在目标基底上吹干时容易形成空隙,少量水分会残留在这空隙中,在后续的 PMMA 去除时会造成裂纹和破损。因此在去除 PMMA 之前烘烤样品,让石墨烯与 PMMA 间的水分蒸发,是提高转移石墨烯质量的一个有效方法,烘烤前后样品褶皱的光学显微镜图如图 3-1(c,d)所示。Suk 等在去离子水中用目标基底捞取 PMMA/石墨烯之前,首先通过等离子体轰击基底表面和氢氟酸处理 SiO_2 片等方法对基底进行亲水性处理,使水能在基底表面平展铺开,以提高 PMMA/石墨烯在基底表面的平滑性;然后在 150℃ 下烘烤除水同时使 PMMA 膜层软化,减少石墨烯和基底间的空隙,让 PMMA 与基底贴合更好,减少石墨烯撕裂、褶皱等不利影响。

PMMA 过渡层在转移流程最后通过丙酮去除,但由于 PMMA 具有高分子量和高黏度,很容易在石墨烯表面产生残留,影响石墨烯的性能,不利于其在终

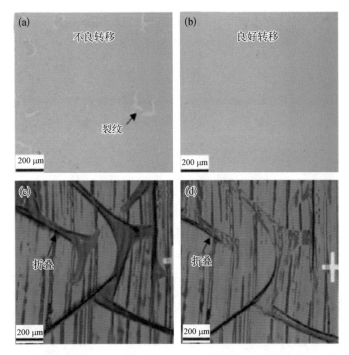

图 3 - 1 转移到 SiO₂/Si 基底上的石墨烯光学显微镜图

（a）传统 PMMA 转移方法；（b）二次旋涂 PMMA 方法；（c）150℃烘烤前的褶皱；（d）150℃烘烤后的褶皱

端的应用。因此改进转移工艺得到洁净的石墨烯表面,对于制造石墨烯电子器件具有十分重要的意义。去除 PMMA 残胶的方法大体上可以分为三种：一是高温退火工艺；二是改进去胶的溶剂和方法；三是对 PMMA 本身的化学结构进行优化,降低 PMMA 溶解的难度。通常认为,高温退火（250～350℃）是去除 PMMA 残留的一种有效的方法。Lin 等报道了在低真空的氩气和氢气氛围下,在 200～400℃退火 3 h 能明显地除去 PMMA 残胶。但这类方法对于不耐高温的柔性基底不适用。Park 等提出使用丙酮蒸气处理样品去除残留 PMMA 的方法,他们将石墨烯样品置于丙酮蒸气中一段时间,再将其浸泡在丙酮中 2 min,最后退火 3 h,获得了高表面洁净度的石墨烯薄膜[图 3 - 2(a,b)]。Lucas 等采用了与丙酮性质相近的乙酸溶液来溶解 PMMA,可以得到 PMMA 残留更少的石墨烯。但是这类方法增加了工艺步骤,使转移过程更为复杂,可能会引入新的缺陷并增加石墨烯的转移成本。Han 等利用有机小分子在溶剂中优异的溶解性,将其作为缓冲层加入石墨烯和 PMMA 层之间,可降低 PMMA 的残留。此外,紫外光辐射也可用于去除 PMMA 残留。Jeong 等通过紫外线辐射来改变 PMMA 的化学结构,使 PMMA 产生老化,以此减小其与石墨烯之间的分子间作用力,从而使得 PMMA 尽可能去除完全,得到了高质量的石墨烯。除了残胶问题,PMMA 刻蚀法转移石墨烯过程中经常遇到残留的铜和铜氧化物颗粒。Liu 等借鉴了半导体制造工艺中硅片清洗的 RCA 方法(由美国 RCA 实验室发明而由此得名),将腐蚀铜箔后的 PMMA/石墨烯在室温下浸入 20∶1∶1 的 $H_2O - H_2O_2 - HCl$ 混合溶液中去除离子和重金属原子,再放入 5∶1∶1 的 $H_2O - H_2O_2 - NH_4OH$ 混合溶液中去除难溶的有机污染物。使用 RCA 工艺后,石墨烯表面的洁净度大幅提高,几乎无金属颗粒残留,如图 3-2(c,d)所示。

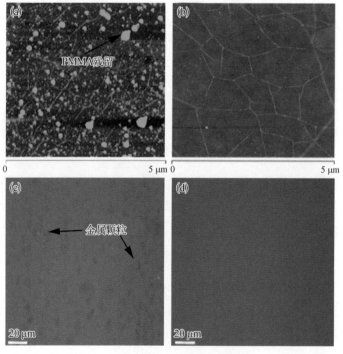

图 3-2 通过不同方法去除 PMMA 后石墨烯表面的 AFM 图像

(a)丙酮浸泡 2 h(传统工艺);(b)置于丙酮蒸气中,再丙酮浸泡 2 min 和退火 3 h;(c)RCA 工艺前;(d)RCA 工艺后

为了进一步减少 PMMA 刻蚀过程中残留铜的影响,提高石墨烯薄膜方块电阻的稳定性,Kim 等通过添加金属螯合剂如苯并咪唑(BI),在蚀刻液中形成 BI 和 Cu^{2+} 的配位化合物,起到降低铜蚀刻液浓度的作用,防止过量的 Cu^{2+} 引起的

副反应造成石墨烯缺陷。铜蚀刻剂一般是强氧化剂,它在一段时间内将金属 Cu 转化为 Cu^{2+},而高浓度的 Cu^{2+} 引起副反应,会导致石墨烯形成缺陷,因此要得到较高质量的石墨烯,需要抑制 Cu^{2+} 的浓度。用铜螯合剂制得的石墨烯薄膜无须其他的掺杂,方块电阻就可低至 200 Ω/□,并且这种强掺杂效应是稳定的,在普通环境条件下可以持续超过 10 个月之久。这是由于 BI 掺杂剂覆盖在石墨烯下层,加上石墨烯良好的阻隔性能,掺杂后石墨烯样品的稳定性得到了极大的提升。相比之下,石墨烯常用的 p 型掺杂剂氯化金(AuCl_4)的稳定性差很多。因此,这种同时刻蚀、掺杂的方法对于简单、高效率、高导电性的大面积石墨烯电极的制备具有非常实用的价值。

图 3-3(a)显示了在聚对苯二甲酸乙二醇酯(PET)基底上转移的大面积 BI 掺杂石墨烯的方块电阻映射,其方块电阻平均值为 200 Ω/□,在 200 mm ×

图 3-3　BI 掺杂石墨烯的性能分析

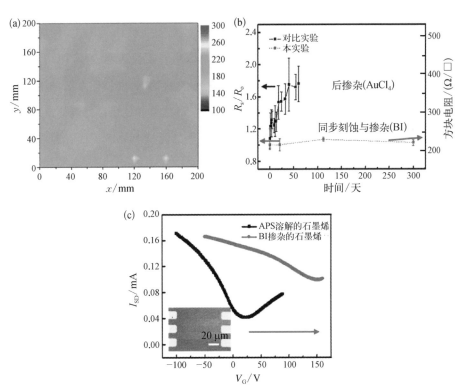

(a)在 PET 基底上转移的大面积 BI 掺杂石墨烯的方块电阻映射;(b)AuCl_4 溶液掺杂的石墨烯(黑色)与 BI 掺杂的石墨烯(红色)在普通环境条件下的方块电阻随时间的变化关系(时间为 10 个月);(c)APS 溶解的石墨烯和 BI 掺杂的石墨烯的场效应晶体管特性(V_{SD} = 0.01 V)

200 mm 的面积上均匀性变化率小于 10%，表明 BI 分子是均匀吸附在石墨烯表面的。此外，BI 掺杂的石墨烯的方块电阻在普通环境条件下具有超过 10 个月的出色稳定性[图 3 - 3(b)]，其归因于石墨烯优异的抗渗透性，保护了 BI 免受反应环境的影响。图 3 - 3(c)对比 BI 掺杂的石墨烯和过硫酸铵（APS）溶解的石墨烯的场效应晶体管 I-V 曲线，清楚地显示了 BI 的 p 掺杂效应。此外，双面掺杂 BI 的石墨烯的方块电阻为 137 Ω/□，比 APS 溶解的石墨烯低 70%。即使当 BI 掺杂的石墨烯暴露于相对恶劣的条件，如在 85% 的湿度和 85℃ 的温度下存放 24 h，仍然会保持优异的稳定性。

PMMA 还可用于转移多层（2～8 层）石墨烯，形成多层石墨烯薄膜，降低薄膜方块电阻，以便在透明导电膜领域替代传统的氧化铟锡（ITO）薄膜。

2. 聚二甲基硅氧烷转移法

不同于 PMMA 转移法，PDMS 转移法是一种无须主动清除中介物的转移方法，避免了石墨烯表面去除残胶的问题。PDMS 具有柔性透明、稳定耐用、低杨氏模量、高弹性、高可塑性和耐多种溶剂等特点，被称为"高弹体印章"，常用于微加工接触印刷中的图形转移、软刻蚀等。然而它最重要的性质是低表面自由能，这使得 PDMS 和石墨烯保持较低的附着力，石墨烯能从 PDMS 表面释放并转移到具有相对较高表面自由能的目标基底上。

PDMS 转移法具体过程如下：用 PDMS 平整面挤压石墨烯/铜箔，与之紧密贴合，再腐蚀去除铜箔基底，取出 PDMS/石墨烯后清洗吹干，将其"按压"到目标基底上，移除 PDMS 完成转移。PDMS 拥有比基底更低的表面自由能，使得石墨烯很容易从 PDMS 表面释放并转移到具有相对较高表面自由能的目标基底上。图 3 - 4 显示了 PDMS 转移法的原理示意图。

Kim 等率先将 PDMS 印章用于图案化石墨烯的转移。Kang 等利用 PDMS 印章的图案化转移功能，将 PDMS 印章加工成微米尺寸图形并压于石墨烯/铜箔上，石墨烯将"复制"印章的所有图案并将图案转移至目标基底。该图案化的石墨烯已用于有机场效应晶体管的源极和漏极。由 PDMS 印章衍生发展了一类新的转移方法，同时适用于硬质亲水基底和柔性疏水基底：在 PDMS 印章和石墨

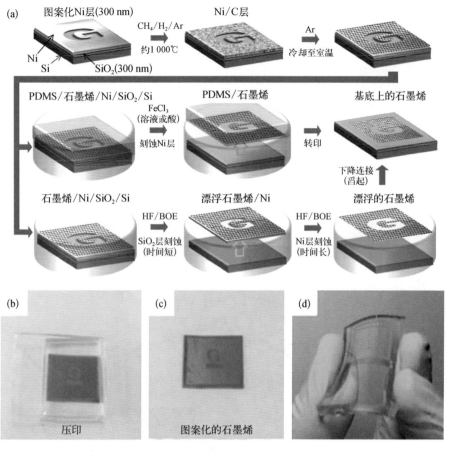

图 3-4 在 Ni 薄膜上生长的石墨烯薄膜使用柔性基底 PDMS 的干法转移过程

（a）使用 PDMS 压模的图案化石墨烯薄膜的刻蚀和转移过程示意图；（b）附在 SiO₂ 基底上的 PDMS；（c）剥去压膜后留在 SiO₂ 基底上的石墨烯薄膜；（d）透明石墨烯电极采用图形法制作柔性电子元件

烯之间离心涂覆一层"自释放层"，如聚苯乙烯（PS）、聚异丁烯（PIB）、聚四氟乙烯（PTFE）等。该层与 PDMS 的结合力小于该层与石墨烯/基底的结合力，从热力学角度分析更有利于干法转移；同时，PDMS 中的硅氧烷低聚物被"自释放层"隔绝，避免了 PDMS 对石墨烯的污染，也使压印石墨烯时在不产生裂缝、不破损的情况下实现安全分离。Jang 等通过液态 PDMS 固化的方法，对粗糙镍金属表面的多层石墨烯转移进行了研究，利用 PDMS 的固化程度控制石墨烯与 PDMS 间的黏合力以实现石墨烯的无损转移。Ding 等开发了一种类似的 PDMS 基底上石墨烯直接转移法，可将弯曲起伏的铜箔表面的石墨烯转移下来，用于制作柔性可延展的导电电极。

PDMS 尤其适用于复杂石墨烯结构的转移。生长在预先图案化金属上的复杂石墨烯结构在转移过程中需要非常小心以防断裂，但用 PDMS 压膜进行纳米加工则相对简单。图 3-5 显示了 Kang 等使用 PDMS 压膜成功制备的器件，没有直接生长图案化的石墨烯，他们在 PDMS 模板的一个表面上加工出期望的图案。金属刻蚀工艺完成后，只有 PDMS 模板上突起区域的石墨烯被保留下来，随后石墨烯被压印转移到器件基底上，并作为有机场效应晶体管的电极。

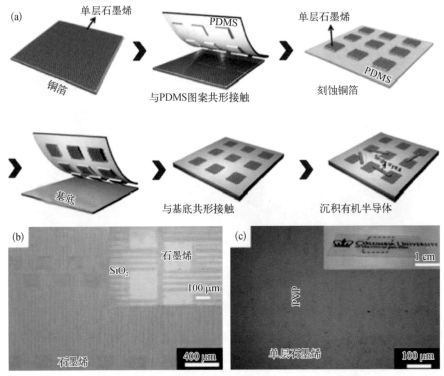

图 3-5 用微图案化的弹性 PDMS 印章转移并结构化 CVD 法生长的石墨烯

（a）微图案化石墨烯器件制作有机场效应晶体管的示意图；（b）在 SiO₂/Si 基底上转移的单层石墨烯（插图显示微图案化石墨烯放大的光学显微镜图像）；（c）在 PVP 基底上转移的单层石墨烯（插图是在透明的 PET 基底上转移的石墨烯的照片）

Hiranyawasit 等提出了一种利用环氧光刻胶 SU-8 薄层作为黏附层，将石墨烯转移到 PDMS 基底上的新方法（图 3-6）。SU-8 黏附层可显著地改善石墨烯与 PDMS 基底之间的黏合力，成功地将石墨烯转移到 PDMS 基底上。该方法为 PDMS 基底上转移的石墨烯在柔性透明器件上的应用开辟了广阔的使用前

石墨烯薄膜与柔性光电器件

景。转移之前用氧等离子体清洗剂处理 PMDS 基底后旋涂 SU-8 光刻胶,氧等离子体处理使 PDMS 的表面性质从疏水性变为亲水性,因此 SU-8 可以均匀地涂覆在 PDMS 基底上。

图 3-6 利用 SU-8 光刻胶作为黏附层转移石墨烯到 PDMS 基底上的示意图

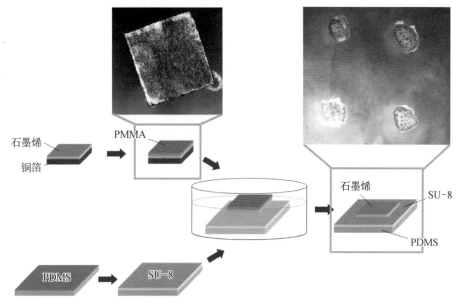

在印章转移法中,石墨烯是先与弹性材料(如 PDMS)贴合,然后转移到目标基底上。Chua 等开发了一种改进的印章转移方法,将第二层聚合物插入到石墨烯薄膜和弹性印章之间。该聚合物对石墨烯起到了机械支撑的作用,并且在压合之后可以完全地脱离石墨烯。因为石墨烯未与印章直接接触,不会对石墨烯造成损坏,最后通过溶剂溶解很容易除去"自释放层"。Chua 等通过将单层石墨烯转移到各种基底(包括薄的介电聚合物膜)上来证明其方法的可靠性,既不破坏石墨烯,也不会破坏目标基底。同时,Chua 等将转移的石墨烯加工成了具有电介质击穿特性的电容器和顶部门控场效应晶体管,其具有低于 100 nm 厚的介电层,能够在低电压下工作。该方法能够产生几乎无缺陷和表面清洁的石墨烯薄膜,因此可以广泛地应用于有机电子领域。Vaziri 等提出了类似的方法,他们使用聚苯乙烯和聚苯乙烯/光刻胶中间层成功进行了干法和湿法的石墨烯转移,PDMS 层起到了良好的固定支撑作用,减少了人为操作引起的褶皱和破损。他

们还应用 PMMA 中间层结合 PDMS 支撑层，通过电化学鼓泡剥离石墨烯，并成功转移到 SiO₂ 目标基底上。

在不能耐受高温和湿法处理的材料上制作图案化的石墨烯非常困难，这限制了许多石墨烯器件的实现。Cha 等提出了一种使用弹性压膜在低温干法工艺条件下向目标基底转移单层图案化石墨烯的方法。实现这一点的一个挑战是在由 PDMS 制成的疏水性图章上获得高质量的单层石墨烯。为此研究人员对传统的湿法转移进行了两项重要的改进——支撑层使用由金组成的镀层、降低液体表面的张力。使用这种技术将图案化的单层石墨烯转移到目标基底上，整个转移过程如图 3-7 所示。

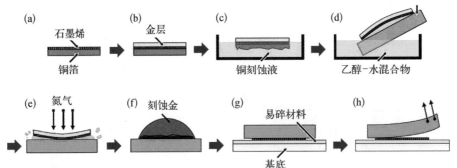

图 3-7　压印转移 CVD 法生长的单层石墨烯

（a）在铜箔上生长单层石墨烯；（b）沉积一层金薄膜支撑层；（c）刻蚀铜箔；（d）用 PDMS 压膜将石墨烯/金双层结构从乙醇-水混合溶液中捞起；（e）用氮气枪吹干样品，并在热板上进行热处理；（f）刻蚀去除金镀层，得到单层石墨烯的压膜；（g）将 PDMS/石墨烯膜轻压在特定的目标基底上；（h）剥离 PDMS 压膜

3. 乙烯醋酸乙烯酯转移法

CVD 法制备的石墨烯在生长和转移过程中会形成褶皱，以及在具有台阶或沟槽等结构的基底上、垂直边缘处，悬空的石墨烯薄膜在吹干过程中容易发生撕裂破损，影响石墨烯中载流子传输，而不利于其在电子器件中的应用。Hong 等提出了利用一种新型聚合物 EVA 作为石墨烯转移的支撑层。研究表明，EVA 比 PMMA 更轻、更灵活，且易于伸展、不易变形，具备较高的热导率、较低的热膨胀率和玻璃化转变温度，且伸长率高、溶解度好。这些优点使 EVA 更适合作为石墨烯转移的支撑材料。两组极端情况下的实验进一步验证了 EVA 作为石墨

烯转移支撑材料的可靠性与普遍性：一组是将石墨烯转移到一个粗糙的基底上，另一组是将石墨烯从有起伏的铜箔上转移，如图3-8所示。PMMA转移的石墨烯在沟槽垂直边缘处存在悬空现象，而EVA转移的石墨烯则与边缘贴合较好。

图3-8 EVA和PMMA转移石墨烯的过程与结果

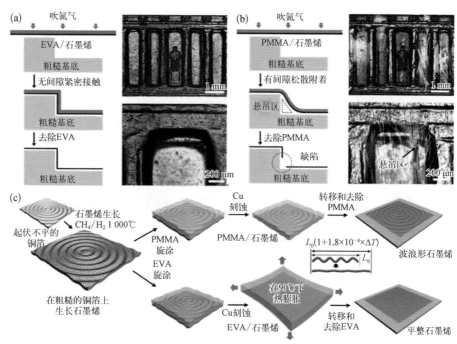

（a，b）沟槽结构上EVA/石墨烯和PMMA/石墨烯的转移过程；（c）结构化铜箔上PMMA/石墨烯和EVA/石墨烯的转移过程与结果

实验结果表明，EVA优异的材料特性不仅实现了石墨烯向结构化基底的连续完整转移，而且转移后残胶很少。通过热水浴膨胀法，石墨烯上的褶皱和折痕也会大幅减少，该方法同样适用于h-BN、MoS_2、$MoSe_2$、WS_2、WSe_2等其他二维材料。

4. 松香无损湿法转移法

近年来，研究人员提出的另一种重要并且性能优异的石墨烯转移支撑材料为松香（$C_{19}H_{29}COOH$）。Zhang等报道了一种以松香为支撑层的石墨烯无损转移方法，并将其转移的高质量无损石墨烯应用于有机发光二极管中，实现了$10\,000\,cd/m^2$的发光亮度。可溶性小分子松香与石墨烯相互作用较弱，具有足够的支撑强度。其转移的石墨烯薄膜具有非常低的表面粗糙度，最大值为 1.5 nm，方块电阻均匀（560 Ω/□），大面积偏差约为 1%，远小于 PMMA 转移的石墨烯，如图 3-9 所示。表面洁净无损的石墨烯极大地改善了有机电致发光器件的导电性，更重要的是，这种基于松香的转移方法为生产 4 in 的单片柔性石墨烯基有机发光器件提供了一种通用的方法。

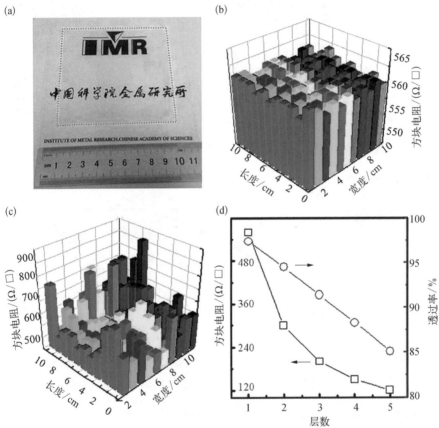

图 3-9 使用不同支撑层转移的石墨烯的电学和光学特性

（a）使用松香转移到 PET 上的 10 cm×10 cm 的单层石墨烯薄膜；（b）松香转移的石墨烯薄膜的方块电阻映射图；（c）PMMA 转移的石墨烯的方块电阻映射图；（d）松香转移的不同层数的石墨烯薄膜在 550 nm 波长处的方块电阻和透过率

从图 3-9（b，c）中对比可以看出，PMMA 转移的石墨烯表现出更高的方块电阻（632 Ω/□），较大的标准偏差约为 66%。而松香转移的石墨烯具有更好的电学特性，并且在弯曲时表现出很好的柔韧性和微小的电阻率变化，在以 2 cm 为半径弯折10 000次后,方块电阻仅增加了10%。为了降低方块电阻以满足各种光电器件应用的要求,通常需要一层层转移和堆叠单层石墨烯以形成方块电阻更低的多层石墨烯薄膜。如图3-9(d)所示,当松香转移的石墨烯薄膜由单层增加到五层时,透过率从97.4%线性降低到85.1%,方块电阻从560 Ω/□降低到120 Ω/□。但同时石墨烯薄膜的粗糙度在堆叠后不可避免地成倍增加。PMMA转移的石墨烯的粗糙度均方根值和最大值从单层石墨烯的6.52 nm和200 nm增加到五层石墨烯的10.44 nm和1 000 nm,如此巨大的粗糙度已经超过了光电器件薄膜的常规厚度。相比之下,松香转移的五层石墨烯薄膜依然十分平整,粗糙度均方根值和最大值分别只有3.51 nm和35 nm,这种高导电性的平整石墨烯为大面积柔性光电器件的制作提供了可能性。

5. 有机硅湿法转移法

有机硅制作的硅胶膜是一种可重复使用的石墨烯转移支撑材料,在将石墨烯转移到目标基底后可以重复使用。Chen等使用由PET和有机硅组成的双层膜将CVD法生长的石墨烯通过分散、黏合转移到各种刚性和柔性的基底上,如图3-10所示。在普通环境条件下,石墨烯从PET/有机硅转移到目标基底只需

图 3-10

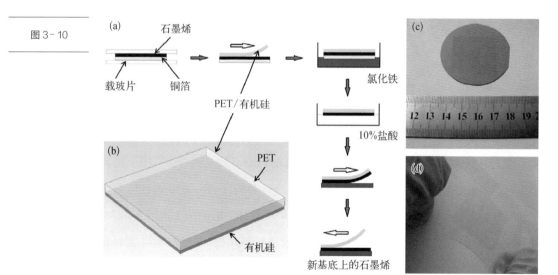

(a)PET/有机硅转移石墨烯的步骤;(b)所设计的PET/有机硅两层结构;(c, d)SiO₂/Si基底和PET薄膜上大面积石墨烯薄膜的照片

几秒钟。通过回收利用 PET/有机硅，可以大幅降低生产成本。转移后的石墨烯薄膜经过光学和原子力显微镜、拉曼光谱表征，以及光学透过率测量，结果表明 PET/有机硅转移的石墨烯薄膜具有更清洁、更连续的表面，掺杂程度低，光学透过率和电导率更高。考虑到其高效率、低成本、大面积和高质量的转移等特点，PET/有机硅转移法对于石墨烯在电子领域的应用（如场效应晶体管和透明导电电极），具有重要的价值。

石墨烯从有机硅表面向目标基底的转移主要受到各个界面间附着力的影响，完整的石墨烯转移要求石墨烯与目标基底界面的附着力高于有机硅和石墨烯界面。有机硅的表面张力与其他基底材料相比很小，同时氧等离子体处理可以增强目标基底的表面张力。因此，石墨烯可以从 PET/有机硅上被转移到几乎任意的基底上。此外，PET/有机硅可以在很短的时间内释放石墨烯到目标基底上，有助于提高转移效率。

6. 聚合物升华转移法

CVD 法制备的石墨烯转移过程的聚合物载体通过有机溶剂完全去除较为困难。Chen 等报道了一种萘辅助的石墨烯转移技术，通过升华去除萘辅助支撑层，为面向硬质和柔性基底的石墨烯洁净无损转移提供了可靠的途径。研究人员对转移石墨烯的质量进行了全面的表征，包括原子力显微镜、扫描电子显微镜和拉曼光谱，并对基于萘转移的石墨烯制备的场效应晶体管进行了分析测试。

在实验中，在 100℃ 条件下将萘晶体放入一个小烧杯中熔化，再将熔化的液体萘滴到石墨烯/铜箔的表面，然后立即用玻璃滑板压紧挤出多余的萘，在石墨烯表面上留下一层薄膜。在萘冷却 5～10 s 后，在 H_2O_2-HCl 混合溶液中去除铜箔。刻蚀完成后，用蒸馏水代替蚀刻液多次清洗石墨烯样品。最后用目标基底将石墨烯与萘支撑层捞起，放置在 60℃ 的真空炉中保持 1 h，使萘支撑层升华。

通过 AFM 和 SEM 对转移石墨烯的清洁度进行了评价，发现石墨烯表面非常清洁，无任何萘层的残留，这是升华辅助转移的一个重要优点。与传统聚合物辅助转移技术相比，该方法工艺简单、支撑层去除彻底，这对石墨烯薄膜在电子器件领域的应用具有重要的意义。

2018年，Wang等利用以萘作为支撑层的超薄薄膜转移方法，实现了厘米尺度超薄样品的张力测试。为了将薄膜从基底转移至张力测试仪上，使用了一层萘作为临时的支撑层，随后在测试前将萘通过升华的方式去除，如图3-11所示。研究人员以超薄氧化石墨烯薄膜和单层石墨烯薄膜为例，阐述了该转移方法的具体步骤。首先使用铜箔作为支撑薄膜的初始基底，再在薄膜上镀一层500 μm厚的萘过渡层，随后将萘/石墨烯/铜箔这个整体浸入过硫酸铵蚀刻液中去除铜箔，最后将萘/薄膜层经过吹干后转移到中空的目标基底上。在样品暴露于空气中24 h后，萘层会完全升华，只留下薄膜悬空在基底上。与其他使用聚合物或胶带作为支撑层的转移方法相比，萘辅助转移法中的萘层是自然去除的，薄膜受到的应力较小，因此是一种适用于大面积薄膜的无损转移方法，该方法同样适用于其他大面积单层二维材料的转移。

图3-11 萘辅助转移法的步骤及其结果表征

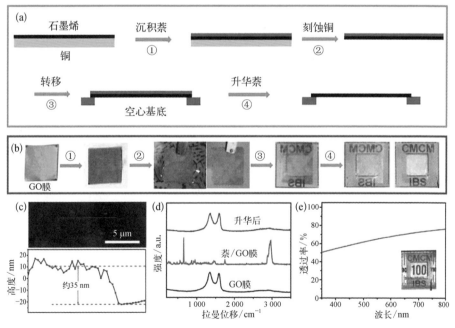

（a）萘辅助转移法的步骤示意图，通过该方法将薄膜从铜箔基底转移至中间存在空孔的基底；（b）从铜箔转移约35 nm厚的GO膜至中空（1 cm×1 cm方孔）PET基底的过程光学图；（c）SiO$_2$/Si基底上GO膜的AFM图；（d）GO膜、萘/GO膜和萘升华后样品的拉曼光谱图；（e）中空PET基底上悬空的GO膜的透过率

7. 其他聚合物转移法

除了使用 PDMS、PMMA、EVA、松香、有机硅和萘等作为支撑物进行转移，还有多种有机聚合物也被用来进行转移，如环氧树脂（Epoxy）、聚碳酸酯（PC）、PET、氟树脂（Cytop）、压敏胶黏剂膜（Pressure Sensitive Adhesive Film，PSAF）和聚对二甲苯等。Kim 等利用环氧树脂转移法得到了石墨烯薄膜，有效避免了石墨烯表面上聚合物的残留，拉曼光谱测试显示其 G 峰与 2D 峰的比值比 PMMA 作为支撑转移时略大。研究人员还采用了聚碳酸酯（PC）及 PET 作为支撑层进行石墨烯转移的尝试，发现 PC 能够溶于很多溶剂而不会产生聚合物残留，而 PET 的优势在于能够直接采用硅胶与石墨烯连接，在石墨烯转移到基底上之后能够直接将 PET 揭除，工艺流程更加简单。Lee 等通过研究发现当使用透明氟树脂（Cytop）作为转移支撑材料时，残留的聚合物可对石墨烯薄膜进行掺杂，实现了转移与掺杂同时进行，有利于提升石墨烯的电学性能。

Kim 等报道了一种使用 PSAF 在室温下转移和图案化大面积石墨烯的高效率、低成本、易于扩展的方法。该简易的转移过程是由于石墨烯相对于 PSAF 和目标基底的润湿性和黏附能的差异而实现的。PSAF 转移石墨烯时无残留聚合物，并且显示出优异的电荷载流子迁移率，高达 $17\,700\ cm^2/(V \cdot s)$。与由热释放胶带（Thermal Release Tape，TRT）或 PMMA 转移的石墨烯相比，PSAF 转移的石墨烯的掺杂少且均匀性好（图 3 - 12）。此外，由回收的 PSAF 转移石墨烯的方块电阻不会显著地改变，这将有利于更低成本和环境友好的大面积石墨烯薄膜的实际应用。

图 3 - 13 显示 PMMA 和 PSAF 辅助转移方法的比较。PMMA 层的形态是刚性的，复制了具有粗糙纹理的铜表面[图 3 - 13（a）]。因此，PMMA 和目标基底的表面形貌不匹配，导致界面润湿不完全，溶解 PMMA 后石墨烯容易形成褶皱和破损。然而，PSAF 转移法能使得石墨烯在目标基底表面上完全紧密贴合[图 3 - 13（b）]，石墨烯与目标基底之间的接触面积可以最大化，增强了两者间的范德瓦耳斯作用力，并且在剥离过程中褶皱和裂纹的形成显著减少。

此外，聚对二甲苯也被用于大面积转移石墨烯的研究。Maria 等报道了基于

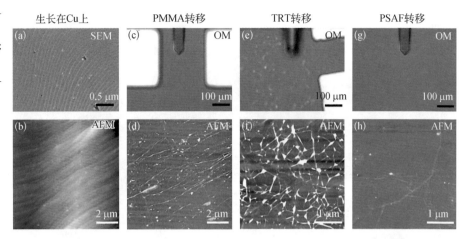

图3-12 PMMA、
TRT和PSAF转移
石墨烯的比较

生长在Cu上 　　PMMA转移　　　TRT转移　　　PSAF转移

（a）SEM　（c）OM　（e）OM　（g）OM

0.5 μm　100 μm　100 μm　100 μm

（b）AFM　（d）AFM　（f）AFM　（h）AFM

2 μm　2 μm　1 μm　1 μm

（a, b）生长在Cu上石墨烯的SEM和AFM图像；（c, d）SiO₂上PMMA转移石墨烯的OM和
AFM图像；（e, f）SiO₂上TRT转移石墨烯的OM和AFM图像；（g, h）SiO₂上PSAF转移石墨烯的
OM和AFM图像

图3-13 PMMA
和PSAF辅助转移
过程的示意图

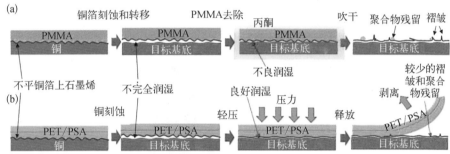

（a）铜箔刻蚀和转移　PMMA去除　　吹干　聚合物残留　褶皱
　　PMMA　　PMMA　丙酮　PMMA
　　铜　　目标基底　目标基底　目标基底
不平铜箔上石墨烯　不完全润湿　　不良润湿

（b）铜刻蚀　　轻压　良好润湿　压力　释放　剥离　较少的褶皱和聚合物残留
PET/PSA　PET/PSA　PET/PSA　PET/PSA　PET/PSA
铜　目标基底　目标基底　目标基底

（a）使用PMMA的湿法转移过程；（b）使用PSAF的干法转移步骤

聚对二甲苯沉积，CVD法制备的6 in单层石墨烯的转移方法。转移后的石墨烯
薄膜具有高度透明性，在550 nm波长处透过率为96.5%，掺杂后测量到的最小
方块电阻为18 Ω/□，且在超过6 cm×6 cm的面积上平均方块电阻为25 Ω/□。
该方法转移的石墨烯薄膜稳定性好，在大面积区域显示出恒定的方块电阻，并且
弯曲半径可达到250 μm。图3-14描述了聚二甲苯转移石墨烯的过程。

　　Lee等提出一种使用含氟聚合物（Cytop）作为支撑层并实现同时转移和掺
杂石墨烯的新方法［图3-15（a,b）］。通过溶剂浸润可以除去绝大部分含氟聚合
物，但会有少量的含氟聚合物残留在石墨烯表面，对石墨烯产生明显的掺杂作用
［图3-15（c,d）］。含氟聚合物的掺杂机理可以通过氟原子的重新排列解释，氟

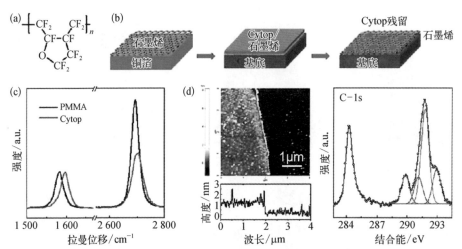

图 3 - 14 聚对二甲苯转移法过程示意图

（a）聚对二甲苯沉积过程示意图；（b）聚对二甲苯/石墨烯转移的示意图

图 3 - 15 含氟聚合物转移石墨烯的过程及其性能表征

（a）Cytop 的化学结构；（b）用 Cytop 作为支撑层的石墨烯转移过程的示意图；（c）在 SiO₂/Si 基底上通过 PMMA 或 Cytop 转移的石墨烯薄膜的拉曼光谱；（d）具有超薄 Cytop 的石墨烯薄膜的 AFM 图（左）和 XPS 的 C - 1s 谱（右）

原子由退火或溶剂浸润引起了石墨烯表面的有序偶极矩，显著增加了石墨烯中的载流子密度。这种用于同时转移和掺杂的含氟聚合物可以使得单层石墨烯薄膜的方块电阻降至 320 Ω/□，可用于在塑料基底上制造柔性透明石墨烯电极。

针对支撑层聚合物去除时会在石墨烯表面留下大量残留的问题，Shin 等研究了利用链间无交联的大分子链组成的无定形热塑性树脂作为牺牲层转移石墨烯的方法。这种在转移过程中聚合物自掺杂的石墨烯是不需要额外掺杂和退火步骤去降低方块电阻的,使得该石墨烯转移方法更加适用于柔性透明器件的应用。研究人员使用了聚苯乙烯(PS)和聚碳酸酯(PC)转移石墨烯,并和聚甲基丙烯酸甲酯(PMMA)转移的结果进行了对比,如图3-16所示。

图3-16 PMMA、PS、PC 转移石墨烯样品的 AFM 图

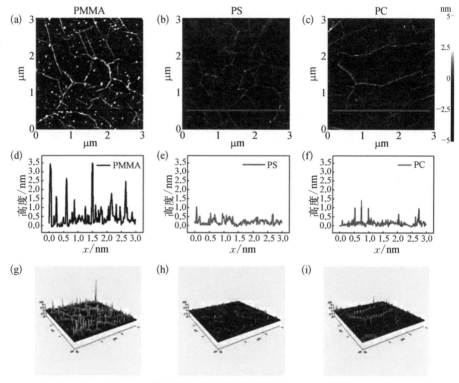

(a~c) 表面形态;(d~f) 线条轮廓;(g~i) 3D 图像

在 PS 和 PC 转移石墨烯的表面观察不到明显的聚合物残留,AFM 图上显示的表面粗糙度小于 PMMA 转移的结果,它们转移石墨烯的方块电阻也小于 PMMA 转移的结果。这是由于 PS 和 PC 作为牺牲层在转移石墨烯的同时,通过共价键或氢键与石墨烯表面发生强烈的相互作用,起到了掺杂效果。X 射线光电子能谱(X-ray Photoelectron Spectroscopy,XPS)测试到的信号也证实了该结果与共价键有关,而 PMMA 转移的样品中无此现象。

最近研究人员发现一种新的聚合物聚甲基戊二酰亚胺（PMGI）可以用于提高转移石墨烯的质量。Takashi 等提出了这种在室温下表面活化键合转移石墨烯的方法，如图 3 - 17 所示。将基于 PMGI 的胶旋涂到石墨烯/铜箔的表面，PMGI 层作为一个黏附层和牺牲层，在石墨烯转移到目标基底后去除。常温下将 Si 基底与 PMGI 层键合，这对石墨烯起到了支撑作用，可以有效防止转移过程中石墨烯出现褶皱和破损。AFM 图像和 XPS 谱图都表明，该方法得到的石墨烯表面聚合物的残留更少，转移导致的石墨烯变形和褶皱也明显减少。

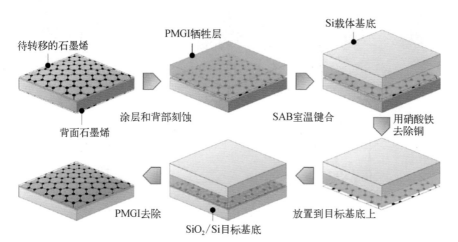

图 3 - 17　通过表面活化键合从铜基底转移到 SiO₂/Si 基底的过程示意图。与 250℃ 热压缩键合的情况做对比表明，室温下表面活化键合的样品上有机污染物的数量减少

3.2.2　复合结构聚合物转移法

基于单层聚合物的石墨烯转移法在去除聚合物时容易引起裂纹，产生的裂纹会减少载流子传输通道，导致电极性能严重下降。针对单一聚合物转移容易存在石墨烯褶皱、破损等问题，研究人员又发展出多种复合结构聚合物转移方法。

1. PMMA/AB 胶/PET 联合转移

Cai 等为了消除裂纹对石墨烯电阻的影响，他们提出用 PMMA/AB 胶和 PET 联合转移石墨烯的方法，转移过程如图 3 - 18 所示。该方法成功实现了将单层石墨烯由金属基底向 PMMA/AB 胶/PET 的转移，实现了 14 in 石墨烯的转移,为大尺寸石墨烯的转移提供了借鉴方法。转移后的石墨烯可见光透过率达到 96.5%,方块电阻最低可达 219 Ω/□,与掺杂的石墨烯方块电阻相当,是 PMMA 转移的未掺杂石墨烯方块电阻的 1/5。

图 3-18 PMMA/AB 胶和 PET 联合转移石墨烯示意图

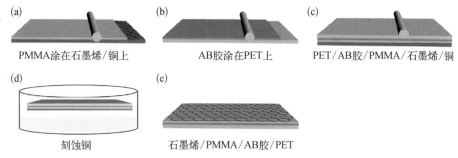

该方法避免了聚合物的去除过程,降低了裂纹产生的可能性,便于实现大尺寸石墨烯的转移。

2. PMMA/PDMS/SU-8 联合转移

Wichawate 等发现在将石墨烯转移到 PDMS 基底上时,PDMS 极低的表面能限制了其作为目标基底的应用。于是,他们提出了用 SU-8 光刻胶薄层作为黏附层,以提升石墨烯和 PDMS 基底之间的黏附性,并将石墨烯成功转移到 PDMS 基底上。实验中在将铜箔上生长的石墨烯均匀涂布 PMMA 后,用 SU-8 光刻胶作为黏附层转移到 PDMS 基底上,最后除去 PMMA 得到石墨烯/SU-8/PDMS 的复合结构。

复合结构聚合物转移法的优点是复合结构聚合物相比单一聚合物更能有效增强转移时石墨烯和聚合物界面的黏附性,减少基底缺陷,提高石墨烯质量和转移的成功率。缺点是增加了流程的复杂性和成本投入,只能针对小规模的特定基底材料适用。

3.2.3　非聚合物过渡转移法

用聚合物支撑法转移时不可避免地会残留下聚合物残留,会对石墨烯的性能产生不利影响,因此研发人员开发了基于非聚合物支撑层的转移方法,主要包括碳材料和金属层。

1. 碳材料

William 等在转移过程中采用碳网对石墨烯薄膜进行支撑并最终承载石墨烯,得到了用于高分辨率透射电镜观察的石墨烯薄膜,转移后的石墨烯无破损且表面洁净。Lin 等采用碳网支撑法将石墨烯转移至任意基底上,在转移过程中位于铜箔下层的石墨烯首先通过微量有机物与碳网相连,在铜箔溶解过程中不断加入间苯二甲酸(IPA)以调节溶液的表面张力。在该工艺中,如何控制石墨烯薄膜的收缩褶皱非常重要,因为溶解过程中若溶液的表面张力过大就会使石墨烯发生破裂。所以,该方法对 IPA 的注入时间以及注入量需要精确控制。

2. 金属层

有时为了降低石墨烯薄膜与其他材料的接触电阻,用金属作为支撑材料转移石墨烯薄膜。这种方法是在石墨烯表面蒸镀一层金属,然后覆盖一层支撑材料,将生长石墨烯的金属基底溶解掉之后再将石墨烯转移至基底上,最后用刻蚀的方法除去金属便获得了石墨烯薄膜,该方法能够极大地降低石墨烯的接触电阻。

为了最大幅度减少石墨烯转移过程中聚合物支撑层引入的污染,Matruglio 等提出了一种无聚合物的适合商业用途的转移方法,将 CVD 法制备的石墨烯从初始铜基底直接转移到硅基底上。研究人员用 15 nm 厚的 Ti 层作为支撑层,取代了传统转移过程中的聚合物膜,降低了石墨烯的污染物数量。拉曼光谱和 XPS 表征证明了残留下污染物的数量减少了一半,并且转移后的石墨烯具有很高的质量,其转移方法示意图如图 3-19 所示。

电子束蒸镀 Ti 层转移石墨烯的方法可适用于制作有支撑或悬空的石墨烯,特别是对悬空石墨烯尤为有用,因为钛在去除时不会在悬空石墨烯的任何一侧留下残留。拉曼光谱结果表明,在整个转移过程中单层石墨烯的质量没有受到

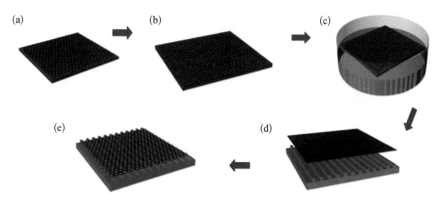

图 3- 19 使用 Ti 支撑层的石墨烯转移方法示意图

（a）Cu 箔上的 CVD 法制备的石墨烯；（b）电子束蒸发 15 nm 的 Ti 层；（c）湿法刻蚀 Cu 基底；（d）将石墨烯/Ti 层转移到硅基底上；（e）刻蚀 Ti 层后硅基底上的石墨烯

化学污染和操作步骤的影响，无任何应变或缺陷数量的增加，这为获取需要高洁净石墨烯表面的应用提供了一种新的途径。

Li 等开发出一种使用弹性压膜从高定向热解石墨（HOPG）上剥离转移图案化石墨烯的方法，转移获得的压印图案由单层或数层连续的石墨烯组成。石墨烯转移过程包括：① 用光刻和氧等离子体对 HOPG 刻蚀；② 在图案上沉积金薄膜；③ 剥离金薄膜得到石墨烯图案；④ 将石墨烯图案转移到任何基底上（图 3－20）。AFM 和拉曼光谱测试结果表明，石墨烯图案的边缘存在一些由氧等离子体刻蚀处理 HOPG 表面引起的缺陷。这种转移方法可以防止图案化石墨烯受到化学污染，并可作为大型石墨烯电路印刷的替代方案。

Lee 等常压下在镍和铜薄膜上生长 3 in 晶圆尺寸石墨烯薄膜，然后通过刻蚀金属层将它们转移到任意的基底上，并进一步演示了大面积石墨烯薄膜在场效应晶体管（Field Effect Transistor，FET）阵列批量制造和可拉伸应变仪中的应用。图 3－21 显示的是转移步骤的示意图。

在金属 /SiO₂/Si 基底上生长的石墨烯薄膜，旋涂聚合物支撑层后将石墨烯/金属层与 SiO₂/Si 基底通过机械剥离法分离。在金属快速刻蚀之后，石墨烯薄膜可以转移到任意的基底上，然后使用传统的光刻技术进行制模。图 3－22 中分别显示了 3 in 硅片、透明 PET 和 PDMS 基底上的石墨烯薄膜图片。

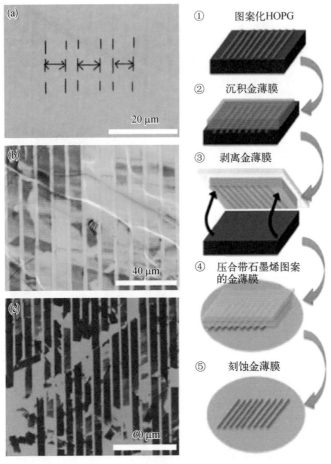

图 3-20 通过金薄膜辅助转移图案化石墨烯的示意图和照片

① 图案化HOPG
② 沉积金薄膜
③ 剥离金薄膜
④ 压合带石墨烯图案的金薄膜
⑤ 刻蚀金薄膜

（a，b）在 HOPG 表面和金薄膜上石墨烯图案的光学显微镜图像；（c）转移到 SiO₂/Si 基底上的石墨烯图案的 SEM 图像

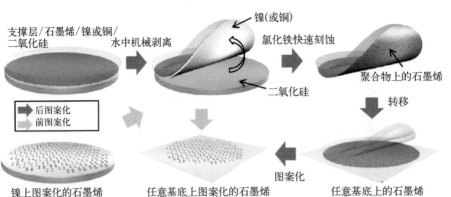

图 3-21 晶圆尺寸石墨烯薄膜的合成、刻蚀和转移的示意图

支撑层/石墨烯/镍或铜/二氧化硅
水中机械剥离
镍(或铜)
氯化铁快速刻蚀
聚合物上的石墨烯
二氧化硅
后图案化
前图案化
转移
镍上图案化的石墨烯
任意基底上图案化的石墨烯
任意基底上的石墨烯
图案化

图 3-22 生长和
转移的石墨烯薄膜
的照片

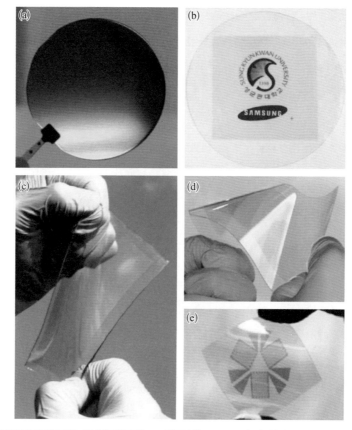

（a）镀膜后石墨烯/SiO₂/Si 样品的照片，Ni 膜厚度为 300 nm；（b）转移到 PET 基底上的晶片尺度石墨烯薄膜图片；（c，d）转移到 PET 和 PDMS 基底上的石墨烯薄膜图片；（e）用预压法在橡胶上制作的三元玫瑰应变片图样

相对于聚合物转移法，以碳材料或金属作为支撑层能保证石墨烯的洁净度，但柔韧性相对较差，能提供给石墨烯薄膜的保护更少，这就增加了石墨烯薄膜在转移过程中发生破损与褶皱的可能性。同时因为支撑保护水平降低，该方法的工艺操作难度增大，会导致其应用范围较小，因此目前仅限于实验室研究。

3.2.4　热释放胶带法

TRT 一般由发泡黏合剂和 PET 薄膜组成，是一种通过加热控制薄膜黏附力的特殊胶带,加热后胶带失去黏性而自动脱落,主要性能参数包括热剥离温度和不同温度下的黏附力。将 TRT 用于大面积石墨烯转移的方法如下:将撕去剥离层的 TRT 与石墨烯/铜箔平整地紧密贴合;腐蚀铜箔、清洗晾干;将 TRT/石墨烯与目标基底紧密贴合,烘烤至热剥离温度以上,胶带自发脱落,转移完成。

Bae 等率先利用 TRT 在柔性 PET 基底上转移石墨烯,并在胶带上增加一层光固化环氧树脂膜,从而提升转移至 PET 基底上的效果。利用两块平整的金属盘,对 TRT/石墨烯/刚性目标基底的层状结构加热加压数十秒后转移石墨烯,该技术关键是对金属盘温度和压力的控制。对热压过程中金属盘的压力进行有限元分析,当薄膜在整个平面内力学载荷分布均匀时,发现形变损伤较少、薄膜缺陷少、方块电阻的区域均匀性好。TRT 转移法可重复性强,转移面积大(约 450 mm × 450 mm)。Bae 等将 TRT 与石墨烯金属基底黏合滚压,刻蚀金属后,将 TRT 和石墨烯转移到 PET 上,经热滚压脱离 TRT 得到位于PET 上的石墨烯,所获得的单层石墨烯在可见光区的透过率为 97.5 %,方块电阻也低至125 Ω/□。Kang 等用 TRT 将石墨烯用热滚压的方式成功实现了向刚性基底的转移,并且结合了卷对卷工艺能量产石墨烯。但是因为石墨烯和铜表面的平整度不够,导致转移后的薄膜连续性较差。另外,为减小石墨烯剥离时的形变损伤、减少薄膜缺陷,还需要考虑热剥离时的温度以及不同温度下的黏附力。

TRT 不仅是一种聚合物替代品,其真正优点在于适用于石墨烯的卷对卷转移。精密卷绕对位是一个通常用于造纸或金属轧制工业的工艺,当施加热量和压力时,两个滚筒一起旋转并挤夹在中间的纸或金属。图 3 - 23 显示了在 PET上的石墨烯应用于触摸面板。

3.2.5 一步式直接刻蚀转移法

过渡转移法或 TRT 转移法的中介物不可避免地对转移后的薄膜产生污染,同时增加了工序处理难度。为此,研究人员尝试直接在目标基底和金属箔之间

图 3-23 TRT 转移石墨烯的过程及其应用

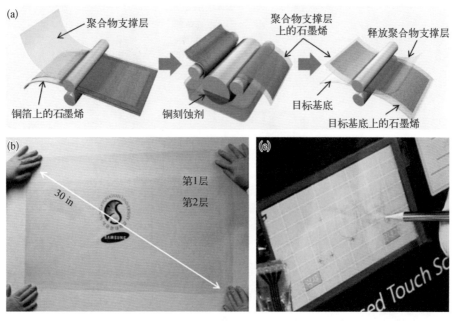

（a）TRT 转移石墨烯的过程示意图；（b）转移至透明基底上的 30 in 的单层和双层石墨烯薄膜；（c）石墨烯薄膜制作的触摸屏

完成转移。该类方法的核心是利用层压贴合、静电力吸附或高分子胶贴合等方式，使目标基底和石墨烯直接产生足够强的黏附力，实现石墨烯从金属基底向目标基底的一步式转移。针对有机柔性基底 PTFE、PVC、PC、PET，Martins 等开发了普适的、无中介物的层压转移法。以目标基底 PET 为例，将石墨烯/Cu 箔/石墨烯贴合为 PET/称量纸/石墨烯/Cu 箔/石墨烯/目标基底/PET 的结构[图 3-24(a)]，其中 PET 膜用于稳定叠层结构，防止 Cu 箔/石墨烯/目标基底与辊轴在层压时直接接触，称量纸用于防止 PET 与石墨烯/Cu 箔黏接。转移时设置层压温度略高于柔性基底的玻璃化转变温度 T_g（参考 PC 为 145℃、PVC 为 85℃、PET 为 70℃、特氟龙胶带为 115℃），此时的基底处于黏弹态，与石墨烯/Cu 箔的黏附性强，模压性能良好。该方法中如果基底具有亲水性，则腐蚀铜箔时水分子易于从亲水性基底进入转移界面，使得石墨烯与目标基底黏接变弱，甚至直接脱落。因此，亲水基底须经过表面疏水改性处理。对于多孔基底，该方法的缺点为石墨烯薄膜易破碎、塌陷，转移后的薄膜方块电阻高达 1 000 Ω/□，方块电阻区域均匀性较差。

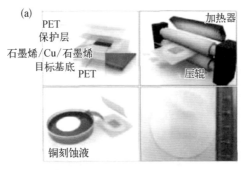

图 3-24　两种典型的直接转移法

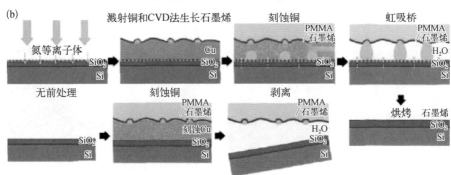

（a）使用热辊轴的层压转移法;（b）采用毛细管桥的"面对面"直接湿法转移法

Gao 等在 2014 年开发了一种"面对面"直接湿法转移法[图 3-24(b)]。该方法是受到自然界现象的启发,如青蛙能在荷叶上稳固立足,源于足底与水面以下荷叶产生的气泡,这些气泡使得青蛙足部与荷叶产生强的吸引。这种"面对面"转移的方法实现了标准化操作,无须受限于 PMMA 转移中的操作技巧性影响,对基底尺寸形状无要求,能连续地在 SiO_2/Si 上完成石墨烯制备和自发转移。该方法的具体过程如下:将 SiO_2/Si 基底用氮等离子体预处理局域形成 SiON,再溅射 Cu 膜、生长石墨烯,此时 SiON 在高温下分解,在石墨烯层下形成大量气孔。腐蚀 Cu 膜时,气孔在石墨烯和 SiO_2 基底之间形成的毛细管桥能使 Cu 腐蚀液渗入,同时使石墨烯和 SiO_2 产生黏附力而不至于脱落。

为了获得表面清洁无残胶的大面积、高质量石墨烯薄膜,Wang 等利用静电力转移石墨烯,用静电发生器产生数千伏高压,在 PET 基底表面积累静止负电荷,再用 PET 吸引贴合石墨烯/铜箔。石墨烯转移至 PET、无机玻璃、SiO_2/Si 基底的静电势阈值分别为 7.5 kV、6.2 kV 和 4 kV。该方法最多可转移 6 层石墨烯,转移方法和步骤如图3-25所示。静电发生器放置在距离基底1 in处,用于将生成的电荷累加在目标基底上。在静电力作用下,石墨烯/铜箔被吸引到目标基底上,随后的压合过程让石墨烯和基底间的贴合更紧密。经过蚀刻液对生长基底的刻蚀和清洗吹干,便能在硅基底或PET柔性基底上得到高质量的大面积石墨烯薄膜。该方法简便且无残胶,商用化的屏幕保护膜带有的静电附着力都可以实现石墨烯薄膜的转移。然而,静电转移法在实际的使用中存在诸多的限制与问题。铜箔表面是有一定的粗糙度和起伏的,尤其是常用的25 μm铜箔生长完石墨烯后容易发生褶皱,静电力的吸附难以保证石墨烯/铜箔与目标基底间的无缝隙共形贴合。此外,基底上施加的静电力是会逐渐减弱的,在蚀刻液中溶铜的过程通常需要数十分钟,铜箔基底容易发生脱落。以上问题将会极大地限制静电转移法的可靠性与可重复性。

图3-25 静电转移法的过程及其转移结果

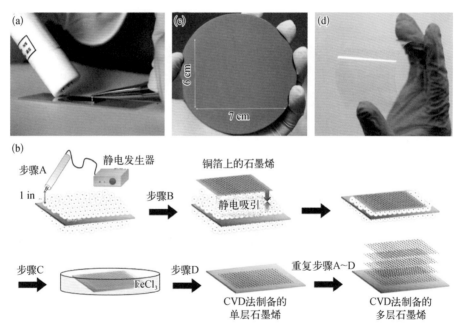

(a)使用静电发生器在基底上施加静电的照片;(b)采用静电转移法转移生长在Cu箔基底上石墨烯的过程示意图;大面积石墨烯转移到SiO$_2$/Si基底(c)和PET基底(d)的照片

为了提高一步式直接转移方法的可重复性和得到的石墨烯的质量,在目标基底与石墨烯间增加一层无须去除的贴合胶是一种有效的方法。Han等以聚乙烯醇-醋酸乙烯酯为黏结剂实现了石墨烯的一步式辊间层压转移,转移石墨烯膜在 550 nm 处的透过率为 96.7%,用四探针法测量方块电阻为 1.96 kΩ/□,标准偏差为 0.19 kΩ/□,图 3-26 为转移过程的示意图。大面积石墨烯薄膜用 CVD 法生长,单层石墨烯薄膜面积为 75 cm×85 cm(44 in 对角线),如图 3-26 右下角所示。

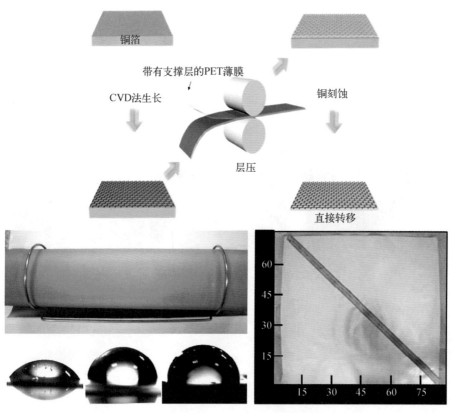

图 3-26 一步式辊间层压转移过程示意图和样品

Zhang 等提出了一种将亚厘米级单晶石墨烯无聚合物转移至 TEM 网格上的方法,用以获得大面积、高质量的悬浮石墨烯薄膜。通过控制大面积石墨烯转移过程中的界面力,石墨烯的完整性可以高达 95%。这种清洁、高质量悬浮石墨烯薄膜的简易生产方法在电子和光学显微镜观察领域有广阔的应用前景。图 3-27 显示的是石墨烯无须聚合物支撑层转移至多孔基底上的步骤和测试结果。采用过硫酸铵水溶液刻蚀铜基底,其中铜/石墨烯/蚀刻液的表面张力和界面张

石墨烯薄膜与柔性光电器件

力在获取完整的悬浮石墨烯过程中起着关键作用。使用蠕动泵让异丙醇代替水性腐蚀液调节系统的润湿性,从而降低石墨烯转移过程中的界面张力,单晶尺寸大于 3 mm 的石墨烯可以从铜箔基底转移到 TEM 网格上。

图 3-27 大单晶悬浮石墨烯膜的高完整性转移

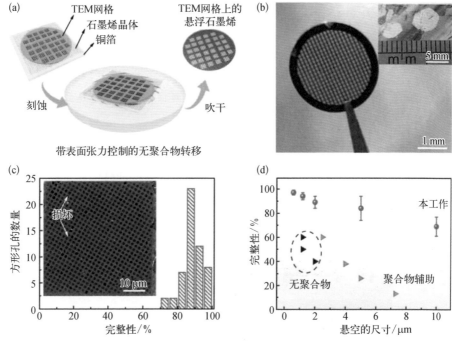

(a)石墨烯转移示意图,包括铜刻蚀、石墨烯与液体界面的置换,逐渐用异丙醇代替蚀刻液来降低界面张力;(b)转移到 TEM 网格上的亚厘米尺寸石墨烯单晶照片;(c)悬浮石墨烯完整性的统计;(d)与其他研究工作中石墨烯膜完整性的比较

3.3 石墨烯薄膜直接剥离转移法

3.3.1 电化学鼓泡剥离法

上述的石墨烯薄膜基底刻蚀转移方法存在的主要弊端是效率低、成本高和环境污染,此类问题在一定程度上制约了石墨烯薄膜的工业化大规模应用。近年来,Wang 等提出了一种石墨烯电化学剥离转移技术,这是一种在将 CVD 法制

备的石墨烯转移至目标基底的过程中，使石墨烯薄膜与金属催化基底进行有效分离的方法[图3-28(a)]。具体是将PMMA旋涂在CVD法制备的石墨烯/铜上后，以PMMA/石墨烯/铜为阴极、碳棒为阳极、0.05 mmol/L的过硫酸钾（$K_2S_2O_8$）为电解质，当通上直流电后，被阴极极化的石墨烯/铜电极的电压为 −5 V，石墨烯/铜的表面立即出现大量的氢气气泡，从而提供一种温和而持久的力，使得PMMA/石墨烯沿着铜箔的边缘逐渐与铜箔分离[图3-28(b～d)]。这种经由电化学剥离转移技术得到的石墨烯薄膜能保持95%的表面完整性，而且在经过重复利用铜催化剂合成几次之后，石墨烯薄膜显示出越来越好的电学性能。受电化学剥离技术的启发，Gao等报道了一种类似的鼓泡转移技术。他们以铂/石墨烯/PMMA为阴极、铂箔为阳极、1 mol/L的NaOH为电解液，当通上直流电压后，随着在石墨烯和铂之间出现大量的氢气气泡，PMMA/石墨烯在几十秒之后便与铂基底分离。电化学鼓泡的时间取决于石墨烯的尺寸和所加直流

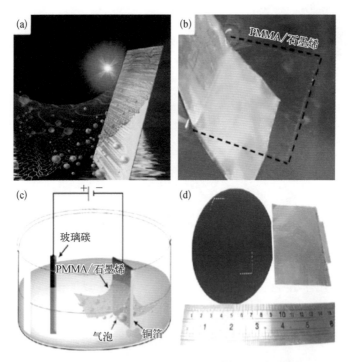

图3-28　电化学鼓泡剥离法与无泡转移法的示意图

（a）鼓泡转移法示意图；（b）无泡转移法示意图；（c）电化学剥离装置示意图；（d）通过鼓泡转移法得到的4 in石墨烯

　　　　　　　　　　　　　　　　　　　　　　　石墨烯薄膜与柔性光电器件

电流的大小。例如,石墨烯薄膜为 1 cm×3 cm,在电流为 1 A 时,30 s 的鼓泡时间足以使 PMMA/石墨烯薄膜从铂基底上分离,此时电流密度为 0.1～1 A/cm²,相应的电解电压通常为 5～15 V,剥离速度远快于基底刻蚀法。将 PMMA/石墨烯薄膜用蒸馏水洗净后转移至目标基底上,最后用丙酮除去表面的 PMMA 即完成了整个转移过程。

Liu 等进一步阐述了电化学鼓泡剥离过程的机理,提出一种基于电容的等效电路模型,并通过电化学阻抗谱的结果进行了验证。实验样品和电化学单元如图 3-29 所示,PET/PMMA/石墨烯/金属基底组成的样品位于电解液里。开放的金属表面被界面双电层所包裹,分别是内亥姆霍兹平面(Inner Helmholtz Plane,IHP)和外亥姆霍兹平面(Outer Helmholtz Plane,OHP)。从电子学观点看,在金属电极和电解液间形成了两个电容。考虑到电容的电介质,一个由石墨烯/PMMA/PET 有机层形成(用 C_1 表示),另一个由金属背面的

图 3-29 电化学鼓泡剥离过程示意图和等效电路

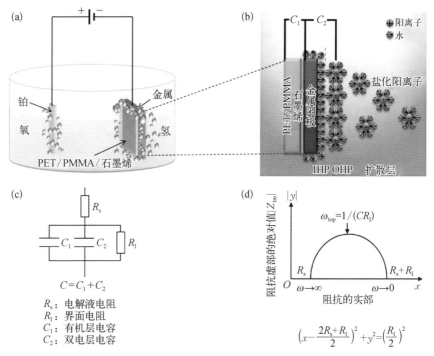

（a）用于鼓泡剥离的电化学单元的示意图；（b）PET/PMMA/石墨烯/金属基底样品在电化学单元中具体细节的示意图；（c）用于描述样品的等效电路模型和简化的并行电容器；（d）从等效电路模型得到的方程

双电层形成(用 C_2 表示),这两个电容并联产生的总电容 $C = C_1 + C_2$。串联电阻 R_s 代表电解液的电阻,并联电阻 R_1 代表金属与溶液间的界面电阻,金属电极的电阻可以忽略。R_s、R_1、C 可以并入一个与频率相关的复数阻抗 Z,其曲线是一个以 $[(R_s + R_1/2),0]$ 为中心、$R_1/2$ 为半径的半圆,如图 3-29(d)所示。

实验中发现,通过增加电解液中氢氧化钠的浓度,可将铂电极上剥离石墨烯所需的时间降低 27 倍,而在阳极上剥离可以观察到相反的趋势。电解液类型在剥离中的作用说明,非反应的 Na^+ 和 NO_3^- 起到的作用非常重要。当电解液中存在大量 Na^+ 时,许多非反应的 Na^+ 会聚集在金属箔的背面,如图 3-30(a)所示。当金属电极背面大部分空间被 Na^+ 占据时,H^+ 会被挤入石墨烯-金属界面中去接收电子[图 3-30(b)],进而 H^+ 转变为 H 原子,产生 H_2 气泡。因此,离子挤入效应增强了 H_2 气泡的驱动力,去冲击整个材料系统机械连接最弱的点,即通过范德瓦耳斯力连接的石墨烯-金属基底界面。当石墨烯完全从金

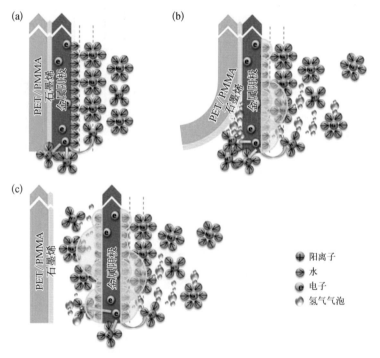

图 3-30 非反应离子的挤入效应和电化学鼓泡剥离过程

⬢ 阳离子
🌼 水
ⓔ 电子
🌸 氢气气泡

(a)氢离子开始渗透进入;(b)生长基底、目标基底边缘分离;(c)两者彻底分离

石墨烯薄膜与柔性光电器件

属基底上分离时[图 3-30(c)]，电容 C_1 发生电击穿，工作电流为石墨烯剥离的击穿电流。

Gao 等报道了通过电化学鼓泡转移毫米尺度六边形单晶石墨烯的方法。该方法对石墨烯及铂基底都没有破坏作用，并可以将单晶石墨烯转移到任意目标基底上。转移后的铂基底可用于重复生长石墨烯，所得到的单晶石墨烯起伏高度是迄今为止报道过的最低值 0.8 nm，在室温常压环境条件下载流子迁移率高达 7 100 cm²/(V·s)。图 3-31 为电化学鼓泡转移石墨烯流程图，先在已长有石墨烯的铂基底上旋涂 PMMA，再以 PMMA/石墨烯/铂作为阴极，使用铂箔作为阳极；施加恒定电流后，在阴极石墨烯与铂基底之间会产生 H_2 气泡，这样可以驱动 PMMA 支撑的石墨烯从铂基底表面分离出来。图 3-32 为转移前后石墨烯对比图，转移后石墨烯保持了其原始形态。

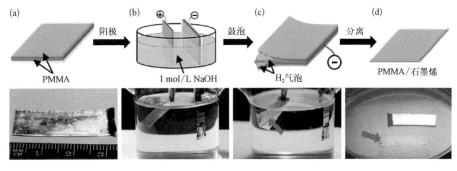

图 3-31　石墨烯从 Pt 基底上电化学鼓泡转移过程的流程图

图 3-32　在 Pt 基底上生长并转移到 SiO₂/Si 基底上的六方石墨烯晶粒

（a~c）Pt 基底生长石墨烯晶畴在 60 min、120 min 和 180 min 不同生长时间的 SEM 图；（d~f）通过电化学鼓泡将图（a~c）中石墨烯晶畴转移至 SiO₂/Si 基底上的光学图像

电化学鼓泡转移石墨烯的过程中会产生大量的氢气气泡,可能会对正在转移的石墨烯表面造成机械损伤,导致破损和褶皱,影响 CVD 法制备石墨烯的方块电阻和电荷移动性。Cherian 等为克服以上问题,研发了一种无泡转移石墨烯的方法,既能实现大面积石墨烯的快速转移,又能将对石墨烯的破坏降至最低。

该方法通过刻蚀生长基底上渗透空气形成的氧化层来实现石墨烯的剥离。研究发现,去除氧化层需要的电势小于氢气鼓泡的要求,因此剥离过程中无气泡产生。当工作电势达到阈值电势时,就可以实现快速(1 mm/s)无泡的石墨烯剥离。为决定阈值电势,研究人员使用了一个无参照电极的双电极系统,电解液为 0.5 mol/L 的 NaCl,两个电极间的距离为 4 cm。在电势高于 -2.8 V 时,系统中就会产生氢气气泡,而通常在 -2.6 V 时,无泡的剥离过程就会发生。在双电极装置中,使用的固定电势为 -2.6 V,1.5 cm² 的样品通常可在 1～2 min 内完成剥离。图 3-33 对比了无泡和有泡时的电化学剥离过程和剥离后的石墨烯薄膜性能。可以看到,无泡剥离过程 PMMA 表面无明显的氢气气泡,由此导致的褶皱和破损也较少。需要注意的是,无泡剥离并不是完全无氢气产生,而是氢气以非常低的速率形成并及时溶解于电解液中,没有形成氢气气泡。拉曼光谱测试的数据中可以看到,I_{2D}/I_G 的数值大于 2,并在有泡和无泡工艺中测试结果类似,可以说明测试区域的石墨烯是单层石墨烯。而从图 3-33 中可以看出,使用无泡和有泡转移的样品,其 I_D/I_G 的值从 0.12 降至 0.08,半波长宽度从 34.03 cm⁻¹ 降低至29.73 cm⁻¹,表明无泡转移石墨烯样品的质量更好。无泡转移方法导致的石墨烯破损区域为 0.32%±0.2%,远小于有泡转移的 6.9%±5.7%,因此可以显著减少转移后石墨烯表面的缺陷。

之前石墨烯的转移研究主要集中在平面结构上,Morin 等描述了一种向具有复杂形状的三维物体上转移 CVD 法生长的石墨烯的方法。由于石墨烯在作为医用涂层方面的应用前景,研究人员使用真空辅助干法转移技术研究了向多种具有不同形状的商用钛移植物上转移石墨烯的方法,转移过程如图 3-34 和图3-35 所示。首先将 PDMS 聚合物旋涂在石墨烯/铜基底上,经 125℃ 固化后涂上一层聚酰亚胺(PI)膜,再由电化学鼓泡法将石墨烯从生长基底上剥离,便得到

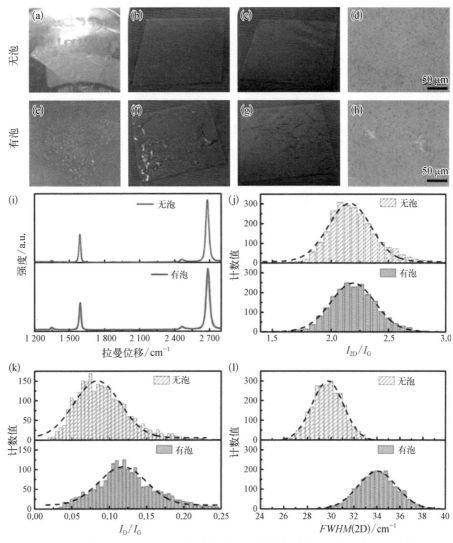

图 3-33 石墨烯/
PMMA 样品"无
泡"与"有泡"剥离
的对比

（a~d）"无泡"剥离时的状态；（e~h）"有泡"剥离时的状态；（i）通过"无泡"和"有泡"剥离方法转移到二氧化硅基底上的拉曼光谱图；（j，k）2D/G 和 D/G 强度的直方图；（l）2D 峰的半波长宽度

了 PI/PDMS/石墨烯的复合膜胶带。然后用这种胶带包裹住需要转移石墨烯的目标物体，并放入一个硅胶模板中。通过使用真空腔提供的差压施加均匀的压力，使得石墨烯薄膜与物体的表面形貌完全贴合。AFM 和拉曼光谱的测试结果表明，单次和双次转移可以分别实现 74% 和 95% 的石墨烯覆盖率。随着石墨烯层数的增加，总体的缺陷会明显减少。

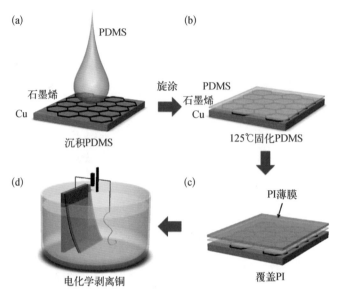

（a）在 CVD 法生长的石墨烯上旋涂一层 PDMS；（b）在 125℃ 固化 PDMS；（c）应用 PI 支撑带；（d）用电化学法从铜基底上剥离石墨烯

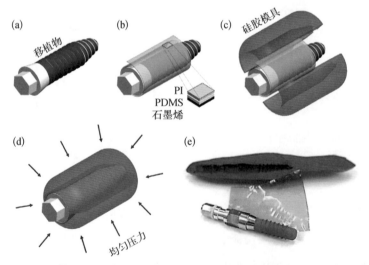

（a）将石墨烯转移到 3D 对象未经处理的牙种植体上；（b）将石墨烯 / PDMS/PI 膜（橙色）缠绕在周围；（c）植入物放置在硅胶模具（紫色）中；（d）将样品及其模置于真空袋中并用真空封口机将膜压在植入物上；（e）植入后转移过程

3.3.2 石墨烯干法直接剥离工艺

电化学鼓泡剥离法在石墨烯转移过程中使用了电解液,这对石墨烯的表面会产生一定程度的污染,清洗时会产生一定量的废水。因此,研究人员开发了石墨烯直接剥离技术,使目标基底和石墨烯直接产生足够强的相互吸引力,促使石墨烯从金属基底上剥离。操作中常使用环氧树脂类(Epoxy)胶黏剂,避免了PMMA 转移后残胶剩余以及石墨烯表面产生撕裂和褶皱等问题,但转移后的胶黏剂保留在石墨烯和基底之间,对石墨烯有掺杂影响并增大了薄膜表面粗糙度。Kim 等将环氧树脂胶涂覆在目标基底表面后用紫外灯固化,该胶在固化时会收缩,产生的应力降低了石墨烯的方块电阻。

Lock 等提出了一种新颖的干法转移技术,将石墨烯转移至聚苯乙烯(PS)上。该技术原理是利用一种叠氮化交联剂分子 4-重氮基-2,3,5,6-四氟苯甲酸乙胺(TFPA-NH$_2$)在石墨烯表面形成共价键,产生大于石墨烯-金属之间相互作用的吸附力,为石墨烯与金属基底的有效分离提供了可能性。该交联剂能溶于甲醇,能使大量有机物作为石墨烯转移的目标基底。转移流程如图 3-36 所示,首先是转移前的合成和处理过程,即石墨烯的 CVD 法合成及对聚合物表面进行预处理来提高其对石墨烯的吸附;接着是 TFPA-NH$_2$ 交联剂分子的等离子表面活化与沉积,具体是将 TFPA-NH$_2$ 与石墨烯/铜箔在有一定温度和压力的纳米压印机中压印;最后,聚合物基底/石墨烯与金属分离。由此,干法转移技术提供了石墨烯转移的一种新途径,而且金属可被回收利用。

Yoon 等通过利用环氧树脂与石墨烯之间强的作用力,提出了一种无刻蚀重复生长、转移单层石墨烯的方法。该方法在 Cu/SiO$_2$/Si 基底上通过 CVD 法生长单层石墨烯后,将目标基底和石墨烯通过环氧黏接技术连接起来,通过测量石墨烯和铜基底之间的黏附力,利用一定的机械力可将石墨烯完整地从铜基底上剥离下来,且不会对铜基底进行破坏,从而实现无破坏性地转移。不仅如此,此铜基底还能继续用于生长单层石墨烯。该转移方法在有效地实现单层石墨烯转移的同时,还能降低生产的成本。

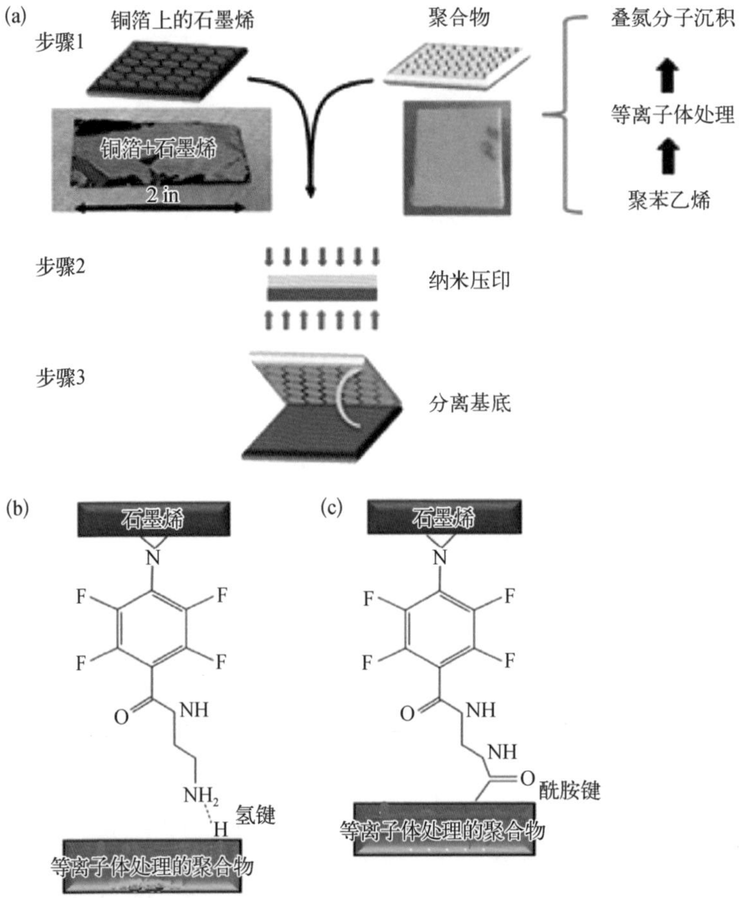

图 3-36 石墨烯直接剥离的转移流程

（a）石墨烯/聚合物薄膜的干法剥离步骤；（b）石墨烯与聚合物间的氢键连接；（c）石墨烯与聚合物间的酰胺键连接

  Na 等进一步系统性研究了环氧树脂剥离石墨烯的过程，研究人员通过将硅基底由环氧树脂贴合到生长完石墨烯的铜箔两侧来实现石墨烯的剥离转移。实验发现，石墨烯/铜箔加环氧树脂的方法只适用于一定的高分离率剥离工艺。例如，在相对高的分离速率（$254\ \mu m/s$）下，单层石墨烯可以从铜箔表面完全转移到目标硅基底上，而相对低的分离速率（$25.4\ \mu m/s$）则会导致环氧树脂先从石墨烯上分离，无法将铜箔上的石墨烯转移至硅基底。研究发现在较高的分离速率下，石墨烯/环氧树脂界面的黏附性高于石墨烯/铜界面。石墨烯这种选择性转移的可控机制可用于未来的石墨烯卷对卷转移系统中。

石墨烯包覆的铜箔被夹在硅树脂条与环氧树脂之间作为黏合剂。上下硅带的端部被分离[图3-37(a)]，剥离速度控制在25.4～254 μm/s。图3-37(b)中的拼接图像表明，从环氧树脂端开始可以获得16 mm×5 mm区域的石墨烯的清洁转移。当剥离速度为254 μm/s时，对比度更为明显。在环氧树脂末端的石墨烯详细视图如图3-37(c)所示，暗区指示石墨烯/环氧树脂/硅带，而灰色区域是

图3-37 样品和实验装置的横截面示意图及断裂表面的SEM图

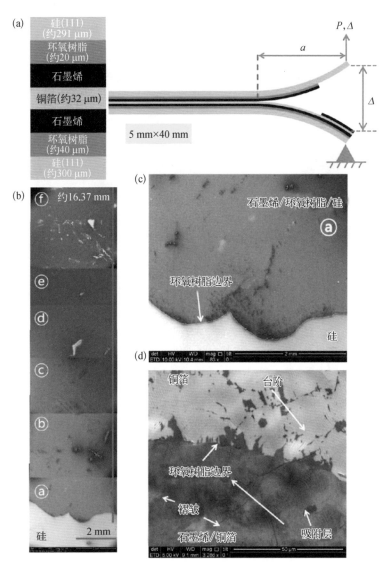

（a）载荷作用下的横截面和试样；（b）转移石墨烯的低分辨率拼接SEM图；（c）石墨烯转移后环氧树脂末端附近的高分辨率SEM图；（d）转移后靠近环氧树脂端的铜箔的高分辨率SEM图

上硅带的下表面,其上没有任何环氧树脂,因此没有石墨烯。铜箔表面上相应区域的高分辨率视图揭示了石墨烯与铜的对比[图3-37(d)]。

Yang 等提出一种通过转印技术预处理 CVD 法制备石墨烯的生长基底的方法。通过该方法转移的石墨烯消除了金属刻蚀和相关污染物,因而具有电荷中性。图3-38详细描述了该直接剥离转移法的具体过程。

Fechine 等报道了通过热压聚合物实现 CVD 法制备石墨烯的干法直接剥离

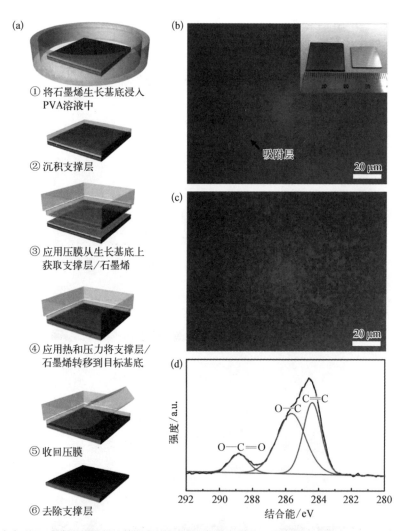

图3-38 PVA直接转移石墨烯的过程及表征结果

(a) 单层石墨烯的直接剥离和转移过程的示意图; (b, c) 转移石墨烯和生长基底 (Cu/SiO₂/Si) 的光学显微图, 其中图 (b) 中深色部分表示残留的 PVA (插图显示目标基底和生长基底的尺寸), 图 (c) 中紫色部分表示转移后碎裂的石墨烯; (d) 在 PVA 溶液中预处理后石墨烯/生长基底 (石墨烯/Cu/SiO₂/Si) 的 C-1s 谱

转移的技术。石墨烯-聚合物在各种实验条件下的相互作用、流变试验的模拟结果表明,控制石墨烯-聚合物界面的作用力是实现石墨烯转移的关键。从拉曼光谱和光学显微镜的结果可以观察到,通过精细调整转移条件可以控制转移到聚合物上石墨烯的量,从没有石墨烯到完整的石墨烯转移。转移步骤的示意图如图3-39所示。石墨烯转移的程度可以通过不同的温度和压力条件来控制。

图3-39 转移方法和样品转移后的示意图

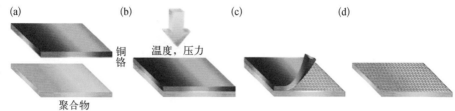

（a）转移前的石墨烯/金属和聚合物膜;（b）对聚合物施压和升温以形成金属/石墨烯/聚合物叠层;（c）金属台阶的剥离;（d）最终的石墨烯/聚合物叠层

　　Shin 等提出利用聚4-乙烯基苯酚(PVP)向功能器件基底高质量、均匀地转移石墨烯薄膜的方法。PVP黏附层与石墨烯间具有很强的黏附能,但对石墨烯的电子和结构性能的影响可以忽略不计。采用该干法转移工艺制造的石墨烯场效应晶体管具有很高的电气性能,例如较高的载流子迁移率和较低的固有掺杂。转移步骤和转移后的结果如图3-40所示,D峰和G峰中可忽略的变化证明PVP薄膜对石墨烯的结构和电子特性均无损伤。

3.3.3　SiC 外延法石墨烯的转移

　　以上讨论的都是在铜箔上生长石墨烯的转移方法,在 SiC 上外延生长石墨烯也是合成大面积石墨烯的一种重要方法。SiC 是绝缘体,某些情况下在 SiC 上生长的石墨烯可以直接使用。但 SiC 基底成本很高,通常需要将石墨烯转移到其他目标基底上,而且 SiC 不容易被化学刻蚀,不能使用传统的湿法刻蚀。Unarunotai 等提出一种物理转移方法,成功实现了 SiC 上石墨烯的转移,操作步骤如图3-41所示。

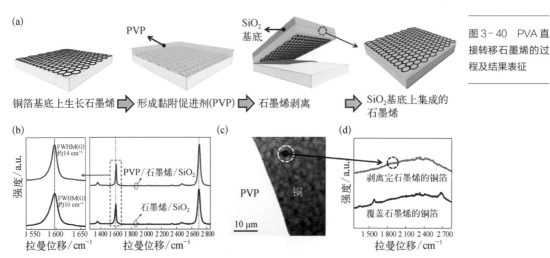

图 3 - 40 PVA 直接转移石墨烯的过程及结果表征

（a）黏附层干法转移技术的工艺顺序，该方法由简单的步骤组成，但允许直接集成石墨烯转化为功能目标基底；（b）有无 PVP 黏附启动子的石墨烯的拉曼光谱；（c）PVP 和铜边界处的 AFM 图像；（d）覆盖石墨烯的铜箔与剥离完石墨烯的铜箔的拉曼光谱对比

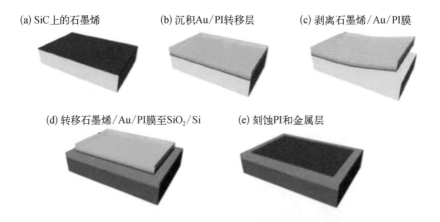

图 3 - 41 在 SiC 基底上外延生长石墨烯的转移方法示意图

他们通过 Au/PI 层和 Pd/PI 层实现了石墨烯从 SiC 至 SiO₂/Si 基底的转移。PI 和金属层分别通过等离子体反应和化学蚀刻剂去除。该方法可以实现石墨烯逐层转移，并适合石墨烯的大面积转移，但拉曼光谱表明转移过程中石墨烯形成的缺陷很多。

石墨烯器件的性能最终由石墨烯本身的质量决定，而在铜箔上生长的石墨烯经常发生褶皱，且石墨烯晶畴的方向性难以控制。相比之下，碳化硅（001）上通过表面分解生长的石墨烯的晶畴具有单一方向性，但层数很难控制到单层。Kim 等提出一种可以得到连续、单层、方向性一致的石墨烯的方法。先通过镍膜的应力将碳化硅上1～2层的石墨烯剥离下来，转移到其他基底上；再经过第二次金薄膜的剥离工序，有选择性地去除多余的石墨烯，就可以得到单层、晶畴一致的石墨烯。该方法中，SiC基底上石墨烯的剥离是由与石墨烯强烈结合的黏接应力层中累积的内部应力引起的。该方法成功的关键是选择合适的满足以下条件的黏接应变材料：① 与碳不发生化学反应且不溶于碳（反之亦然）以保持石墨烯的纯净度；② 与石墨烯间的黏附力强于石墨烯与碳化硅之间；③ 具有高应力来施加应变以分开石墨烯/碳化硅表面。研究发现，金属镍符合以上条件，且与石墨烯之间具有最高的结合能。图3-42显示的是金属镍第一次剥离的步骤示意图和结果分析。

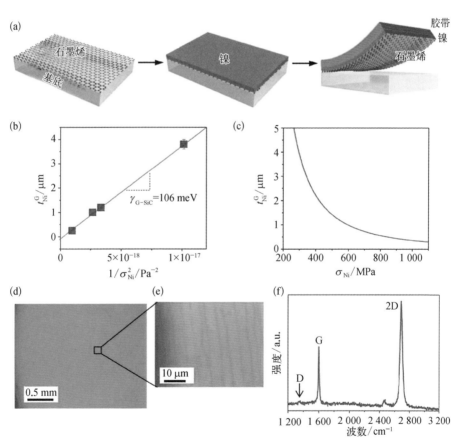

图3-42 SiC上石墨烯转移的过程及结果表征

（a）石墨烯从SiC表面转移到SiO₂/Si基底上的示意图；（b）测量不同内应力下石墨烯和SiC表面的结合能；（c）石墨烯自动剥落的临界Ni厚度与沉积在石墨烯上Ni的内应力的函数；（d，e）从重复使用的SiC晶片上转移的石墨烯的光学显微镜图像；（f）从所得SiC晶片上转移的石墨烯的代表拉曼光谱

3.4 石墨烯薄膜的自动化转移装置

3.4.1 片式石墨烯薄膜转移装置

目前广泛使用的石墨烯手动转移方法效率低,重复性主要依赖操作技巧。Bosca 等基于全流体控制的方法,开发了一种自动化转移 CVD 法制备石墨烯薄膜的装置,以避免对石墨烯造成机械破坏、应力拉伸和污染。结合毛细管作用和石墨烯与容器间的静电排斥力,可以保证样品位于目标基底的正上方。与手动转移方法相比,自动转移装置得到的石墨烯载流子迁移率和产量都有很大的提高,转移装置示意图如图 3-43 所示。

转移过程如下。在开始自动转移系统的操作之前,目标基底装载在基底架上,将温度升至 60℃ 以保证在 30 min 内完成转移。随着金属基底被刻蚀掉,薄膜自动居中机理开始发挥作用;当金属完全被刻蚀后,PMMA/石墨烯薄膜会位于容器管的中央。然后,蠕动泵将容器管中的蚀刻液抽出直到最低液面,再加入去离子水稀释容器管中蚀刻液,重复以上两个步骤,直至几乎完全去除容器管中蚀刻液离子。整个转移过程需要大约 2 h,对于 11 cm² 的样品,需要 400 mL 去离子水清洗。通过优化系统设计,可以减少时间和去离子水的需求量。该方法虽然提高了湿法转移过程的自动化程度,减少了人为的手动操作,但是清洗样品的操作步骤略微复杂、耗时过长,且对于大面积的石墨烯样品(如 30 cm×30 cm),转移成功率会下降。

3.4.2 卷式石墨烯薄膜转移装置

实验室小试阶段的石墨烯薄膜转移方法种类纷繁,对转移面积、成本控制、工艺效率要求不高,但量产型的石墨烯转移则须兼顾薄膜质量、转移效率和维护成本。石墨烯可以在柔性金属箔上生长,也可转移至柔性基底(如 PET、PI),因

图 3 - 43 石墨烯
自动转移装置的结
果示意图及内部
原理

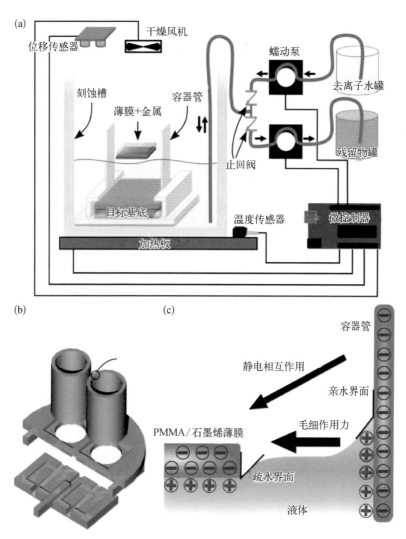

（a）石墨烯自动转移装置各组件及连接的示意图；（b）PTFE 自动化转移系统的装样架；（c）由于
石墨烯薄膜和自组装处理过的管壁内墙间的毛细管作用和静电排斥力，薄膜在容器管里居中原理的示意图

此与半导体领域成熟的卷对卷真空沉积、层压、热压等工艺兼容，有助于实现石
墨烯薄膜的规模化生产。基于该设计思想，国内外陆续设计开发了多套石墨烯
卷对卷生长设备，如日本产业技术综合研究所将微波等离子体 CVD 技术和卷对
卷技术结合，在 300～400℃ 低温下以 1 cm/min 的速率合成了幅宽 294 mm、长
30 m 的石墨烯薄膜。随之配套的石墨烯薄膜卷对卷转移设备也陆续出现，由于
涉及技术和商业秘密，公开报道的内容不多，主要设计思路是基于前述的 TRT

中介物过渡转移法和胶黏剂黏接直接转移法,目标基底普遍为柔性 PET,该方法极大地降低了单位面积薄膜的转移成本。

Bananakere 等报道了一种用于铜箔基底上生长的大面积石墨烯的卷对卷绿色转移工艺,如图 3-44 所示。该方法可以在加热的去离子水中通过剥离过程将铜箔上的石墨烯转移至透明的 EVA/PET 塑料基底上,且铜箔可重复利用。石墨烯在铜箔和塑料基底上的柔韧性使得卷对卷剥离转移成为可能。去离子水在石墨烯转移过程中起到了重要的作用,因其可以渗透进疏水的石墨烯薄膜与亲水的氧化铜基底的分界面处。石墨烯与铜箔在热水中分离的机理如下:铜不会与热水直接发生化学反应,但会与大气中的氧气缓慢反应形成一层氧化铜,以保护下面的铜避免继续腐蚀。理论上,大面积完美的单晶石墨烯具有很好的水氧阻隔性,能保护下方的铜免受氧化。但是,在铜箔上 CVD 法生长的石墨烯是典型的多晶结构,存在很多晶格边界和点缺陷,会导致下方的铜受到腐蚀。当石墨烯/铜箔暴露在潮湿的空气中时,一层氧化铜会在多晶石墨烯薄膜下方的铜箔表面形成,XPS 分析证实了 CuO 和 Cu_2O 的存在。此外实验发现,氧气的进入会使石墨烯和铜之间相互作用减弱,在石墨

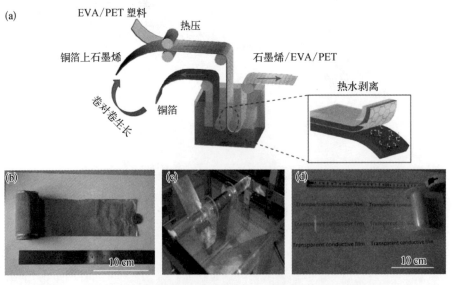

图 3-44 石墨烯的卷对卷绿色转移工艺过程

(a) 在 EVA/PET 基底上石墨烯和铜箔卷对卷剥离的说明示意图;(b) 一卷在铜箔上 CVD 法生长的石墨烯的照片;(c) 卷对卷剥离工艺的实验装置照片;(d) 一卷剥离后的石墨烯/EVA/PET 的照片

　　　　　　　　　　　　　　　　　　　　石墨烯薄膜与柔性光电器件

烯下方形成铜的氧化层；当 Cu/石墨烯/EVA/PET 位于 50℃ 的热水中时，铜的氧化过程会被加速。铜氧化层的出现降低了石墨烯和铜基底间的作用力，有利于石墨烯的剥离。总之，铜箔的氧化和热水在石墨烯和铜箔基底间的渗透降低了石墨烯与基底间的黏附力，实现了直接快速的大面积石墨烯的绿色剥离。

快速可靠的转移需要四个必要的步骤：① 将石墨烯/铜箔存储在大气环境中一段时间，以便于氧气的渗透和铜箔的氧化；② 通过热压方法将石墨烯/铜箔和 EVA/PET 塑料基底压合；③ 将压合好的复合膜结构放置在 50℃ 的热水中 2 min；④ 卷对卷机械剥离得到石墨烯/EVA/PET 薄膜。该热水辅助绿色转移法避免了使用化学蚀刻剂，不会在石墨烯表面引入多余的离子污染，且快速、经济、环境友好，在石墨烯产业进程中具有很好的应用前景。但该方法得到的石墨烯薄膜的方块电阻偏大（未掺杂薄膜的方块电阻为 5.2 kΩ/□），限制了其在透明电极等领域的应用。

Xin 等提出了一种使用机械剥离的卷对卷石墨烯转移工艺，该工艺无须刻蚀石墨烯生长基底，既经济又环保。研究人员开发了一台卷对卷石墨烯转移的原型机，进行相关实验以确定转移过程中的影响参数，包括薄膜线性速度、分离角度和导辊直径。研究发现，薄膜线性速度对转移质量的影响最大，其次是导辊直径，而分离角度的影响不大。此外，薄膜速度和辊径两者之间存在相互作用，这可以归因于拉伸应变和应变率的竞争效应。总体来说，实验结果表明使用高薄膜线性速度和大导辊直径可达到大于 98% 的石墨烯覆盖率。图 3-45 是卷对卷干法剥离样机的示意图。

卷对卷干法剥离样机采用的是分散式控制系统，铜箔和 PET 基底分别由不同的步进电机和反馈组件控制。张力传感器用于监测石墨烯从 PET 薄膜上剥离时的拉伸情况。为保护转移的石墨烯聚合物基底层，以 0.2% 的伸长率作为基底最大许用值。如果测得的张力超过这个阈值，步进电机驱动聚合物薄膜的速度将被减少以释放积聚的张力。

石墨烯的机械干法剥离是一个涉及许多工艺参数的复杂问题。研究人员在实验中发现，薄膜剥离速度和石墨烯覆盖率数据呈现出线性正相关关系，这

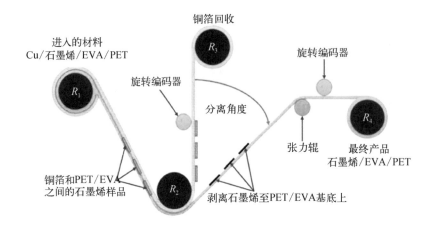

图 3 - 45　卷对卷干法剥离样机的示意图

进入的材料
Cu/石墨烯/EVA/PET

铜箔回收

旋转编码器

旋转编码器

分离角度

张力辊

最终产品
石墨烯/EVA/PET

铜箔和PET/EVA
之间的石墨烯样品

剥离石墨烯至PET/EVA基底上

可以归因于 PET/EVA 薄膜具有与速度相关的性能。薄膜速度与压辊直径的相互作用效应揭示了两者之间的竞争关系。在低薄膜速度下,压辊直径对石墨烯裂缝起着更重要的作用,进而影响覆盖率;在高薄膜速度下,PET/EVA 薄膜与石墨烯之间的黏附能变得很高,以至于连破裂的石墨烯都能黏附在 PET/EVA 基底上。因此,在较高的薄膜速度下,薄膜线性速度是石墨烯覆盖率的主导因素;而在低薄膜速度下,选择一个大直径的导辊是避免裂纹、实现石墨烯成功转移的关键。研究人员发现,由于聚合物载体层的应变率效应,薄膜线性速度对石墨烯覆盖率的影响最大。卷对卷石墨烯转移过程一般优选直径较大的导辊,可以降低石墨烯层上引入的张力应变。该台卷对卷干法剥离样机可用 51 mm 直径的导辊实现 3 m/min 的薄膜剥离速度,是未来大规模量产石墨烯的一种很有前途的机器。

　　韩国三星电子、成均馆大学和首尔大学联合研究组自 2009 年起在卷对卷合成和转移方面开展了系列工作,主要采用非连续型单次卷对卷的转移方式。在布局卷对卷合成石墨烯专利的同时,该联合研究组利用中介物 TRT 实现了对角线长 30 in 的单层和多层石墨烯的转移。转移后的单层、双层、三层和四层石墨烯的方块电阻分别为 275 Ω/□、125 Ω/□、75 Ω/□和 50 Ω/□,通过化学掺杂(如硝酸、硫酸、氯化金等溶液)方式可进一步降低对应的方块电阻至 125 Ω/□、70 Ω/□、50 Ω/□和 30 Ω/□,薄膜可见光透过率都大于 90%,原则上已接近 ITO,满足大部分透明导电薄膜的应用,且柔性弯曲性能更为优异。

2014年,该联合研究组公开报道研发了卷对卷层压系统、卷对卷喷涂腐蚀系统、卷对卷清洗和烘干系统,形成了较成熟的中试型自动化生产线。整个工艺流程可靠性强、转移效率高,未掺杂薄膜的方块电阻分布在(249±17) Ω/□,偏差不超过10%。日本索尼公司的Kobayashi等也研发了一种卷对卷的石墨烯转移装置,如图3-46所示,可以制作100 m长的石墨烯透明导电薄膜,方块电阻低至150 Ω/□。

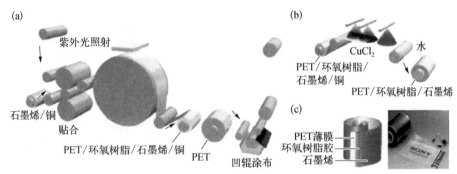

图3-46 日本索尼公司研发的卷对卷连续转移石墨烯设备

卷对卷转移是实现石墨烯大规模产业化应用的一项关键技术,但在转移过程中,夹辊直接的高接触压力会对石墨烯的表面产生一定的破坏。Jang等研发了一种用于减小石墨烯卷对卷转移缺陷的方法。通过分析产生转移缺陷的石墨烯的SEM图,总结出三种类型的失效模式,通过表面形貌及有限元分析揭示了相应的失效机制。基于对失效机制的理解,研究人员研制了可实现宽度400 mm、速度1 000 mm/min的具有夹紧力控制的石墨烯卷对卷转移设备,原理示意图和实物图如图3-47所示,其可放置在超净间环境下使用。

通过SEM表征PET上石墨烯的表面形态,可以了解石墨烯转移过程的缺陷类型。图3-48所显示的是不同接触压力下石墨烯具有代表性的特征损伤的SEM图像,转移压力分别为0.4 MPa和1.7 MPa。图像表明,在相对较高的接触压力下,裂缝和孔在石墨烯中经常可见;低接触压力下转移的石墨烯有一些缺陷,比如在石墨烯和PET之间可以观察到小气泡和褶皱。为了描述石墨烯在卷对卷转移过程中的失效模式,SEM图中的破损用三种类型来表示,用虚线圆圈标出,图3-48(a)中A、B和C的对应部分在图3-48(b)中表示为A'、B'和C'。研究

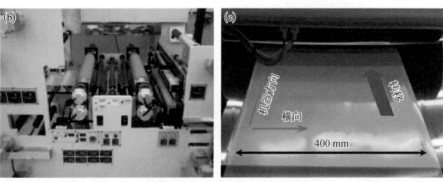

图 3-47 石墨烯卷对卷转移装置示意图

(a) 用于石墨烯柔性电极的带有接触式压力控制模块的卷对卷转移机原理图；(b) 机器的照片；(c) 宽度为 400 mm 的石墨烯转移过程照片

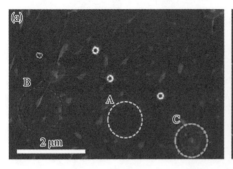

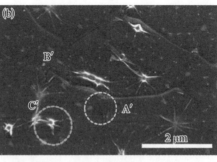

图 3-48 卷对卷转移过程中每单位宽度使用不同接触压力时，PET 上石墨烯的典型 SEM 图

(a) 对应 1.63 N/mm；(b) 对应 13.1 N/mm，从中观察到三种类型的失效机制：平面上的裂缝（表示为 A 和 A′，黄色圆圈），撕裂（表示为 B 和 B′，红色圆圈），颗粒附近的裂纹（表示为 C 和 C′，绿色圆圈）

人员采用有限元分析方法进行讨论并分析了三种由高接触压力引起的失效机制,石墨烯生长基底的粗糙表面和杂质粒子是引起石墨烯转移过程中机械破损的主要原因。

3.5　本章小结

石墨烯转移是石墨烯生长与应用之间的桥梁。本章中主要介绍了金属与碳化硅基底上生长的石墨烯的转移方法,以及各类方法的优势和缺点。这些方法是以高效实现石墨烯表面洁净和无损转移为目标,其中某些方法已经不同程度地解决了部分关键技术问题,为石墨烯薄膜的应用提供了可能。

在现有的石墨烯转移研究中,采用 PMMA 过渡层溶解基底的转移方法是目前实验室中最常用和最成熟的方法,但其缺陷也很明显,如转移消耗时间长、金属基底不可重复利用及高分子聚合物残留等问题。热释放胶带转移法可实现卷对卷的转移,但其基底选择范围有限且成本过高,难以实现工业化规模应用。电化学鼓泡剥离法能更快速地获得表面更洁净的石墨烯薄膜,具有很好的发展前景,但其技术成熟度还有待提高。

尽管近年来石墨烯转移技术发展迅速,但满足工业化应用的需求还任重道远。尚待攻克的主要研究方向有:① 对生长基底双面的石墨烯薄膜同时进行转移的方法;② 复杂面形目标基底共形的转移技术;③ 转移制程的自动化和标准化。随着石墨烯产业化和商业化趋势的加快,开发具有普遍适用性、适合规模化生产的高效石墨烯转移方法依然十分必要。

第 4 章

石墨烯薄膜性能
调控方法

4.1　引言

　　作为石墨烯的重要应用方向,光电器件对石墨烯的性能有特殊的要求,例如石墨烯的功函数与传输层的功函数必须匹配。因为功函数的匹配可改善传输层中载流子分离和传输效率,防止电子注入势垒的形成,提高传输效率,从而提升器件性能。由于石墨烯的功函数可以进行连续调控,因此可以根据传输层的功函数进行相应匹配的改性。

　　此外,制造新一代光电器件需要作为原材料的石墨烯薄膜有良好的导电性能,但制备的本征态石墨烯薄膜的方块电阻通常为 $350 \sim 1\,000\ \Omega/\square$,因此需要对其导电性增强。

　　石墨烯的能带结构十分特殊,导带被空穴占据,近乎空带,价带被电子占据,近乎满带,两者相互连通,故是零带隙结构,这影响了其在光电领域及半导体领域的应用。因此,需要通过改性来对其能带结构进行调整,打开带隙(图 4-1)。同时,石墨烯表面的亲疏水性、透过率及与其他材料的层间黏附性等也可以通过改性手段进行调控。

图 4-1　石墨烯零带隙与非零带隙能带结构示意图

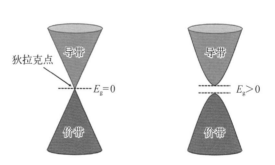

　　石墨烯的改性主要有化学改性和物理改性两类。化学改性方法主要有表面电荷转移掺杂、共价改性和替代掺杂等,物理改性方法主要有电场调控、应力调控、尺寸限域、金属复合等。这些不同的改性方法对石墨烯功函数、导电性能、能带结构、亲疏水性等性能有不同的影响。

4.2　石墨烯功函数调控

材料的功函数可以定义为从费米分布的最高能级移去一个电子至真空所需的能量,可用公式表达为

$$W = -e\phi - E_F \tag{4-1}$$

式中, W 为功函数; e 为元电荷; ϕ 为真空中材料表面附近的电势; E_F 为材料内部的费米能级(化学电势); $-e\phi$ 为真空中材料表面静止电荷的能量常量。因此,对特定的材料来说,功函数是费米能级与真空中静止电荷的能量差,费米能级的高低可直接反映功函数高低。

石墨烯的费米能级与能带上电子和空穴填充有关,如图 4-2 所示。本征态石墨烯的费米能级在狄拉克点,功函数为 4.5 eV 左右;电子填充位于价带(p 型掺杂)的石墨烯费米能级在狄拉克点以下,功函数增大;电子填充位于导带(n 型掺杂)的石墨烯费米能级在狄拉克点以上,功函数减小。

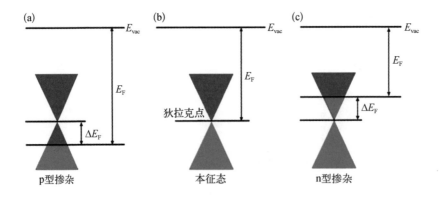

图 4-2　石墨烯 n 型及 p 型掺杂状态下的能带结构与费米能级的关系

因此,可以通过对石墨烯进行 p 型和 n 型掺杂来改变费米能级,从而实现功函数的调控。实现石墨烯 p 型和 n 型掺杂的方法主要有表面电荷转移掺杂、静电场调控、晶格缺陷调控等,功函数变化程度与掺杂浓度有关。

4.2.1 化学改性功函数调控

石墨烯的功函数可以通过表面电荷转移掺杂的方式进行调控。表面电荷转移掺杂是石墨烯与掺杂剂相互作用时发生电荷转移,使石墨烯上的载流子种类和浓度发生变化,从而实现石墨烯的 p 型和 n 型掺杂。掺杂过程中电荷转移的方向是由掺杂剂的最高占据分子轨道(Highest Occupied Molecular Orbital,HOMO)和最低未占分子轨道(Lowest Unoccupied Molecular Orbital,LUMO)与石墨烯的费米能级的相对位置决定的(图 4 - 3)。当掺杂剂的 HOMO 高于石墨烯的费米能级时,掺杂剂为供体,电荷从掺杂剂向石墨烯转移,形成 n 型掺杂,功函数降低,该掺杂剂被称为 n 型掺杂剂;当掺杂剂的 LOMO 低于石墨烯的费米能级时,掺杂剂为受体,电荷从石墨烯向掺杂剂转移,形成 p 型掺杂,功函数升高,该掺杂剂称为 p 型掺杂剂。一般来说,掺杂剂分子中带有吸电基团时为 p 型掺杂剂,带有供电基团时则为 n 型掺杂剂。掺杂时,单个分子的表面电荷转移量与分子的朝向及与基底的距离等因素有关。

图 4 - 3 掺杂剂的 HOMO 和 LUMO 与石墨烯的费米能级、p 型及 n 型掺杂之间的关系示意图

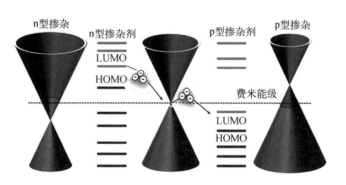

石墨烯的表面电荷转移掺杂通常有两种实现方式,分别是掺杂剂分子以物理吸附和化学吸附方式吸附在石墨烯表面、发生电荷转移过程,对应的掺杂机理分别为电子掺杂和电化学掺杂。

1. 电子掺杂
电子掺杂是通过石墨烯和掺杂剂之间的电荷直接交换而实现掺杂效果的。

电子掺杂过程是可逆的,容易脱附,而且是一种物理吸附,故掺杂效果不稳定。同时,电子掺杂剂成为附加的电荷散射体,会导致石墨烯载流子迁移率降低。可在石墨烯表面进行物理吸附的物质有小分子、金属和自组装单层膜等,由于吸附物质的电性差异,可形成对石墨烯的 p 型或 n 型掺杂。

(1) 小分子掺杂

吸电型的小分子吸附在石墨烯表面可实现 p 型掺杂。这些吸电型分子的共同点是吸电子能力比石墨烯强,吸附在石墨烯表面后可以从石墨烯表面吸取电子,使石墨烯处于空穴导电状态,即 p 型掺杂。

典型的吸电型气体分子为 NO_2。若把石墨烯暴露在 NO_2 气体中,由于 NO_2 分子的 HOMO 能量比石墨烯的费米能级低 0.4 eV,NO_2 很容易从石墨烯中吸取电子,使石墨烯形成 p 型掺杂。但 NO_2 掺杂会影响石墨烯 FET 器件的特性曲线形状,随着掺杂程度的提高,电荷中性点向正电压方向移动。对于多层石墨烯,NO_2 可以在石墨烯两侧均匀吸附,掺杂后的离域空穴主要存在于最接近表面的两层,最高可以实现 0.83 eV 的费米能级位移。在 NO_2 对石墨烯的掺杂中,可以通过改变分子表面的吸附密度来控制费米能级和空穴浓度。在高压的 NO_2 气氛中,石墨烯表面还可以形成 NO_2 与 N_2O_4 的单层分子膜。值得注意的是,NO_2 分子对石墨烯的掺杂效应稳定性较差,在 150℃ 加热条件下掺杂效果就会消失。

类似地,溴(Br_2)和碘(I_2)分子在石墨烯表面发生物理吸附后也会通过电荷转移的方式注入高浓度空穴,形成 p 型掺杂。如将单层石墨烯暴露在 Br_2 气氛中,石墨烯的 G 峰位置会从本征态的 $1\,580\ cm^{-1}$ 移动到 $1\,624\ cm^{-1}$。通过掺杂前后的拉曼光谱变化可以得到费米能级的位移,G 峰位移与费米能级的位移经验公式为

$$\Delta\Omega_G = \Delta E_F \times 42\ eV^{-1} \qquad\qquad (4-2)$$

式中,$\Delta\Omega_G$ 为 G 峰位移;ΔE_F 为费米能级的位移。通过式(4-2)计算得到,功函数上升约 1 eV。Br_2 处理后石墨烯薄膜的拉曼信号 2D 峰完全被猝灭,如图 4-4 所示。2D 峰猝灭的现象是由于高浓度掺杂引起电子-电子振荡作用的增强,在液相四氰基乙烯(TCNE)中对多层石墨烯进行掺杂也出现类似现象。与 Br_2 掺杂

图 4-4 单层石墨烯暴露到 Br₂ 气氛中前后的拉曼光谱图

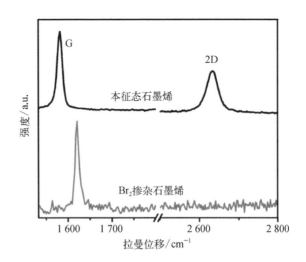

相比,I₂ 掺杂后的石墨烯的 G 峰位移较小,可能是 I₂ 具有较弱的氧化还原电势、较低的饱和蒸气压和较弱的挥发性的原因。

与上述小分子不同的是,芳香族化合物分子可以在石墨烯表面实现更稳定的物理吸附,其吸附稳定性介于物理吸附和化学吸附之间,这是由于芳香族化合物自身稳定性较好,且所含共轭结构可与石墨烯之间形成相对稳定的 $\pi-\pi$ 堆积作用。含有吸电取代基的芳香族化合物如 2,3,5,6-四氟-7,7′,8,8′-四氰二甲基对苯醌(F₄-TCNQ)、四氰乙烯(TCNQ)、1,3,6,8-芘四磺酸四钠盐(TPA)、9-10-二溴蒽等,可对石墨烯进行 p 型掺杂。

以 F₄-TCNQ 为例,F₄-TCNQ 是一种强吸电型试剂,电子亲和能为 5.24 eV,LUMO 的能量远低于石墨烯的费米能级,电荷从石墨烯转移到 F₄-TCNQ 分子(图 4-5)。每个 F₄-TCNQ 分子可以从石墨烯的 HOMO 上吸收 0.3 个电子到其 LUMO 上,该掺杂体系掺杂后的石墨烯在室温下具有一定的热

图 4-5 F₄-TCNQ 对石墨烯的掺杂

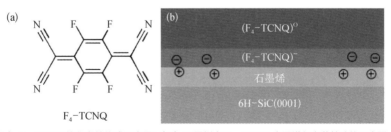

(a) F₄-TCNQ 的化学结构式示意图;(b) 石墨烯向 F₄-TCNQ 表面进行电荷转移的示意图

稳定性。F_4-TCNQ掺杂后功函数变化与沉积厚度有关,表面沉积 0.1 nm 厚的
F_4-TCNQ 分子,功函数提高 0.7 eV,沉积 0.2 nm 厚的 F_4-TCNQ 分子,功函数可
提高 1.3 eV。

同理,供电型分子吸附在石墨烯表面可实现 n 型掺杂。常见的 n 型掺杂供
电型分子有氨气(NH_3)、饱和胺类分子等。NH_3 是典型的 n 型掺杂分子,具有强
的供电性,每个 NH_3 分子可以转移 0.068 ± 0.004 个电子到石墨烯上,吸附 NH_3 后
石墨烯的电荷中性点向负电压方向移动。但 NH_3 分子吸附到石墨烯表面属于物
理吸附,吸附的 NH_3 分子在一定的条件可以快速脱附。

含有共轭结构的供电型分子如 2-(2-甲氧苯基)-1,3-二甲基-2,3-双氢-
1H-苯并咪唑(O-MeO-DMBI),在石墨烯表面可以实现较稳定的吸附[图 4-6
(a)]。石墨烯表面接触浓度大于 0.1 mg/mL O-MeO-DMBI 溶液时,会表现出
明显的 n 型掺杂[图 4-6(b)]。这些芳香族化合物分子能通过苯环与石墨烯表
面形成共轭堆积。

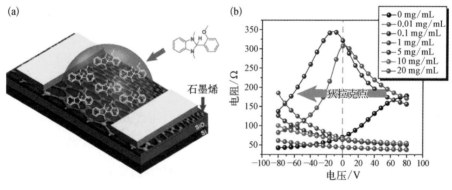

图4-6 O-MeO-
DMBI 掺杂的石墨
烯器件及性能

(a) O-MeO-DMBI 的结构示意图及涂布掺杂石墨烯的器件示意图;(b) 不同浓度 O-MeO-
DMBI 掺杂的石墨烯的电阻-电压关系示意图

综上所述,小分子通过范德瓦耳斯力或者 π-π 共轭堆积作用吸附在石墨烯
表面,与石墨烯之间发生电荷转移,可实现石墨烯的 p 型或 n 型掺杂,其特点是
掺杂过程可逆、容易发生脱附、掺杂效果不稳定。

(2) 金属掺杂

金属与石墨烯接触也可对石墨烯进行电荷转移掺杂。常见的金属与石墨烯

石墨烯薄膜与柔性光电器件

作用时会导致石墨烯的费米能级远离狄拉克点,形成电子或空穴掺杂。掺杂程度和电荷转移方向取决于金属和石墨烯的功函数的高低,以及金属与石墨烯之间的相互作用强度。

与石墨烯无较强相互作用的金属与石墨烯接触时,金属功函数的高低将决定石墨烯与金属之间电荷转移的方向。当金属的功函数大于石墨烯的功函数时,发生 p 型掺杂;当金属的功函数小于石墨烯的功函数,发生 n 型掺杂。理论预测Ⅰ~Ⅲ族金属是石墨烯的高效电子供体,可实现 n 型掺杂。实验证明在石墨烯表面沉积钾原子(Ⅰ族金属)为 n 型掺杂,每个被吸附的钾原子大约转移一个电子到石墨烯表面。随着掺杂浓度的增加,载流子迁移率降低,这是钾原子引起的散射造成的。而将不同的过渡金属(钛、铁、铂)团簇沉积到石墨烯表面,发现钛和铁团簇均是 n 型掺杂体;铂团簇则比较特殊,不同的覆盖比例显现出不同的掺杂类型,低覆盖时由于形成了一个强界面偶极子,可以观察到 n 型掺杂,高覆盖则形成 p 型掺杂。

与石墨烯有较强相互作用的金属与石墨烯接触时,金属与石墨烯的相互作用对电荷转移方向有影响。例如 Al、Ag、Cu、Au 和 Pt,吸附后由于石墨烯与金属功函数的不同会造成石墨烯的费米能级移动,随着两者接触距离的变化,可能出现 n 型或者 p 型掺杂的相互转换。当距离较大时,如 5.0 Å,则相互作用弱,n 型或者 p 型掺杂的转换点在与石墨烯功函数相等的点,即 4.5 eV;当距离近时,如 3.3 Å,则相互作用较强,n 型或者 p 型掺杂的转换点大约在 5.4 eV。这个现象也可以理解为在存在化学作用的条件下,功函数高于石墨烯功函数 0.9 eV 以上的金属可以对石墨烯形成空穴掺杂,而功函数低于这个值的金属则只能形成电子掺杂,如 Pt、Au、Cu、Ag 等多种金属都会形成 p 型掺杂;但距离较近时,Cu、Ag 则会有 n 型掺杂的趋势。常见的几种金属对石墨烯费米能级的影响如图 4-7 所示。常见的电极金属如 Au、Ag、Pt 对石墨烯功函数的调节范围分别对应 4.74~5.54 eV、4.24~4.92 eV 和 4.8~6.13 eV。

综上所述,金属对石墨烯的掺杂会导致石墨烯的费米能级远离狄拉克点,形成电子或空穴掺杂,掺杂量和方向取决于金属和石墨烯功函数的相对大小及相互作用的强弱。

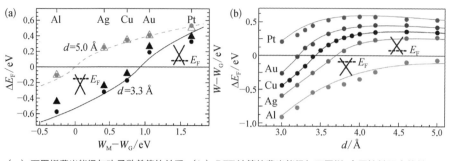

图 4 - 7 金属对石墨烯费米能级的影响

（a）石墨烯费米能级与功函数差值的关系；（b）DFT计算的费米能级与石墨烯-金属接触距离的关系图

（3）自组装单层膜掺杂

自组装单层膜（Self-assembled Monolayer，SAM）是指有机物分子在溶液或气相中自发地吸附在固体表面上所形成的紧密排列的二维有序单分子层。有机物分子 SAM 与石墨烯接触时，SAM 中官能团所控制的偶极矩发生变化，从而影响石墨烯瞬时费米能级的位移，形成非共价掺杂。石墨烯表面自组装膜的制备方法有高真空自组装和溶液界面自组装两种方法。

吸电型分子自组装形成的 SAM 可对石墨烯进行 p 型掺杂。例如，氟烷基三氯硅烷（FTS）是一种具有强吸电性的试剂，将石墨烯薄膜退火后暴露在 FTS 的饱和蒸气中进行自组装反应，可以形成一个完整交联的、惰性的二维硅烷结构，该自组装膜实现对石墨烯的 p 型掺杂，掺杂后空穴浓度可达 10^{13} cm^{-2}。由于掺杂后石墨烯和自组装膜之间存在电子散射，导致石墨烯迁移率降低，这也是电子掺杂的基本特征。FTS 自组装掺杂结构在室温放置甚至在 120℃ 加热条件下性能基本稳定。石墨烯表面也可利用溶液制备 SAM，如十八烷基磷酸在石墨烯上的自组装，将十八烷基磷酸乙醇溶液滴涂在石墨烯表面，溶剂挥发后形成二维晶体，呈整齐排列的条带结构进行 p 型掺杂。类似地，可以用同样的方式在石墨烯表面制备硫醇单层膜，得到整齐排列的硫醇自组装结构对石墨烯进行 p 掺杂，使得石墨烯由电荷中性点偏向正电性。

同理，供电型分子在石墨烯表面自组装形成 SAM，可对石墨烯进行 n 型掺杂，典型的例子是共轭分子二萘嵌苯- 3，3，9，10 -四羧基二酐（PTCDA）的 SAM。PTCDA 分子在高真空下可在石墨烯表面形成一个长程有序的、无缺陷的自组装

图4-8 PTCDA单层膜物理吸附在外延生长的石墨烯/二氧化硅表面

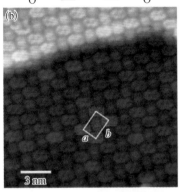

（a）PTCDA的分子结构式示意图；
（b）PTCDA分子在石墨烯表面的高分辨STM图

层,分子之间相互形成人字纹形的图案。PTCDA分子上芳香族的脊柱通过π-π堆叠作用平行于石墨烯表面(图4-8)。低温下可以观察到从石墨烯向PTCDA分子微弱的电荷转移现象,而这个n型掺杂的效果在接近室温的时候消失,稳定性较差。另外,油酰胺单层膜在石墨烯表面的自组装行为是n型掺杂,与十八烷基磷酸的SAM制备方法相同,可在石墨烯表面得到整齐有序的油酰胺自组装单层膜。掺杂后的石墨烯处于较稳定状态,掺杂浓度及载流子迁移率在高真空中可以保持较长的时间,因此这种沉积后的结构是相对惰性的。但在己烷中进行超声处理后掺杂效果消失,恢复到石墨烯的本征状态,即油酰胺对石墨烯的n型掺杂也是可逆的。由此可知,SAM可对石墨烯进行电荷转移掺杂,实现n型或p型掺杂,电荷转移方向及程度与自组装分子的性质及SAM偶极矩的分布有关。

综上所述,电子掺杂可在石墨烯表面直接发生电荷转移,无损地对石墨烯进行n型或p型掺杂,改变费米能级的高低从而调控功函数。物理吸附改性的缺点是吸附的掺杂物成为附加的电荷散射体,导致电荷载流子迁移率降低,吸附过程可逆,掺杂稳定性较差。

2. 电化学掺杂

电化学掺杂是指化学分子通过与石墨烯发生电化学氧化还原反应而实现掺杂效果,石墨烯在电化学氧化还原反应中起电极的作用。如果反应的总吉布斯自由能为负,理想情况下反应可以在室温下自发进行。石墨烯发生电化学氧化还原反应的总吉布斯自由能变化为$\Delta G + W$(p型掺杂)或$\Delta G - W$(n型掺杂),其中ΔG为分子反应的自由能和,W为石墨烯的功函数。某个反应形成石墨烯p型或n型掺杂取决于电化学氧化还原电位(E_{redox})与石墨烯费米能级的相对大小。E_{redox} 相当于反应物电解质溶液的费米能级,表示添加或移除一个电子所需的能量,通常指对于标准氢电极的相对电势。因此,ΔG 和 E_{redox} 测量的是相同的属性,两者的关系是

$$\Delta G = -nFE_{redox} \qquad (4-3)$$

式中,n 为得失电子的数量;F 为法拉第常数。反应过程中,根据 E_{redox} 高于(低于)石墨烯费米能级(E_F),反应诱导的电子(空穴)将流向石墨烯,直到达到平衡,即 $E_{redox} = E_F$,实现石墨烯 n 型(p 型)掺杂。与电子掺杂不同,电化学掺杂不会降低载流子迁移率,但因为反应过程须克服反应能垒和扩散障碍,可能需要较长的时间才能发生。因此,在反应速率或扩散速率低于栅电压变化率的情况下,电化学掺杂会导致滞后效应,这在化学掺杂的石墨烯基 FET 器件中是常见的现象,其优点是电化学掺杂相对稳定。石墨烯的电化学掺杂特征是石墨烯参与氧化还原反应,反应过程中得失电子,形成 n 型或者 p 型掺杂,其掺杂效果比电子掺杂的稳定性好。石墨烯的掺杂效果与反应过程中石墨烯作为反应物得失电子的数量及反应完成后的产物在石墨烯表面的吸附情况有关。

(1) p 型掺杂

当电化学掺杂中反应物的氧化还原电势大于石墨烯的费米能级时,氧化还原过程中石墨烯失去电子,发生 p 型掺杂,功函数升高。最常见的石墨烯电化学掺杂剂是 H_2O 分子,将石墨烯暴露在潮湿的大气中,石墨烯与吸附的 H_2O/O_2 层发生电化学氧化还原反应会导致 p 型掺杂,反应方程如下:

$$O_2 + H_2O + 4e^- \Longrightarrow 4OH^- \qquad (4-4)$$

该反应的吉布斯自由能(ΔG)值是 -4.82 eV,吉布斯自由能的总变化量为 $-4.82 + W = -0.3$ eV<0,其中 W 为石墨烯的功函数(4.5 eV)。因此,该反应将自发地在石墨烯表面进行。大气条件下水气对石墨烯的电化学掺杂会在石墨烯基 FET 器件中引起滞后效应,须在真空下处理约 50 h 或在温度 473 K 条件下退火来抑制,该滞后效应的恢复时间较长,说明 H_2O/O_2 掺杂物与石墨烯结合紧密,较难脱附。

典型的可对石墨烯进行 p 型掺杂、提高功函数的试剂为过渡金属盐。如氯

化金（AuCl₃）是石墨烯常用的 p 型掺杂剂，当其在硝基甲烷液体中与石墨烯接触时，AuCl₃ 从石墨烯中得到电子，形成不同配位数的离子，掺杂机理如下：

$$2\text{Graphene} + 2\text{AuCl}_3 \longrightarrow 2\text{Graphene}^+ + \text{AuCl}_2^-(\text{Au}^{\text{I}}) + \text{AuCl}_4^-(\text{Au}^{\text{III}})$$

$$(4-5)$$

$$3\text{AuCl}_2^- \longleftrightarrow 2\text{Au}\downarrow + \text{AuCl}_4^- + 2\text{Cl}^- \qquad (4-6)$$

$$\text{Cl}^- + \text{AuCl}_3 \longrightarrow \text{AuCl}_4^- \qquad (4-7)$$

$$\text{AuCl}_4^- + 3\text{e}^- \longrightarrow \text{Au}\downarrow + 4\text{Cl}^- \qquad (4-8)$$

掺杂后吸附在石墨烯表面的金颗粒及 Cl⁻ 对石墨烯进行深度 p 型掺杂，石墨烯的功函数会上升约 0.5 eV（图 4-9）。AuCl₃ 在水溶液中形成 AuCl_4^-，其还原电势为 1.0 eV，小于石墨烯的还原电势（0.22 eV），因此，AuCl_4^- 会还原团聚成金纳米颗粒，同样对石墨烯形成 p 型掺杂。AuCl₃ 对石墨烯的掺杂效果并不稳定，经过加热或者长时间放置，掺杂效果都会退化，主要是因为掺杂后的石墨烯表面吸附的 Cl⁻ 在加热或者放置过程中解吸附。

图 4-9 AuCl₃ 掺杂表面能变化与掺杂时间的关系

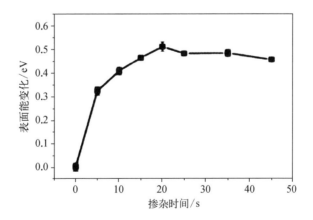

除了 AuCl₃，还有 IrCl₃、MoCl₃、OsCl₃、PdCl₂、RhCl₃、FeCl₃ 等过渡金属氯化物也是较好的石墨烯功函数改性试剂。例如 AuCl₃、IrCl₃、MoCl₃、OsCl₃、PdCl₂、RhCl₃ 掺杂的石墨烯，其功函数可以从 4.2 eV 分别增加到 5.0 eV、4.9 eV、4.8 eV、4.68 eV、5.0 eV 和 5.14 eV；FeCl₃ 掺杂可产生 0.9 eV 的费米能级位移。其反应机

理、电荷转移方向与 AuCl₃ 的反应过程类似,石墨烯失去电子,金属氯化物得到电子,即

$$2Graphene + 2MeCl_3 \longrightarrow 2Graphene^+ + MeCl_2^- (Me^I) + MeCl_4^- (Me^{III})$$

$$(4-9)$$

$$3MeCl_2^- \longrightarrow 2Me\downarrow + MeCl_4^- + 2Cl^- \qquad (4-10)$$

$$MeCl_4^- + 3Graphene \longrightarrow 3Graphene^+ + Me\downarrow + 4Cl^- \qquad (4-11)$$

Au 的其他阴离子化合物如 Au(OH)₃、Au₂S、AuBr₃,也可以与石墨烯发生类似的反应,对石墨烯的功函数产生影响。不同阴离子的金化合物对石墨烯的功函数的调控程度及稳定性均有所不同。如图 4-10 所示,AuBr₃、Au₂S、Au(OH)₃ 和 AuCl₃ 掺杂后的石墨烯功函数分别为 5.0 eV、4.8 eV、4.6 eV 和 4.9 eV,热处理老化后掺杂有效成分变为 Au 与 Br⁻、S⁻、OH⁻、Cl⁻ 化合物,石墨烯功函数分别

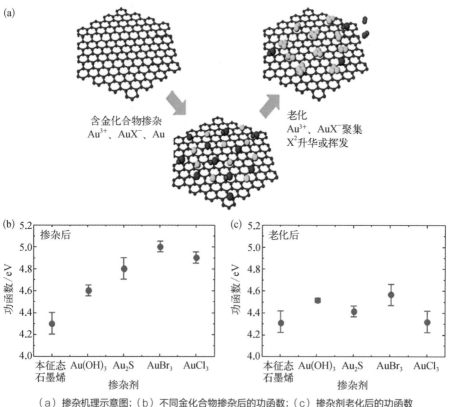

图 4-10 不同的金化合物掺杂石墨烯

(a) 掺杂机理示意图;(b) 不同金化合物掺杂后的功函数;(c) 掺杂剂老化后的功函数

为 4.55 eV、4.4 eV、4.5 eV 和 4.3 eV。$AuCl_3$ 掺杂的石墨烯老化后的功函数几乎降低到本征态水平，功函数的降低程度与掺杂化合物中金阳离子与阴离子的结合强度有关。

（2）n 型掺杂

电化学掺杂中氧化还原电势小于石墨烯费米能级的试剂可与石墨烯反应进行 n 型掺杂，可降低石墨烯功函数。甲苯与石墨烯的反应属于 n 型掺杂，其反应机理为甲苯被电化学氧化成苄醇：

$$甲苯 + 2OH^- \Longrightarrow 苄醇 + H_2O + 2e^- \tag{4-12}$$

这个反应吉布斯自由能的总变化量是 -0.5 eV <0，释放的电子可以被石墨烯捕获，使其形成 n 型掺杂。实验发现，甲苯暴露后电阻峰向负栅极电压方向转移，从气室中抽出甲苯可以消除滞后现象，但掺杂效应仍然存在，证明是发生了化学反应而不是简单的物理吸附。常见有机物的氧化还原电势均低于石墨烯的费米能级，在一定条件下可对石墨烯进行还原，形成 n 型掺杂。

典型的可对石墨烯进行 n 型掺杂、降低功函数的试剂主要是碱金属，如碱金属碳酸盐 Li_2CO_3、K_2CO_3、Rb_2CO_3 和 Cs_2CO_3，分别可以将石墨烯的功函数降低至 3.8 eV、3.7 eV、3.5 eV 和 3.4 eV；如碱金属氯化物 NaCl、KCl、$MgCl_2$ 和 $CaCl_2$ 对石墨烯掺杂后，功函数分别降至 4.32 eV、3.7 eV、3.66 eV 和 3.81 eV。

综上所述，通过小分子吸附、金属接触、分子自组装单层膜、金属化合物在石墨烯表面进行物理吸附或化学反应，调控石墨烯的费米能级和功函数，从而实现对石墨烯进行 p 型或 n 型掺杂，不同的试剂和方法的掺杂程度和稳定性有所不同。

4.2.2　其他功函数调控方法

石墨烯的功函数调控除了可以通过化学改性的方法实现，还可以通过静电场调控、涂层法、晶格缺陷调控等方法实现。

静电场调控利用 FET 原理对石墨烯进行静电掺杂，通过控制载流子浓度和费米能级的变化来控制石墨烯能带。典型的结构是顶栅和背栅场效应晶体管[图4-11(a)]，随着施加电压的变化，本征态石墨烯的费米能级可以根据栅极电压由负向正的变化精细地从导带调谐到价带，对应地形成 p 型和 n 型掺杂石墨烯，实现功函数的连续调控。因此，利用静电场可以对石墨烯的功函数进行连续调节。

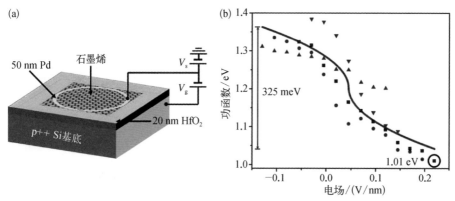

图 4 - 11　静电场及 Cs/O 涂层对石墨烯功函数调控

（a）背栅器件结构示意图；（b）扫描开尔文探针显微镜测试 Cs/O 涂层样品的功函数与电场的关系

涂层法是传统材料领域降低功函数的一种常用方法。这些涂层为一层非常薄的碱金属，例如铯（Cs）、锂（Li）、锶（Sr）和钡（Ba）等，将这些碱金属与适量的氧结合可以达到更低的功函数，其中 Cs/O 涂层具有最低功函数，通常为 1.1～1.4 eV。在石墨烯表面涂布 Cs/O 涂层，可以降低石墨烯的功函数约 0.3 eV。在静电场调控的基础上，将石墨烯与低功函数涂层 Cs/O 复合可以达到更低的功函数，其中静电场调控降低 0.7 eV，Cs/O 涂层可进一步降低 0.3 eV[图 4 - 11(b)]，总降低值可达 1 eV。

石墨烯表面的晶格缺陷或者掺杂产生的缺陷对功函数有影响，是化学掺杂产生的缺陷本身对石墨烯性能的调控，而不是掺杂上去的分子或原子对石墨烯性能的影响。利用金属有机化学气相沉积（Metal Organic Chemical Vapour Deposition，MOCVD）法在高温下将三叔丁基膦和三叔丁基砷掺杂在石墨烯表面，形成磷（P）和砷（As）对石墨烯的 p 型掺杂，其功函数上升。如在 700℃ 时 As 掺杂的石墨烯样品的功函数为 4.8 eV，方块电阻为 665 Ω/□，载流子迁移率为

$1\,570\ \mathrm{cm^2/(V \cdot s)}$，载流子浓度为 $4 \times 10^{12}\ \mathrm{cm^{-2}}$。随着温度升高，功函数上升，在功函数上升的同时，方块电阻有不同程度的升高，这主要是表面的 As 掺杂形成了缺陷所致。

类似地，通过高能粒子轰击石墨烯表面也可以改变功函数。用 α 射线对石墨烯进行照射，可以发生空穴掺杂，使得石墨烯功函数增加 $400\ \mathrm{mV}$，其增加量与辐照剂量呈对数关系。等离子体照射产生缺陷可以精确地调整石墨烯的功函数，但是会对其结构造成损害，造成载流子迁移率降低。

4.3　石墨烯导电性能调控

通常用方块电阻 (R_s) 来描述透明电极的导电性能。透明电极的 R_s 与载流子迁移率有如下关系：

$$R_s = t/(q n_m \mu_m) \tag{4-13}$$

式中，n_m 为载流子浓度；μ_m 为载流子迁移率；q 为元电荷；t 为厚度。从式（4-13）来看，透明电极的方块电阻与载流子浓度、载流子迁移率成反比。石墨烯作为一种典型的透明导电材料，可以通过提高石墨烯的载流子浓度或者载流子迁移率来提高石墨烯的导电性能。

石墨烯的载流子浓度主要取决于其表面电子或者空穴的浓度，本征态石墨烯的载流子浓度较低，可以通过一些改性方法注入电子或者空穴，增加其表面的载流子浓度，从而提高导电性能。提高载流子浓度最常用的方法是化学改性。

石墨烯的载流子迁移率主要取决于其晶格结构。CVD 法制备的多晶石墨烯存在的大量晶界和结构缺陷降低了其载流子迁移率，因此提高载流子迁移率的方法之一是减少晶界的数量。制备单晶石墨烯或者晶畴尺寸较大的石墨烯薄膜，需要通过对基底进行处理或者对工艺进行调控来实现。另外也可以通过用金属纳米线或者其他导电材料在石墨烯表面进行复合，相当于在石墨烯表面进行搭桥或者提供额外的载流子传输通道,实现导电层并联,提高导电性能。

4.3.1 化学改性导电性能调控

化学改性方法中表面电荷转移掺杂、替代掺杂和等离子体掺杂都对石墨烯载流子浓度的调控有明显的效果,可提升石墨烯的导电性能。值得注意的是,虽然某些化学掺杂可有效提高载流子浓度,但同时引入了电荷散射体或者降低了载流子迁移率,导致石墨烯整体导电性能并未有明显改善。因此,石墨烯导电性能的调控是载流子浓度、载流子迁移率及散射效应共同作用的结果。

通过电化学掺杂作用,掺杂剂与石墨烯发生氧化还原反应,可以改变石墨烯表面的载流子浓度,提高导电性能。最早被用来提高石墨烯导电性能的掺杂剂是硝酸。硝酸是一种强氧化剂,可以与石墨烯发生反应,其反应机理与硝酸对碳材料的掺杂机理类似:

$$6HNO_3 + 25C \longrightarrow C_{25}^+ NO_3^- \cdot 4HNO_3 + NO_2 + H_2O \qquad (4-14)$$

石墨烯在硝酸作用下发生氧化反应,其表面化学吸附了一层硝酸根离子(NO_3^-),NO_3^-的吸附为石墨烯引入额外的载流子浓度,提高其导电性能。硝酸处理后石墨烯的 sp^2 杂化结构未发生明显的破坏,属于 p 型掺杂,载流子浓度可以增加 2.5 倍,方块电阻降低 60%,硝酸掺杂后多层石墨烯的方块电阻最低可低于 50 Ω/□。硝酸掺杂的缺点是稳定性较差,室温放置或者高温老化都容易使掺杂效果出现退化。

$AuCl_3$ 作为一种典型的金属氯化物石墨烯掺杂剂,可以大幅度降低石墨烯的方块电阻,随着 $AuCl_3$ 浓度的提高,石墨烯的方块电阻可降低 70% 以上(图 4-12)。$AuCl_3$ 掺杂的石墨烯的稳定性也较差,室温下长时间放置使得方块电阻会逐渐升高,掺杂浓度越低,掺杂效果退化越快。

与 $AuCl_3$ 结构和性质类似的 $FeCl_3$ 也是一种常见的氧化型掺杂剂,可以提高石墨烯的导电性能。高温下将 $FeCl_3$ 分子蒸发吸附到石墨烯表面,单层石墨烯

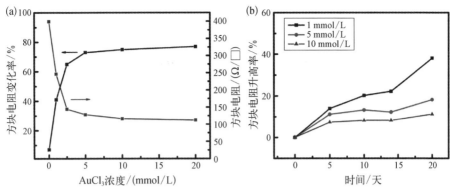

图 4 - 12 AuCl₃ 掺杂的石墨烯的方块电阻及稳定性

（a）不同浓度 AuCl₃ 掺杂的石墨烯的方块电阻及变化比例；（b）AuCl₃ 掺杂的石墨烯的方块电阻的时间稳定性

通过 $FeCl_3$ 掺杂后载流子浓度可达 $10^{14}\ cm^{-2}$，方块电阻可以降低至 72 Ω/□。将 $FeCl_3$ 蒸发插层到多层石墨烯层间，可以得到多层石墨烯透明电极，大于 3 层的石墨烯 $FeCl_3$ 插层结构的导电性和稳定性更好，5 层时方块电阻可以达到 8.8 Ω/□，且在室温下可以稳定 1 年以上。$FeCl_3$ 掺杂也可以用硝基甲烷通过水溶液浸泡或旋涂的方式实现，溶液中 $FeCl_3$ 对石墨烯的掺杂机理如下：

$$2Graphene + 2FeCl_3 \longrightarrow 2Graphene^+ + FeCl_2^- (Fe^{I}) + FeCl_4^- (Fe^{III})$$

$$(4 - 15)$$

$$3FeCl_2^- \longleftrightarrow 2Fe \downarrow + FeCl_4^- + 2Cl^-\qquad (4 - 16)$$

反应过程中 $FeCl_3$ 被还原为 Fe^{I}，石墨烯失去电子形成空穴，Fe^{I} 可能会发生歧化反应得到 Fe、$FeCl_4$ 和 Cl^-，吸附在石墨烯表面。溶液中 $FeCl_3$ 掺杂可使石墨烯的方块电阻降低约 50%。

除了氧化型强酸和金属氯化物，有吸电性的有机物分子也可以对石墨烯进行掺杂。例如苯并咪唑（BI）是一种具有强吸电性的杂环分子，同时具有化学及热稳定性，在过硫酸铵（APS）酸性蚀刻液中作为掺杂剂，通过一步法进行铜箔的刻蚀掺杂可以对石墨烯进行 p 型掺杂，掺杂过程如图 4 - 13 所示，掺杂后石墨烯薄膜的载流子浓度可以达到 $1.0 \times 10^{13}\ cm^{-2}$，方块电阻可以达到 200 Ω/□。

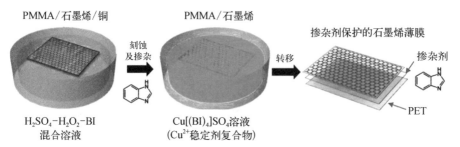

图 4-13 BI 组成的络合蚀刻液进行石墨烯转移和掺杂的过程示意图

与苯并咪唑类似,咪唑(IM)也可以作为掺杂剂。咪唑掺杂的石墨烯的方块电阻最低可以降至约 300 Ω/□,并且稳定 30 天以上(图 4-14)。另外,实验发现石墨烯表面吸附的咪唑不仅可以提升导电性能,还可以改变石墨烯的接触角,增加润湿性,呈现更好的表面均匀性[图 4-14(b)]。

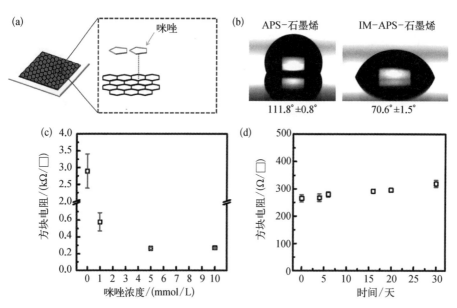

图 4-14 咪唑一步法掺杂石墨烯

(a)咪唑吸附掺杂示意图;(b)掺杂石墨烯表面的接触角变化;(c)掺杂后方块电阻与咪唑浓度的关系;(d)咪唑掺杂石墨烯样品的时间稳定性

另外,六氯锑酸三乙基氧鎓(OA)属于具有强氧化性的掺杂剂,可对石墨烯进行氧化,石墨烯失去电子形成阳离子,然后与六氯锑酸根阴离子结合[图 4-15(a)]。OA 掺杂后拉曼 G 峰为 1 608 cm^{-1}[图 4-15(b)],费米能级位移达到 0.59 eV,单层石墨烯的载流子迁移率增加到 $2×10^{13}$ cm^{-2},方块电阻降低 80% 以

图 4-15 OA 掺杂石墨烯性能变化

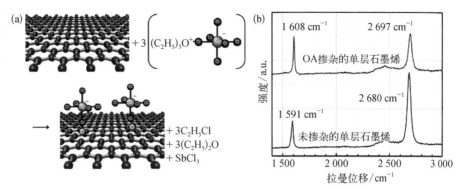

（a）石墨烯与 OA 反应过程示意图；（b）OA 掺杂前后拉曼光谱的变化

上，可以从 1 kΩ/□ 降低到 200 Ω/□ 以下，具有较好的稳定性。

电子掺杂调控石墨烯导电性能主要原理是具有强吸电或者供电作用的化学分子通过物理吸附在石墨烯表面，利用电子掺杂作用调控石墨烯表面的载流子浓度，改善其导电性能。

双三氟甲烷磺酰亚胺（TFSA）是一种含氟的强吸电型试剂，在石墨烯表面吸附后可以将石墨烯薄膜的方块电阻降低 70%，在室温下具有较好的稳定性。拉曼数据表明掺杂后 G 峰向高波数移动，而 2D 峰向低波数移动，D 峰强度基本不变，如图 4-16 所示。

图 4-16 TFSA 掺杂石墨烯性能变化

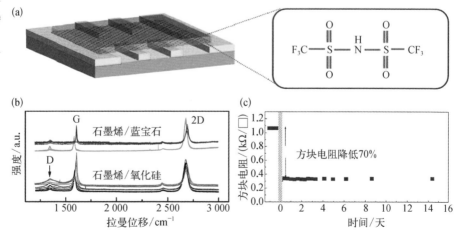

（a）转移到 SiO₂/Si 或蓝宝石基底上与 Au 电极接触的石墨烯片（插图为 TFSA 的化学结构式）；（b）TFSA 掺杂前后石墨烯在蓝宝石和氧化硅基底上不同位置的拉曼光谱；（c）TFSA 掺杂前后石墨烯的方块电阻及随时间的变化

TFSA掺杂的作用机理是掺杂后石墨烯空穴载流子浓度升高、短程散射作用增强，虽然迁移率降低，但最终石墨烯的导电性能提高。不同浓度 TFSA 掺杂后的石墨烯性能（拉曼强度、功函数、载流子迁移率、透过率、方块电阻）的变化如表 4-1 所示。

表 4-1 TFSA 掺杂石墨烯的性能变化

浓度 /(mmol/L)	拉曼强度 I_G/I_{2D}	功函数 /eV	载流子迁移率 /[cm²/(V·s)]	550 nm 处的透过率 /%	方块电阻 /(Ω/□)
0	−0.48	4.52±0.047	2 650±197	97.18	650±51
10	0.615	−4.81±0.031	2 085±114	96.96	185±53
20	0.622	−4.90±0.036	1 955±103	96.8	116±49
30	0.656	−4.92±0.026	1 898±94	96.48	108±45

全氟聚合物磺酸（PFSA）是一种含氟的吸电型试剂，也可以对石墨烯进行掺杂，改善其导电性能，降低石墨烯 56% 的方块电阻，达到比小分子吸附更稳定的掺杂效果（图 4-17）。

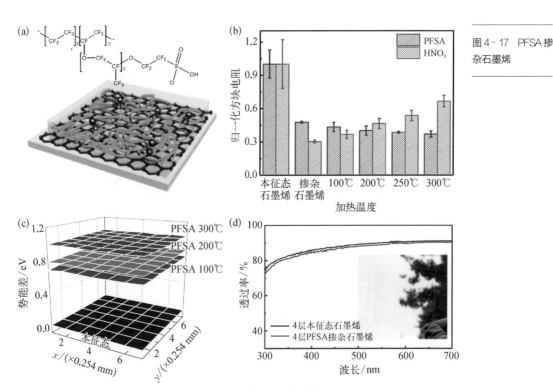

图 4-17 PFSA 掺杂石墨烯

（a）PFSA 分子结构式及掺杂示意图；（b）PFSA 与硝酸掺杂的石墨烯的方块电阻随老化温度变化对比；（c）在不同退火温度下本征态石墨烯及 PFSA 掺杂的石墨烯的势能图；（d）玻璃表面本征态及 PFSA 掺杂的 4 层石墨烯的光学透过率

具有供电性的分子吸附在石墨烯的表面可以对石墨烯进行 n 型掺杂。胺类分子是典型的供电型试剂，将不同相对分子质量的乙烯胺类分子如三乙烯四胺（TETA）、四乙烯五胺（TEPA）、五乙烯六胺（PEHA）及聚乙烯亚胺（PEI），通过气相蒸发吸附在石墨烯表面（图 4-18），对石墨烯的导电性能均有不同程度的提升。掺杂分子的支链结构是决定石墨烯掺杂程度的重要因素之一，随着胺基的数量和相对分子质量的增加，改性后石墨烯的载流子浓度增加。与本征态石墨烯相比，使用 PEHA 掺杂后石墨烯的载流子浓度可高达 1.01×10^{13} cm^{-2}，方块电阻降低 400%。然而，虽然具有支链乙烯胺结构的 PEI 单个分子拥有最多的胺基，但掺杂效果却较弱，这是由于聚合物胺趋向于形成一种非晶结构，导致覆盖不均匀，胺基到石墨烯的电荷转移效率较低。

图 4-18　掺杂剂分子的化学结构式及掺杂过程示意图

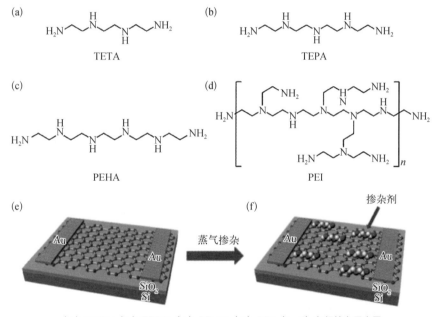

（a）TETA;（b）TEPA;（c）PEHA;（d）PEI;（e, f）气相掺杂示意图

石墨烯的替代掺杂是利用其他杂原子替代石墨烯六元环结构中的碳原子实现掺杂作用的。通常是在石墨烯生长过程中直接将杂原子引入六边形晶格中，这种掺杂方法具有优越的稳定性和可扩展性。以氮原子掺杂为例，石墨烯结构中掺杂的氮具有三种不同的结构，分别是吡啶-氮、吡咯-氮和石墨-氮，它们的 XPS 峰

位分别在 398.2 eV、400.3 eV 和 401.5 eV。其中吡啶-氮和吡咯-氮由于处于石墨烯晶格结构的边缘,稳定性较好,占有较高的比例,这些替代的氮原子引入散射中心会降低石墨烯的载流子迁移率。在所有可能的氮掺杂中,石墨-氮的掺杂最有可能导致 n 型掺杂效应,由于轻微的石墨烯晶格失真,可保持较高的载流子迁移率。除了原子键合方式,替代原子的分布对散射也有很大的影响。理论预测,石墨烯中带电杂质的团簇化将抑制它们对电阻率改善的贡献。Lin 等报道在单晶铜表面制备出了氮簇掺杂的单层石墨烯,其通过在制备过程中使用氧蚀刻剂消除含有缺陷的吡啶-氮中心,引入氮簇抑制载流子散射体的产生,制备出了载流子迁移率达到 13 000 cm²/(V·s)、方块电阻约 130 Ω/□ 的氮掺杂石墨烯。

　　等离子体掺杂是通过注入等离子体对石墨烯进行掺杂处理的方法。常用的等离子体气体有 NH₃、CF₄、H₂、Cl₂、He 等,其中氯等离子体对石墨烯晶格结构损伤最小。采用低能量的氯等离子体对石墨烯表面进行掺杂(图4-19),将氯包覆

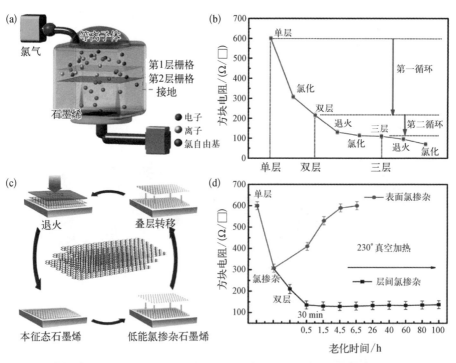

图 4-19　氯等离子体掺杂石墨烯

　　(a) 电感耦合等离子体处理系统;(b) 多层石墨烯转移、退火、掺杂过程示意图;(c) 低能氯等离子体掺杂石墨烯逐层转移过程中方块电阻变化;(d) 表面掺杂和层间掺杂的石墨烯的方块电阻及老化稳定性

石墨烯薄膜与柔性光电器件

在石墨烯层间进行逐层转移,三层石墨烯的方块电阻可以达到 72 Ω/□,且具有非常好的稳定性,在 230℃ 老化 160 h,方块电阻上升不明显。

4.3.2 石墨烯与金属纳米结构复合

石墨烯与金属纳米结构复合可通过石墨烯薄膜与金属纳米结构薄膜的并联作用直接改善石墨烯导电性能。金属纳米结构主要有纳米线、金属网格等。

石墨烯/金属纳米线复合薄膜的基本制备过程是在石墨烯表面涂布或者分散一定浓度的纳米线溶液,通过热处理使其与石墨烯表面进行良好复合,实现石墨烯导电性能的提升。以银纳米线为例,其复合过程如图 4 - 20 所示。

图 4 - 20　石墨烯与银纳米线复合

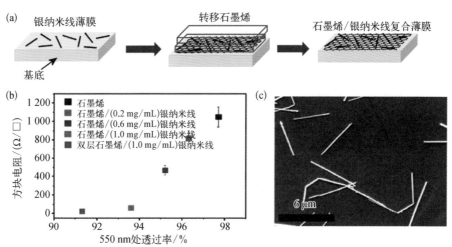

（a）石墨烯/银纳米线复合薄膜的制备过程示意图;（b）石墨烯/银纳米线复合薄膜的方块电阻与透过率、银纳米线浓度及石墨烯层数的关系;（c）石墨烯/银纳米线复合薄膜的 SEM 图

在石墨烯/银纳米线复合薄膜中,石墨烯是主要的全局导电单元,而银纳米线是附加单元,可以局部地促进复合薄膜的导电性能。从导电性能的贡献来讲,复合薄膜的导电性能与银纳米线的浓度紧密相关,随着银纳米线浓度的增大,复合薄膜的方块电阻大幅度降低。在保证透过率为 80%～90% 的条件下,石墨烯/银纳米线复合薄膜的方块电阻可以达到 30 Ω/□ 以下。

金属网格与多层石墨烯复合也可以得到低方块电阻的透明电极，常见的金属网格有铜、金、铝等，石墨烯与金属网格复合薄膜的方块电阻可以小于20 Ω/□。

4.3.3 石墨烯与导电高分子复合

导电高分子是具有导电功能的高分子材料，可以通过涂布等方式成膜，与石墨烯复合后具有更高的导电性能。典型的导电高分子聚(3,4-乙烯二氧噻吩)-聚苯乙烯磺酸(PEDOT：PSS)与石墨烯复合后，不仅可以改善石墨烯的导电性能(图4-21)，还可以作为黏附层，使其更有利于应用在柔性太阳能电池的电极上，具有更高的效率。

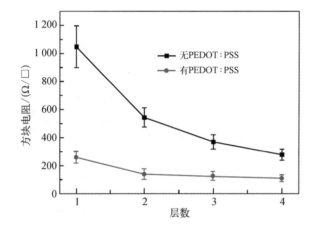

图4-21 PEDOT：PSS掺杂的石墨烯的方块电阻变化情况

导电高分子PEDOT：PSS与CVD法制备石墨烯复合薄膜的制备过程如图4-22(a)所示。首先将CVD法制备石墨烯薄膜用UV照射，然后涂布PEDOT：PSS液体，加热老化得到石墨烯/PEDOT：PSS复合薄膜，涂布参数及对应的方块电阻、透过率如图4-22(b,c)所示。

导电高分子与石墨烯复合薄膜除降低方块电阻作电极使用外，使用不同种类的高分子材料还可以实现更多的用途，如聚吡咯和石墨烯复合薄膜具有防腐效果等。

图 4 - 22 石墨烯
与导电高分子
PEDOT：PSS 复
合薄膜

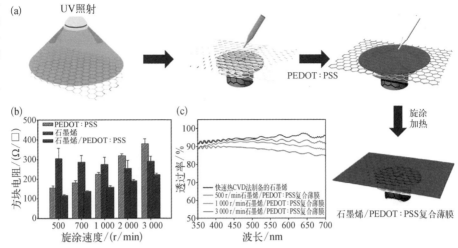

（a）石墨烯/PEDOT：PSS 复合薄膜的制备过程示意图；（b）石墨烯/PEDOT：PSS 复合薄膜的方块电阻与旋涂速度的关系；（c）石墨烯/PEDOT：PSS 复合薄膜的透过率

4.4 石墨烯能带调控

本征态石墨烯是零带隙的半金属，限制了其在很多领域的应用。因此，石墨烯的能带调控并将其由金属性转变为半导体性的研究在拓展石墨烯的应用方面具有极其重要的意义。

石墨烯的零带隙结构与其结构对称性有密切关系。石墨烯是由碳原子 sp^2 杂化组成的基本结构，每个碳原子与相邻碳原子的 p_z 轨道重叠产生一个称为价带的充满电子的轨道带和一个称为导带的空轨道，价带和导带于布里渊区的中心呈锥形接触，如图 4 - 23 所示。每个石墨烯六元环的单胞由两个碳原子组成，A 和 B 亚点阵使得石墨烯倒空间存在两个不等价的交叉点 K 和 K'，点 K 和 K' 通常指的是狄拉克点。石墨烯晶格结构的高度对称性决定了其超高载流子及无带隙的性能。从石墨烯晶格结构出发，降低两个价带的简并度可以打开带隙，但须对 K 和 K' 点的电子状态进行杂化。破坏电子平移对称性或者破坏 A、B 两个亚晶格阵列的等价性都可以打开带隙，因此石墨烯能带调控的本质是对石墨烯电子结构或者晶格结构对称性的破坏。石墨烯能带调控方法有量子限域效应、

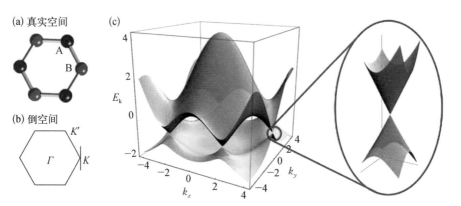

图 4-23　石墨烯结构示意图

(a) 真实空间

(b) 倒空间

(c)

（a）石墨烯真实空间结构示意图；（b）石墨烯倒空间结构示意图；（c）石墨烯晶格的能带结构与放大的单个狄拉克点的能带结构

化学改性、电场调控、应力拉伸、基底诱导等。

4.4.1　量子限域效应

量子限域是石墨烯能带调控的重要方法。当石墨烯结构的尺寸减小到纳米级时，其平移对称性被破坏，能带结构发生变化导致带隙打开，这个现象称为量子限域效应。具有量子限域效应的石墨烯纳米结构主要有石墨烯纳米带、石墨烯量子点和石墨烯纳米网格。

1. 石墨烯纳米带

石墨烯最简单的量子限域结构是一维石墨烯纳米带（Graphene Nanoribbon，GNR），是一种准一维碳材料，类似于碳纳米管，限域宽度和量子效应导致其具有独特的边缘效应。由于石墨烯结构具有高度的对称性，其具有单一边缘取向的结构有两种，分别为锯齿型和扶手椅型。锯齿型 GNR 具有蜂窝网状结构，其边缘由六边形的三个角组成，如图 4-24（a）所示；扶手椅型 GNR 则与锯齿型 GNR 相差 30°或者 90°，其边缘由六边形的边组成，如图 4-24（b）所示。两者呈现出不同的电子传输类型，锯齿型 GNR 为金属性，而扶手椅型 GNR 为金属性或者半导体性质。对于锯齿型边缘的 GNR，由于边缘磁化作用，六边形晶格上的交错子晶格电位使带隙打开。对于扶手椅型边缘的 GNR，由于量子限域和原子间距离缩短的组合效应，带隙会打开。这两种 GNR 的带隙均与其宽度成反比。

图 4 - 24　锯齿型 GNR 和扶手椅型 GNR

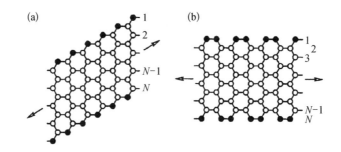

对于 GNR 的带隙计算，有一个经验公式为

$$E_g = 0.8/W \qquad (4-17)$$

式中，W 为 GNR 的宽度，nm；E_g 为带隙，eV。因此，要达到 1 eV 的带隙，GNR 的宽度须达到 1 nm。

2. 石墨烯量子点

石墨烯量子点是平面尺寸小于 100 nm 的准零维纳米结构，其内部电子在各方向上的运动都受到限制，所以量子限域效应特别显著，其具有许多独特的性质。石墨烯量子点由于共轭 π 键受到量子限域效应及边缘效应的作用，带隙从 0～6 eV 可调。石墨烯量子点的带隙与其尺寸和边缘结构等有关，不同尺寸的量子点的带隙不同，同时晶体边缘的取向对量子点的带隙影响也非常明显。尺寸一定的情况下，锯齿型边缘比例增大，带隙降低（图 4 - 25）。因此，除了控制尺寸，控制石墨烯量子点的边缘结构对其在器件应用方面也有重要的意义。

3. 石墨烯纳米网格

石墨烯纳米网格是以二维方式相互连接的纳米带网格，相当于一个密集排

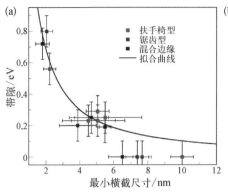
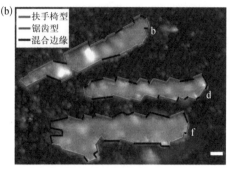

图4-25 石墨烯量子点的带隙与尺寸及边缘结构的关系

（a）石墨烯量子点的带隙与尺寸的关系；（b）三种不同边缘结构的石墨烯量子点的 STM 图像

列的 GNR 阵列。在石墨烯上定制纳米孔，可以使石墨烯的带隙打开，使之成为半导体。石墨烯纳米网格打开带隙的机理与石墨烯纳米带有所不同，但量子限域效应也是影响其带隙打开与否最关键的因素之一。纳米尺度下周期性的小孔带来的周期性扰动使得石墨烯纳米网格结构在半金属与半导体性质之间变化，其带隙大小与网格的具体参数有关。假设 P、Q 分别为石墨烯纳米网格沿着 x、y 方向的单元格参数（图4-26）。石墨烯纳米网格的带隙结构主要有两种形式：半金属的带隙结构和半导体的带隙结构。

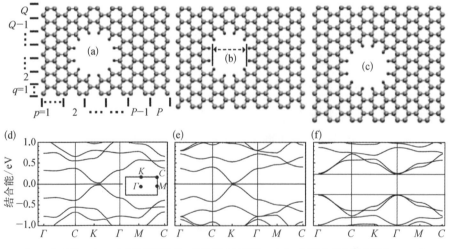

图4-26 三种石墨烯纳米网格的单元结构及能带结构

（a~c）沿着 x 和 y 方向的周期结构，孔的横向孔径为 7.8 Å，而纵向的参数分别为 7、8 和 9；（d~f）图（a~c）对应的能带结构

另外，石墨烯纳米网格结构的带隙与孔径及颈部宽度相关。当 $Q = 3m + 1$、$Q = 3m + 2$（m 为整数）时，带隙为零；当 $Q = 3m$ 时，带隙随着 P 的增大而降低，即 $E_g \propto 1/P$，因此带隙的大小与颈部尺寸呈反比关系[图 4-27(a)]。石墨烯纳米网格结构的带隙与孔径的关系如图 4-27(b)所示，当固定孔的纵横比时，如 5×9 或者 7×12，去除部分的比例增大，带隙也增大，且除去同等数量碳原子的情况下，小孔带来的带隙更大。

图 4-27 石墨烯纳米网格的带隙与结构的关系

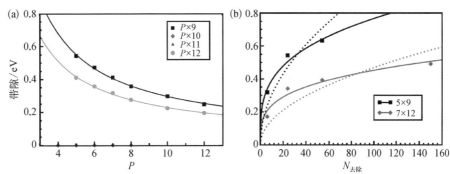

（a）带隙与晶格参数 P、Q 的关系；（b）固定晶格参数的条件下，带隙与去除原子数（孔径）的关系

4.4.2 化学改性能带调控

典型的化学改性方法如表面电荷转移、替代掺杂、共价改性、等离子体掺杂等都对石墨烯的能带有一定程度影响。

1. 表面电荷转移

石墨烯能带调控可以通过表面吸附特定化学分子实现。例如水分子的吸附对石墨烯能带有影响，单层石墨烯吸附大气环境的水气和氧气后带隙可打开。在对湿度精确控制的大气环境中，载流子迁移率与温度存在依赖关系。根据阿伦尼乌斯公式，电导率与温度呈倒数关系，可以推测出不同湿度下的带隙（图4-28）。大气中水含量越高，带隙越宽，当每千克空气中水含量为 0.312 kg 时，带隙可达到 0.206 eV。水分子吸附掺杂的机理是水分子的偶极矩吸附在石墨烯上

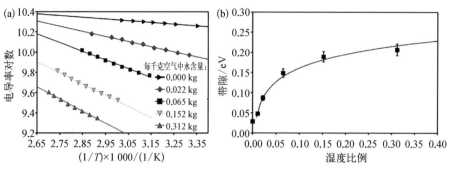

图 4 - 28　石墨烯吸附水分子后性能变化情况

（a）不同湿度条件下电导率对数与温度倒数的关系；（b）带隙与空气湿度的关系

会产生局部静电场,导致石墨烯中电荷部分转移到水分子上。

双层石墨烯在空气中吸附水气和氧气后能带也会发生变化,其变化机理与单层石墨烯不同。实验发现在 SiO_2 基底上的双层石墨烯通断比的变化与其在空气中暴露的时间有关。由于水分子吸附在石墨烯表面以及基底夹层中,等价于石墨烯 AB 堆叠中的 A 位与 B 位,上层石墨烯由于吸附空气中的水气与氧气使得石墨烯发生 p 型掺杂,下层石墨烯与 SiO_2 之间的结合阻塞了空气(湿气)通道,掺杂程度较弱,因此破坏了双层石墨烯结构的对称性,打开了带隙。

除水分子外,氢气吸附在石墨烯表面也可以打开带隙。实验证明,当氢原子吸附在石墨烯表面时,通过角分辨光电子能谱(Angle Resolved Photoemission Spectroscopy, ARPES)可以观察到 0.45 eV 的带隙(图 4 - 29)。理论预测石墨烯表面沿着超晶格摩尔结构吸附的氢比例达到 54% 时,可得到 0.77 eV 的带隙。

除了常见的小分子,三氮苯在石墨烯表面的吸附也可以打开带隙。例如将三氮苯热蒸发到双层石墨烯表面,带隙会打开。带隙的大小与掺杂浓度成正比,掺杂浓度每上升 10^{13} cm^{-2},带隙多打开 70 meV,在三氮苯达到最大掺杂浓度时,带隙可达到 111 meV。石墨烯表面吸附其他的有机分子如菲-3,4,9,10-四羧酸-3,4,9,10-二酰亚胺(PTCDI),根据吸附方式和构象的不同,可打开 0.04～0.26 eV 的带隙。

另外,对于双层石墨烯,通过对其中一层或者两层进行掺杂,可以使双层石墨烯上下层的载流子分布产生差异,双层结构的电子对称性被破坏,从而打开带

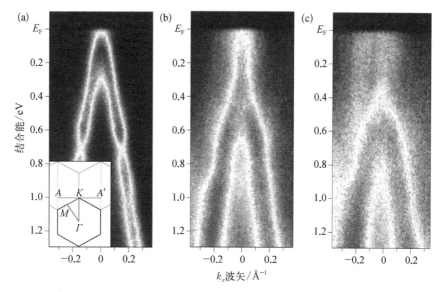

图 4-29 ARPES 测试氢吸附前后的石墨烯能带结构

（a）铱（111）表面干净石墨烯的能带结构（插图为 A-K-A' 方向的示意图）；（b）在原子氢气氛中暴露 30 s 样品的能带结构；（c）在原子氢气氛中暴露 50 s 样品的能带结构

隙。例如在双层堆垛结构的石墨烯表面沉积钾原子，钾原子提供电子给上层石墨烯，而下层石墨烯由于未得到电子，两层石墨烯之间形成偶极矩电场，该偶极矩电场的存在会使得双层石墨烯的电子对称性受损，费米能级移动，从而产生带隙。钾吸附量不同，掺杂电子数不同，带隙打开程度也不同（图 4-30）。

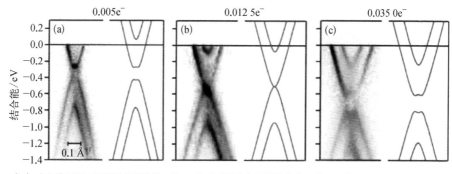

图 4-30 钾掺杂程度对双层石墨烯的带隙影响

（a）本征态双层石墨烯的带隙结构；（b，c）单个晶胞钾吸附掺杂电子数不同的双层石墨烯的带隙结构

除此之外，双层石墨烯的能带调控还可以通过对两层石墨烯分别进行 p 型掺杂和 n 型掺杂，实现比单层掺杂更宽的带隙。例如，首先将双层石墨烯

转移到功能化的胺基自组装层上,对下层石墨烯进行 n 型掺杂,然后在上层石墨烯上沉积 F_4-TCNQ 分子形成 p 型掺杂,经过处理的双层石墨烯由于上下层之间载流子分布差异大,带隙打开程度比单层掺杂更宽。类似地,采用 n 型掺杂剂联苄吡啶和 p 型掺杂剂 HfO_2 对双层石墨烯进行掺杂,同样可以打开更宽的带隙。通过化学吸附进行石墨烯能带调控虽然原理上是可行的,但带隙打开程度有限,与器件使用需求的带隙(>0.4 eV)相比还远远不够。

2. 替代掺杂

替代掺杂法是通过在石墨烯晶格结构中引入杂原子,可以产生不对称电子或化学环境,打破石墨烯的亚晶格阵列的等价性,从而可以打开石墨烯的带隙。

硼(B)和氮(N)的原子尺寸与 C 近似,因此是石墨烯替代掺杂的最佳候选原子。若用 B 原子替代 C 原子,由于 B 原子缺电性强,因此形成 p 型掺杂;若采用 N 原子替代 C 原子,则形成 n 型掺杂。典型的 N 掺杂石墨烯、B 掺杂石墨烯、BN 共掺杂石墨烯及 h-BN 的结构如图 4-31 所示,其中 B 和 N 单独掺杂的石墨烯可以产生带隙,BN 高浓度共掺可以形成新的杂化材料,能带结构比较特殊,而 h-BN 为绝缘体,带隙约为 5.5 eV。

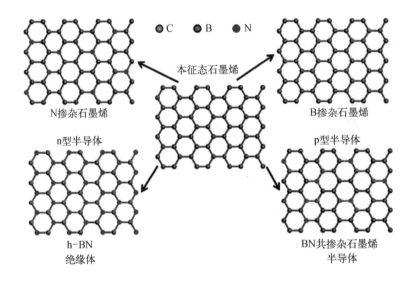

图4-31 本征态石墨烯、N 掺杂石墨烯、B 掺杂石墨烯、h-BN 及 BN 共掺杂石墨烯结构示意图

对石墨烯进行 B 掺杂、N 掺杂、BN 共掺杂替代掺杂,可产生 0.1～5.0 eV 的带隙,带隙的打开程度与 B 原子、N 原子、C 原子的掺杂浓度有关,掺杂浓度越高,带隙越大,如图 4-32 所示。

图 4-32 N 掺杂、B 掺杂及 BN 共掺杂浓度与石墨烯带隙的关系

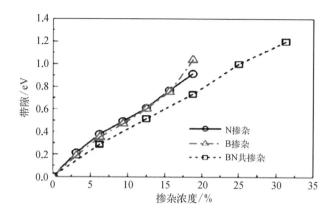

随着 BN 共掺杂浓度的升高,B、N 在石墨烯表面的分布发生由随机均匀分布到团簇分布的转变,如图 4-33(a)所示。当掺杂浓度达到 6% 时,可产生 0.6 eV 的带隙,如图 4-33(b)所示。

图 4-33 BN 替代掺杂的石墨烯

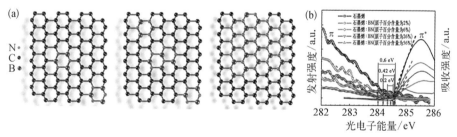

(a)不同 BN 掺杂浓度的石墨烯结构示意图;(b)不同 BN 掺杂浓度的石墨烯薄膜在 π-π* 区域的 X 射线吸收近边结构光谱及 X 射线发射谱

当用 BN 进行更高浓度掺杂时,可形成 BN 与石墨烯新的杂化结构,称为 h-BNC。随着 BN 掺杂浓度的升高,h-BN 簇在石墨烯表面形成局部 h-BN 晶畴,h-BN 和石墨烯的晶界边缘有电子散射,因此 h-BNC 的电子迁移率低于石墨烯,其具有特殊的能带结构。根据紫外-可见吸收光谱[图 4-34(a)],使用 Tauc 方程可以计算出光学带隙,即

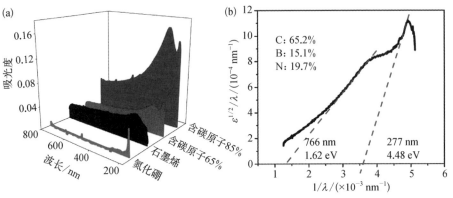

图 4 - 34　BN 替代掺杂形成的 h-BNC 结构性能

（a）不同含碳量的掺杂样品的紫外-可见吸收光谱；（b）碳原子含量为 65.2%的掺杂样品的带隙

$$\omega^2\varepsilon = (h\omega - E_g)^2 \qquad (4-18)$$

式中，ε 为吸光度；h 为普朗克常量；$\omega = 2\pi/\lambda$，是入射角度的角频率，其中 λ 为波长；E_g 为带隙。因此，$\sqrt{\varepsilon}/\lambda$ 对 $1/\lambda$ 作图可以得到一条直线，该直线与 x 轴的交点为 $1/\lambda_g$（λ_g 是带隙波长），则带隙

$$E_g = hc/\lambda_g \qquad (4-19)$$

式中，c 为光速。根据式（4-19），可以通过紫外-可见吸收光谱计算石墨烯的带隙。如图 4-34（b）所示，65.2%含碳量的样品有两个带隙，分别为 1.62 eV 和 4.48 eV。在该样品中，石墨烯和氮化硼分别具有独立的晶畴，因而可产生相对独立的带隙，这种带隙结构与单纯的石墨烯、氮化硼及单一元素替代掺杂石墨烯的带隙结构都不同，是一种新的杂化结构。

3. 共价改性

共价改性能带调控是指将分子通过共价键的方式结合在石墨烯表面，使石墨烯上碳原子由 sp² 变成 sp³ 杂化，共价反应产生 sp³ 中心相当于一个缺陷，石墨烯表面的六元环结构被破坏，改变了石墨烯表面共轭电子的长度和区域，失去了晶格对称性，带来石墨烯能带结构的变化。共价改性能带调控的机理主要有两个方面：一是在 sp³ 杂化中心周围产生一个 1～2 eV 的带隙；二是 sp² 在两个 sp³ 杂化簇之间由于量子干扰效应形成一个 100 meV 左右的小的带隙。共价改性被认为是石墨烯改性最稳定的方式，但共价反应过程通常伴随着载流子迁移率的降低。

图 4-35　4-NBD 共价修饰在 SiC 表面外延生长的石墨烯表面的 STM 图

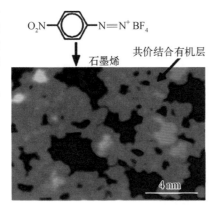

虽然理论预测共价改性后的石墨烯带隙可以达到 2 eV 左右,但是在实践中发现受到共价反应位点取代不均匀、基底电荷杂质等原因影响,共价嫁接的有机分子对石墨烯能带结构的影响不足。例如 4-NBD 共价修饰的石墨烯表面呈现不规则、不均匀的链状结构层,裸露在石墨烯表面(图 4-35),4-NBD 改性后输运性质如载流子迁移率和导电性能都降低,带隙仅打开 $0.1 \sim 0.4$ eV。

虽然共价改性在石墨烯表面形成 sp^3 杂化中心,可产生一定的带隙,但这种键合后的 sp^3 杂化状态会使得石墨烯的结构被破坏。受多种因素的影响,共价改性打开带隙的程度低于预期。

综上所述,石墨烯能带化学改性调控的三种作用方式,即吸附掺杂、原子替代和共价改性,作用方式不同,对能带的调控力度也不同。吸附掺杂容易实现,但带隙的调控不稳定。替代掺杂对带隙的调控稳定性好,且连续可调。共价改性对能带的调控稳定性较好,预期调控力度较大,但受到反应分布均匀性不一致和基底的影响,实验值与理论值相差较大。

4.4.3　其他能带调控方法

1. 垂直电场调控

垂直电场调控是通过对双层石墨烯施加一个垂直电场,打破双层石墨烯能带结构的对称性,打开带隙。双层石墨烯高度对称的堆垛结构是其零带隙的主要原因,因此对堆垛结构的电子对称性进行破坏,就能造成石墨烯能带结构的变化,从而打开带隙。例如,在双层石墨烯上下层沉积绝缘介质,构造电极形成双栅,当在顶栅和底栅通入不同的电压 D_t 和 D_b 时,两层石墨烯中载流子分布就会发生变化。通过改变通入电压的大小可控制双层石墨烯导带和价带中载流子浓度差,导致费米能级移动,并且随着平均电压 $[(D_t + D_b)/2]$ 的增加,费米能级偏离平衡位置程度越大,

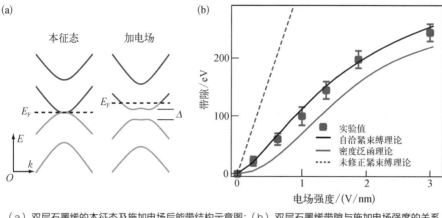

(a) 双层石墨烯的本征态及施加电场后能带结构示意图；(b) 双层石墨烯带隙与施加电场强度的关系

图 4 - 36　双层石墨烯的带隙与栅极电压的关系

带隙也就越大(图 4 - 36)。通过这种方法可以实现带隙 0~0.25 eV 连续可控调节。

2. 单轴应力拉伸

对石墨烯进行应力拉伸可以使其晶格结构发生变形，对称性遭到破坏，从而打开带隙。例如在石墨烯三个主要晶体学方向施加特定方向的单轴应力，会使石墨烯的晶格结构和能带结构发生变化，对称性遭到破坏，打开带隙。理论预测 1% 的单轴应力加载可以产生约 300 meV 的带隙(图 4 - 37)。

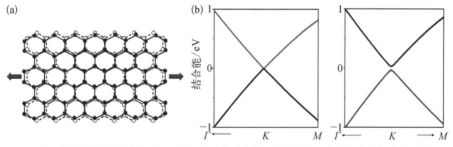

图 4 - 37　施加单轴应力对石墨烯的影响

(a) 石墨烯晶格单轴应力施加示意图，实线为应力施加后的情况，虚线为未施加应力的情况；(b) 施加 1% 单轴应力前后的石墨烯的带隙结构示意图

3. 基底诱导能带结构

石墨烯的支撑基底对于其能带结构也有一定的影响。理论模拟发现，当石墨烯在与其晶格匹配性较好的 h - BN 表面时，一个 C 原子在 B 原子上方，另一

个 C 原子在六元环中心位置为稳定构型，如图 4 - 38 所示。由于两个 C 原子不等价，在相应的能量最低点，稳定构型的石墨烯带隙可以打开约 53 meV。实验表明，在 SiC 基底上外延生长单层石墨烯，可产生 0.26 eV 的带隙，当石墨烯层数增加时，带隙减小，大于 4 层时带隙消失。

图 4 - 38　石墨烯在 h - BN 表面的不同构型对应的能量和接触距离与石墨烯带隙的关系

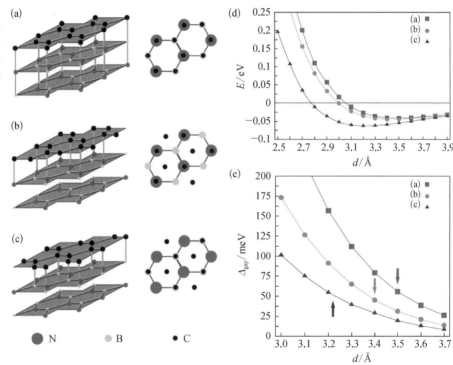

（a～c）h - BN 表面三种石墨烯构型的侧视图和俯视图；（d）三种构型的能量与接触距离的关系；（e）三种构型的带隙与接触距离的关系

4.5　石墨烯其他性能调控

4.5.1　表面黏附性能

在光电器件的制作过程中，石墨烯的表面惰性使得原子层沉积（Atomic Layer

Deposition，ALD）、涂布等技术在本征态的石墨烯表面较难实现，特别是均匀沉积或涂布。因此，需要对石墨烯进行表面预处理，改善表面亲和力，增加石墨烯与其他材料的层间黏附力。常用的方法有：在石墨烯表面沉积一层氧化物薄膜作为过渡层；旋涂一层高分子薄膜作为过渡层；表面自组装形成缓冲层等。表面沉积氧化物薄膜一般使用磁控溅射、电子束蒸发等方法，可以较精确地控制沉积厚度及均匀性，缺点是对石墨烯表面有一定程度的损伤。旋涂的高分子可以实现与石墨烯层的紧密接触，也能与其他层间形成强的作用力，但高分子层的出现会增加有效介电层的厚度，降低栅极层的电容。分子自组装方法可以在石墨烯表面吸附单分子层，改善石墨烯表面状态，在几乎不增加厚度的情况下对其表面进行改性，使其更适合 ALD。例如，在石墨烯表面滴涂 3,4,9,10-二萘嵌苯-四羧酸（PTCDA）形成均匀的过渡层薄膜，使得后续的 ALD 或者涂布工艺更容易实现制备均匀的薄膜。

4.5.2　亲疏水性能

本征态的石墨烯表面是疏水的，对水溶液的浸润性较差。研究表明，石墨烯的疏水性和亲水性是可以发生转换的，主要方法有施加电场、紫外线（UV）辐射处理和等离子体处理等。

石墨烯在外加电场条件下可以发生亲疏水性能的可逆性转变，H_2O 在石墨烯上解离吸附的能量势垒降低，从而诱导石墨烯从疏水性向亲水性的润湿性转变。通过紫外线照射，石墨烯的表面润湿性可以显著增加，这种亲水性可能是由于紫外线照射过程中大气中氧发生解离形成臭氧吸附。在空气中以 50℃ 退火时，石墨烯回到疏水状态，实现从疏水性向亲水性的可逆转变。图 4-39 为不同紫外线照射条件下石墨烯的亲疏水性能的转变及时间稳定性。

从图 4-39(a)可见，在 UV 照射石墨烯 0～180 min 内，接触角从 97.7° 逐渐下降到 39.2°，接触角经历急剧变化、缓慢变化和保持稳定三个阶段。照射 15 min 时，接触角从 97.7° 急剧下降到 47.9°；照射 60 min 后，接触角由 47.9° 缓慢下降到 41.2°；超过 60 min 后基本不变。可见，在 UV 照射下，石墨烯的表面可以在 1 h

图4-39 UV老化条件对石墨烯接触角的影响

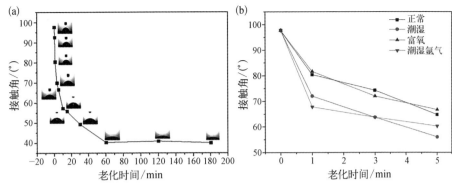

（a）大气环境条件下 UV 老化时间与石墨烯接触角的关系；（b）不同的气氛条件下 UV 老化时间与石墨烯接触角的关系

内由疏水状态变为亲水状态。虽然紫外线照射可以改善石墨烯表面的润湿性，但通常会引起石墨烯晶格缺陷。

等离子体处理也可以有效改善石墨烯表面的润湿性，但与紫外线照射类似，等离子体处理也通常会在石墨烯晶格上引入缺陷，进而影响石墨烯的电学性能。

4.5.3 透过率

石墨烯作为一种透明导电材料，单层石墨烯透过率可以达到97.7%，每增加一层，透过率下降2.3%。通常经过化学和物理掺杂，石墨烯的透过率都会有不同程度的降低。图4-40为改性后石墨烯及透明导电薄膜（ITO、导电高分子及碳纳米管）的透过率与方块电阻的关系，沿着箭头方向透明导电性能增强。

石墨烯在可见光区域的光学性质由石墨烯的结构决定，由于带间跃迁的泡利阻塞效应，在红外区域就可以观察到吸收现象。双（三氟甲烷磺酸钠）胺（TFSA）是一种光学透明的 p 型石墨烯掺杂剂，在红外区域有吸收淬灭和透射增强现象，增强程度与掺杂浓度成正比。单层石墨烯在近红外波段的透光率可以从初始的97.7%增强到100%；本征态双层石墨烯的透过率为95.4%，在旋转涂布 TFSA 后，同样出现了透光率增强到100%的现象；TFSA 掺杂的三层石墨烯也可以观察到类似的透过率增强现象，如图4-41所示。与 TFSA/单层石墨烯相

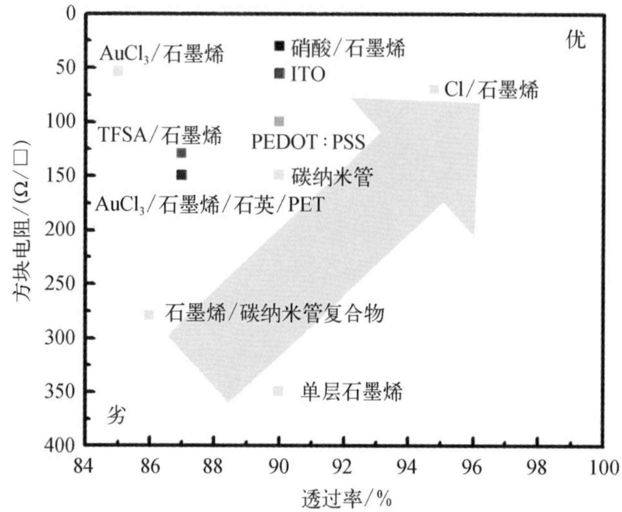

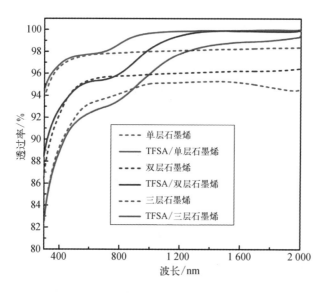

图4-40 常见的
改性石墨烯及透明
导电薄膜的透过率
与方块电阻的关系

图4-41 TFSA 掺
杂前后石英基底上
单层、双层、三层
石墨烯的透过率

比,TFSA/多层石墨烯透过率饱和度发生了红移,这种转变是顶部和底部的不对称掺杂造成的。由于石墨烯表层被 TFSA 大量掺杂,电荷从顶层流向底层石墨烯(在本征态或轻微掺杂态),从而产生费米能级平移,使顶层的吸收开始向较长的波长移动,而底层的吸收向较短的波长移动。因此,与 TFSA/单层石墨烯相比,TFSA/多层石墨烯吸收起始区更小。由于在多次传递和加热过程中掺杂程度小,TFSA/三层石墨烯的透过率略高于93.1%的本征值。

4.6　本章小结

通过化学和物理改性方法,可以对石墨烯的性能进行调控。化学改性可以调控石墨烯的功函数,提高导电性能,也可以对石墨烯能带结构进行调控。物理改性主要通过施加电场或应力、金属复合、尺寸限域等手段对石墨烯的功函数、导电性能及能带结构进行调控。不同的改性方法都有各自的优缺点,在实际应用中,可以根据应用需求的不同,选择相应的改性方法。虽然近年来石墨烯改性工作已经取得了很大的进步,但为了充分发挥石墨烯的优异性能、进一步拓展其应用领域,还需要研究新的改性方法或者完善现有方法,解决相关应用领域的关键问题。

第 5 章

石墨烯薄膜图案化
工艺

石墨烯制备技术的迅速发展为石墨烯相关应用的开发提供了材料保障,而对石墨烯进行图案化加工是实现其功能化和应用的关键。然而,由于石墨烯特殊的材料特性,其微纳图案化的加工仍存在一些技术难题和挑战。一方面是由于石墨烯本身非常薄,高性能光电器件对其加工精度的要求很高;另一方面是石墨烯的电学特性对周围环境非常敏感,加工过程中引入的结构缺陷、残胶污染等都会影响器件的性能。因而,如何对石墨烯进行高精度、超洁净的图案化加工,是提高石墨烯基电子/光电器件性能的关键。本章针对石墨烯的图案化加工方法进行梳理,包括掩模刻蚀、直接切割等"自上而下"的间接图案化制备方法,以及"自下而上"的直接图案化制备方法,并讨论其优缺点及应用前景。

5.1 掩模刻蚀技术实现石墨烯图案化

5.1.1 光学曝光技术

光学曝光也称为光刻,是利用特定波长的光进行辐照,将掩模版上的图形转移到光刻胶上的过程。光学曝光能够将平面二维图形投射到待加工基底的表面,并且可以做到层与层间的对准,是最早用于半导体集成电路的微纳加工技术,也是超大规模集成电路生产的核心步骤。光学曝光模式可分为掩模对准式曝光和投影式曝光两种。掩模对准式曝光又分为接触式(硬接触、软接触、真空接触、低真空接触)曝光和接近式曝光;投影式曝光包括1∶1投影曝光和缩小投影曝光(步进投影曝光和扫描投影曝光)。图5-1为几种基本光学曝光模式原理图,接触式和接近式是在掩模曝光机上完成的,设备结构简单,易于操作。

接触式曝光[图5-1(a)]制备的图形具有较高的保真性和分辨率,通过先进

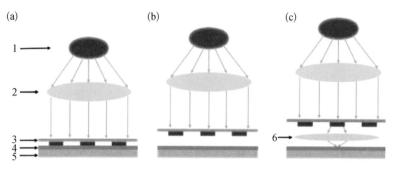

图 5-1 基本光学曝光模式示意图

1—紫外光源；2—准直透镜；3—掩模版；4—石墨烯；5—基底；6—光学成像系统
（a）接触式曝光；（b）接近式曝光；（c）投影式曝光

的对准系统可实现 1 μm 左右层与层之间的精准套刻。但是需要其基底和掩模版直接接触，会加速掩模版失效，缩短其寿命。通常接触式曝光适用于分立元件和中、小规模集成电路的生产，在科学研究中发挥着重要作用。相对于接触式曝光，接近式曝光[图 5-1(b)]可以克服硬接触曝光对掩模版的损伤，但是曝光分辨率会有所降低。曝光过程中，光强分布的不均匀性会随着基底和掩模版之间间距的增加而增强，从而影响到实际获得图形的形貌。但是在实际应用中也可以充分利用接近式曝光过程中的衍射效应（如泊松亮斑曝光）来制备纳米尺度图形。在投影曝光系统中添加光学成像系统[图 5-1(c)]，将掩模图形成像在光刻胶上，从而获得分辨率较高的曝光。这种方法中掩模版与基底上的光刻胶不接触，从而不会引起掩模版的损伤和污染，其成品率和对准精度都比较高。

对于石墨烯而言，利用上述曝光原理，采用 200～450 nm 的紫外光作为光源，以光刻胶为中间媒介可以将微米级别图案转移至带有石墨烯的基底上，通过氧等离子体刻蚀工艺可实现石墨烯的图案化。一般石墨烯图案化过程主要分为基底前处理、石墨烯转移、涂胶、前烘、对准曝光、后烘、显影、坚膜、图形检测、刻蚀、去胶等，其工艺流程如图 5-2 所示。基底前处理是对目标基底进行清洗、烘烤等操作，去除表面污染物（有机物、工艺残留、灰尘等）及清洗后残留的水氧分子，工业上主要通过化学（强酸、强碱或者强极性有机溶剂等）与物理（超声、加热等）相结合的方式进行基底清洗。清洗后对基底进行烘烤可去除表面吸附的水分子，增加石墨烯与基底之间的黏附力，避免后续工艺中图形脱落。在洁净目标基底表面进行石墨烯转移是图案化工艺过程中的重要步骤,也是制备高质量器件的必要条件,具体转移方法在第三章中已经做出详细介绍,可根据不同基底类型、不同器件需求选取对应的方法进行石墨烯的转移。

图 5-2 光学曝光技术进行石墨烯图案化基本工艺流程

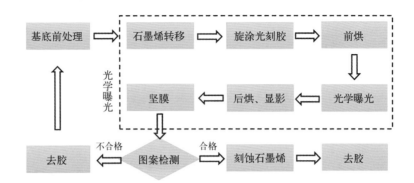

在实验室中一般利用匀胶机在基底表面旋涂光刻胶,经过滴胶、低速预转、高速匀胶几个步骤实现光刻胶的旋涂。每种光刻胶都具有不同的灵敏度和黏度,因此须根据需求选择相应的匀胶速度、旋转时间、烘干时间、曝光强度、显影时间等。前烘是为了去除光刻胶中的溶剂、释放光刻胶膜内应力,并增加光刻胶与石墨烯之间的黏附力。前烘不充分会导致光刻胶中的溶剂残留,阻碍紫外光对光刻胶的作用,影响其在显影液中的溶解度;过度前烘则会影响光刻胶感光成分的活性,影响曝光图案质量。前烘处理的样品冷却至常温后对其进行曝光,在掩模版遮挡下选择合适的曝光强度与曝光时间对光刻胶进行均匀照射即可完成曝光。如果需要对准,则须预先在基底上做相应的标记,并通过移动样品台实现基底上标记与掩模版上标记的对准。

显影是指光刻胶曝光后进入特定溶液中进行选择性腐蚀的过程,通过浸没、搅拌、喷淋等方法实现基底显影。当曝光强度与显影时间比较合适时,光刻胶侧壁比较陡直。如果曝光强度较低,会导致显影不完全,图案底部产生胶残留;如果曝光强度合适,不同的显影时间可形成不同侧壁的光刻胶结构。显影后对光刻胶进一步加热的过程称为坚膜,这一项操作可以使光刻胶内溶剂进一步挥发,提高在刻蚀过程中光刻胶对石墨烯的保护能力,并进一步减少驻波效应。在曝光图案符合制作标准(特征尺寸、对准精度等)后,通过氧等离子体对覆盖光刻胶图案的石墨烯进行刻蚀，去除暴露在空气中的石墨烯薄膜，并用丙酮等有机溶剂除去基底表面光刻胶以实现石墨烯的图案化。

刻蚀过程中辉光的存在易使光刻胶与石墨烯界面处发生局部碳化，进而导致光刻胶的大量残留。为此，Shen 等利用聚合物聚甲基丙烯酸甲酯（PMMA）作为牺牲层，避免了石墨烯刻蚀过程光刻胶的残留，制备出不同沟道尺寸的石墨烯晶体管。利用该方法实现了晶圆级石墨烯薄膜的图案化，图案化精度在 $1\,\mu m$ 左右，也为目前利用光学曝光技术制备石墨烯图案提供了较为高效的方法。此外，2018 年，Kaplas 等也提出利用聚合物转移石墨烯及其图案化的方法，图 5-3(a)展示了该方法的基本实验流程。首先，在聚合物的保护下将石墨烯转移至基底表面，并且在不去胶的情况下对聚合物进行图案化；之后，在样品表面蒸镀一层金属，利用丙酮去除聚合物，获得金属保护下的石墨烯图案化薄膜；最后，通过刻蚀技术对石墨烯进行刻蚀，并将金属去除以获得图案化的石墨烯，各个过程对应的光学显微镜图如图 5-3(b)所示。该方法不仅适用于光学曝光技术，也适用于电子束曝光技术，可以获得较高精度的石墨烯图案，实验结果如图 5-3(c)所示。此外，由于整个过程不需要反复涂胶，这种方法也极大程度上避免了残胶对石墨烯薄膜的污染。但是，该方法获得的石墨烯与基底结合力较弱，也会导致部分区域发生石墨烯破裂，影响整体图案化效果。总体来说，光学曝

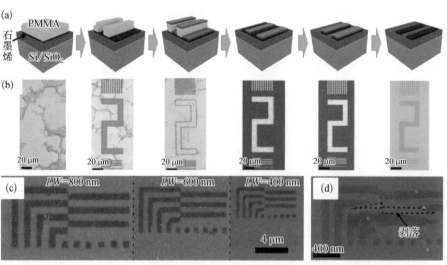

图 5-3 石墨烯图案化制备流程及相应结果图

（a）石墨烯转移及图案化工艺流程示意图；（b）石墨烯图案化过程光学显微镜图；（c）不同尺寸石墨烯图案的 SEM 图（其中 LW 表示图形线宽）；（d）结合力弱导致石墨烯被剥落的 SEM 图

石墨烯薄膜与柔性光电器件

光技术具有工艺简单、制备面积大、效率高等优点,是目前制备大面积石墨烯图案化阵列较为常见的方法。

5.1.2　电子束曝光技术

电子束曝光(Electron Beam Lithography,EBL)就是利用电子束与聚合物之间的相互作用而形成精细掩模图案的工艺技术。与普通曝光相同,两者都是在聚合物表面利用光刻胶或抗蚀剂制备掩模图案。EBL 中所采用的电子抗蚀剂对电子束非常敏感,受电子辐照后其物理化学性能发生明显变化(作用前后在显影液中的溶解性变化明显),利用相应显影液对基底进行显影即可形成对应的掩模图形。电子束技术是在电子显微镜的基础上发展起来的,其研究开始于 20 世纪 60 年代初,德国的 Mollenstedt 和 Speide 首先提出利用电子显微镜在薄膜表面制备高分辨图案。1964 年,英国的 Broers 利用电子束实现了 1 μm 线宽图案的制作。1965 年,第一台飞点扫描电子束曝光机问世,并由英国剑桥仪器公司作为商品投入市场。随后科研人员相继开发了一系列新技术,例如成形电子束、可变形电子束、光栅扫描技术等,一批高性能的电子束曝光设备被相继推向市场,逐步确立了电子束曝光技术在超精细加工领域的地位。目前,利用电子束曝光技术可以在多种材料上实现纳米尺度的图案化制备,广泛应用于集成电路、光子晶体和纳米流体通道的生产。

电子束曝光系统从扫描方式上可以分为矢量扫描和光栅扫描两种模式,其原理示意图如图 5-4 所示。矢量扫描是电子束在预定的扫描场内,对某一图案进行扫描曝光,当该图案扫描曝光完毕后沿某一矢量跳到另一图案进行扫描,扫描一般有三种方法:光栅式、边框-光栅式和螺旋式。对于矢量扫描而言,电子束只在需要的地方进行扫描,在无图形的空白处由束闸将其关断,并迅速按照特定矢量方向跳转到另一图案进行曝光,从而节省时间,提高工作效率。光栅扫描则是通过电子束以一定的速度扫描光栅上的通断电子束实现的,光栅扫描主要包括二维点扫描和一维点扫描。光栅扫描具有快速曝光作图速度,但是其不论是否需要曝光,整个曝光场都一样被扫描,因此对于图案简单、曝光区小的情况一般不适合用光栅扫描。此外,光栅扫描寻址方式的数据量大、数据流速快,在数据处理方面非常复杂。

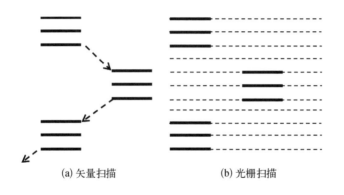

图 5-4 电子束扫描原理示意图

(a) 矢量扫描　　　　　(b) 光栅扫描

对于石墨烯而言，可通过 EBL 对石墨烯表面的抗蚀剂进行曝光、显影以实现目标掩模图案的制作，并利用刻蚀技术进一步实现石墨烯图案化。其工艺流程（图 5-5）与光学曝光类似，主要分为基底处理、石墨烯转移、涂胶、前烘、电子束曝光、后烘、显影、刻蚀、去胶。首先将抗蚀剂（例如 PMMA）旋涂到石墨烯覆盖的 SiO_2/Si 基底表面，并图案化以形成特定区域的掩模；之后利用氧等离子体刻蚀掉未受保护的部分，使石墨烯纳米图案被保护在掩模下面；最后通过相应溶剂将抗蚀剂溶解即可得到目标石墨烯图案。其中，对抗蚀剂的曝光必须寻找最佳条件，在 EBL 过程中应考虑基底厚度、抗蚀剂性能，根据图案分布及特征尺寸确定曝光参数，如加速电压、束斑尺寸、束流密度等。此外，相比于光学曝光，其显影过程需更加精确地对周围环境条件进行调控，由于显影过程对温度非常敏感，所以精确地控制显影液温度在实现高精度图案制备方面显得格外重要。一般需要对基底、抗蚀剂和显影液三者进行综合考虑来取得最佳显影结果，一些特殊的显影技术（如低温显影、超声显影等）的应用也有助于高质量图案的获得。在石墨烯图案化过程中，为避免抗蚀剂残留，往往选择易溶于丙酮等有机溶剂的 PMMA 作为抗蚀剂，然而 PMMA 薄膜厚度远远小于光学曝光中光刻胶的薄膜厚度，而且 PMMA 容易与氧等离子体作用。因此，刻蚀石墨烯的过程需要对刻蚀参数进行精确控制，通过合理地选择刻蚀功率与刻蚀时间以刻蚀掉暴露

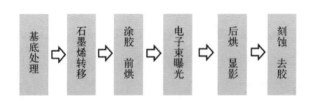

图 5-5 电子束曝光技术进行石墨烯图案化工艺流程

基底处理　⇒　石墨烯转移　⇒　涂胶 前烘　⇒　电子束曝光　⇒　后烘 显影　⇒　刻蚀 去胶

在空气中的石墨烯并保存 PMMA 掩模层。

目前,EBL 已经是一种制备纳米级石墨烯图案的成熟技术。将石墨烯进行纳米图案化,可以将其带隙打开,从而改变石墨烯的电学性质,丰富石墨烯的应用。Hwang 等利用 EBL 制备了基于石墨烯纳米带的场效应晶体管,如图 5-6(a)所示。首先将化学气相沉积法生长的石墨烯薄膜转移到带有 90 nm 厚的二氧化硅的 p 型硅片上,然后以甲基异丁基酮(MIBK)稀释的氢倍半硅氧烷(HSQ)作为电子束光刻胶,制备得到宽度为 12 nm、均方根粗糙度约为 0.35 nm 的石墨烯纳米带[图 5-6(b)]。实验观察到器件的双极电荷传输特性,测试得到石墨烯纳米带场效应晶体管在常温条件下的电流开关比约为 10,在低温(4 K)条件下该开关比可高

图 5-6　电子束曝光技术制备石墨烯纳米带

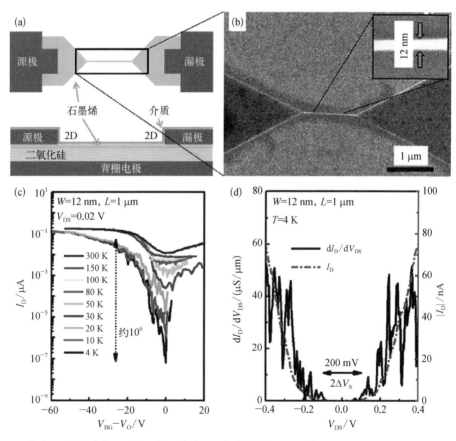

（a）石墨烯纳米带 FET 的示意图;（b）石墨烯纳米带的 SEM 图（插图对应宽度为 12 nm 的石墨烯纳米带的放大视图）;（c）12 nm 宽的石墨烯纳米带 FET 在各温度下的转移曲线;（d）微分和绝对漏极电流随漏源电压的变化趋势（V_g 约为 50.5 V）

达 10^6[图 5 - 6(c)]。进一步采用微分电导法对石墨烯纳米带场效应管的器件性能进行评估,计算得到其带隙约为 100 meV[图 5 - 6(d)],从而证明了将石墨烯图案化可以打开其带隙,并且带隙大小与石墨烯纳米带宽度密切相关。

最近的研究结果表明,周期性石墨烯纳米结构在红外波段可以激发局域表面等离激元效应,从而在纳米尺度下极大增强红外光波与物质间的相互作用。相对于金属表面等离激元,石墨烯表面等离激元具有传播损耗更低、光场局域能力更强、共振波长电学可调等优异特性,在生物传感、光电调制、红外光源等领域具有广泛的应用前景。

2015 年,Daniel 等利用 EBL 在二氧化硅基底上加工了周期性的石墨烯纳米带结构,制备得到了如图 5 - 7(a)所示的红外生物传感器。该传感器通过激发石墨烯纳米带的局域表面等离激元效应,成功探测到了吸附在石墨烯纳米带上单层蛋白质分子的折射率和结构信息。Hu 等进一步对基底材料进行优化设计,在 $6 \sim 16\ \mu m$ 红外指纹区实现了石墨烯表面等离激元共振波长的动态调控,探测得到了 8 nm 厚的聚氧化乙烯(PEO)薄膜 14 个振动模式的完整信息[图 5 - 7(b)],极大提高了传统红外光谱技术的探测极限。

2016 年,Kim 等利用 EBL 制备了金属微米天线-石墨烯纳米带复合的红外调制器,如图 5 - 7(c)所示。金属微米天线在中红外波段可以产生一种异常光学透射现象,通过在金属缝隙中嵌入石墨烯纳米带,激发其表面等离激元效应。进一步结合外部电压调节石墨烯表面等离激元共振频率,当该频率与金属微米天线的异常光学透射频率一致时,两种模式发生耦合,从而实现对红外光波的调制作用[图 5 - 7(d)]。实验测试得到该调制器对 1 397 cm^{-1}(7.16 μm)光波的调制效率为 28.6%,通过增加石墨烯表面等离激元寿命可以进一步提高。2015 年,Brar 等基于基尔霍夫定律,设计了以石墨烯表面等离激元谐振器作为黑体辐射天线的红外辐射源,如图 5 - 7(e)所示。EBL 加工的石墨烯纳米带在中红外区域可以产生窄的光谱发射峰,且该发射谱的频率和强度可通过外部电压进行调制[图 5 - 7(f,g)]。由于具有极小的模式体积,石墨烯表面等离激元谐振器的珀塞尔因子接近 10^7,并且具有较快的调制速率,这使得石墨烯表面等离激元调谐比其他调谐机制更具优势。

图 5-7 电子束曝
光技术制备的石墨
烯纳米结构在等离
子体方向的应用

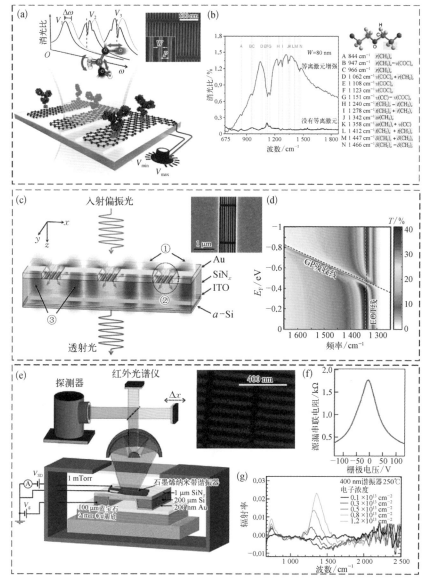

（a）基于石墨烯纳米带表面等离激元的红外生物传感器；（b）石墨烯表面等离激元增强的 PEO 分子振动光谱；（c）金属微米天线–石墨烯纳米带复合的红外调制器；（d）器件透射光谱随石墨烯费米能级的变化趋势；（e）石墨烯表面等离激元红外辐射源；（f）漏源串联电阻随栅极电压的变化趋势；（g）不同电子浓度条件下石墨烯表面等离激元谐振器的红外辐射率

　　综上所述，EBL 技术是制备高精度石墨烯纳米图案的重要方法，通过该方法制备得到的石墨烯纳米图案不仅可以打开石墨烯的带隙，而且可以改变石墨烯的红外光谱特性，为新型石墨烯光电器件的设计提供了思路。但是，EBL 制备石墨烯纳米图案还存在一些问题,例如在刻蚀过程中会在石墨烯纳米图案的边缘产生大量的悬空键和化学官能团,而且 EBL 使用的光刻胶也很难完全去除,这些都会极大地降低石墨烯的电学性能。此外,该方法也受到曝光面积、效率和制造成本的制约。

5.1.3 纳米压印技术

光学曝光和电子束曝光是微纳加工的主流技术。光学曝光技术的分辨率已经从亚微米发展到纳米尺寸,但是随之造成的是设备复杂度、加工难度及成本的提高,因此光学曝光技术在更小尺寸器件制备方面的发展受到制约。具有超高分辨率的电子束曝光技术使器件尺寸可以满足科研和应用领域的需求,但是逐点扫描的方式无法满足器件高效制备的需求。而纳米压印技术的开发恰好解决了上述问题,该技术主要是在机械力的作用下将模板上的图案等比例复制到有压印胶的基底上,其具有高分辨率、高加工效率、低成本等特点。

纳米压印技术的原理是通过在掩模版和压印胶之间施加均匀的机械力,使具有纳米结构的模板与压印胶紧密结合,处于液态或黏流态状态下的压印胶逐渐填充模板上的微纳米结构;之后通过相应处理使压印胶固化并将模板与压印胶分离,使模板上的纳米图案等比例复制在压印胶上;最后通过刻蚀等图形转移技术将压印胶上的图案转移至基底上。从基本原理上可以看出该方法工艺过程非常简单,其分辨率不受光学衍射极限的限制,主要取决于模板本身的分辨率和压印胶的分辨率。其制备方式主要是平面间的相互复制,具有工作效率高、工作面积大等特点,是用于高通量制造纳米图案的重要技术。

纳米压印技术可避免光线衍射或电子束散射对图案化精度的影响,因此可以很好地应用于纳米尺度石墨烯图案的制备。利用该技术实现石墨烯图案化的工艺流程主要包括压印模板的制备、模板表面处理、石墨烯转移、旋涂压印胶、压印及脱模、图形转移。

模板的制备在纳米压印技术之中是至关重要的一个环节,纳米压印制备图案实际上是将模板上的图案复制到压印胶上的过程,因此制备图案的分辨率主要由模板的质量来决定。纳米压印模板主要通过电子束曝光进行制备,根据不同的图形及加工要求,模板的材料可以是石英、硅等硬质材料,也可以是聚二甲基硅氧烷(PDMS)等柔性材料。

在进行压印之前,对于制备好的压印模板需要进行表面处理,目的是降低在压印过程中模板与压印胶之间的黏附性,这对压印过程中成功脱模和保护模板有着至关重要的作用。石墨烯的转移与之前所述相同,获得高质量、高洁净度的石墨烯薄膜仍是实现高质量图案化制备的前提条件。压印胶通常为高分子聚合物材料,与其他工艺中的光刻胶类似,主要的不同之处在于压印胶在压印过程中会发生形变,需要通过相应的固化方式使其结构固化。压印胶在基底表面的覆盖通常分为旋涂、滴涂、滚涂、提拉等方式。在制备好压印模板并且在覆盖石墨烯的基底表面均匀旋涂压印胶后,将两者相对放置,根据压印胶的性质选择合适的外加机械力、温度和压印时间等条件,使液态压印胶逐渐填充模板并固化。在此基础上,通过外力破坏压印胶与模板之间的黏附力并将两者分离即脱模过程。最后,结合刻蚀工艺将压印胶上的图案转移到石墨烯表面以产生目标石墨烯图案。

基于纳米压印技术,Liang 等制备得到了亚 10 nm 的石墨烯纳米网格阵列,其制备流程如图 5-8(a)所示。首先,使用静电印刷将石墨烯薄膜沉积到基底上;然后,在石墨烯薄膜表面旋涂大约 20 nm 厚的抗蚀剂层,并使用带有六角柱

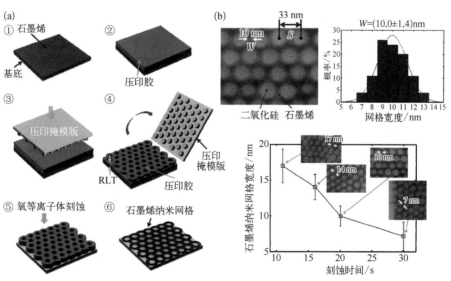

图 5-8 纳米压印技术加工石墨烯图案

(a)纳米压印技术加工流程;(b)石墨烯纳米网格宽度与刻蚀时间关系

的压印模板将六边形网格图案热压印到抗蚀剂层上;最后,利用氧等离子体刻蚀掉未受保护的石墨烯区域,去除残留抗蚀剂即可获得石墨烯纳米网格阵列。图5-8(b)展示了刻蚀后的实验结果及结构尺寸随刻蚀时间的变化,可以看出制备的石墨烯图形规则,而且随刻蚀时间增加结构尺寸逐渐减小。此外,该方法也可以制备石墨烯纳米带、纳米环等。

5.1.4 新型掩模技术

1. 软光刻技术

软光刻技术是一种在光刻过程中不使用光子刻蚀的方法,其主要通过自组装和复制模具来实现微纳结构的制备,其操作过程中不涉及抗蚀剂的旋涂及去除问题。George 等利用 PDMS 图章或者 EBL 抗蚀剂作为模具,并通过通道扩散等离子体刻蚀技术实现了石墨烯的图案化。图 5-9(a)展示了该方法的实验流

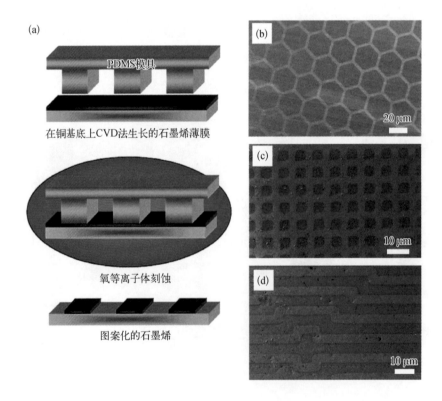

图 5-9 软光刻技术实验流程及刻蚀后不同图案的 SEM 图

程,首先通过化学气相沉积法在基底上生长石墨烯薄膜,之后在石墨烯薄膜上放置微米级的 PDMS 模具,最后将两者放置在氧等离子体清洗机中进行刻蚀。刻蚀过程中氧等离子体可以扩散到两者间的通道中并选择性地刻蚀暴露的石墨烯层,其制备的不同结构的图案如图 5-9(b~d)所示。这个方法简单,成本低,适合在任意基底上大面积生产的石墨烯图案化。同时,由于该方法不需要抗蚀剂作为掩模版,可以有效避免抗蚀剂的引入和去除对石墨烯造成的污染和损害。此外,该方法还适用于生产具有微米尺寸的复杂石墨烯图案,通过多个 PDMS 模具共同使用也可以扩展到晶圆级的图案化。软光刻技术在大面积图案化石墨烯方面具有很大的优势,但其刻蚀分辨率较低,往往在微米级别,不利于精细图案的制备。另外,软光刻过程中要求模具和石墨烯薄膜间具有较好的接触以确保等离子体扩散过程可以准确地刻蚀石墨烯,这在应用中具有一定的挑战性。

2. 纳米球掩模刻蚀法

纳米球掩模刻蚀法(Nanosphere Lithography,NSL)是一种低成本、高通量制备纳米图案化结构的方法。该方法利用纳米小球代替了光刻胶和曝光过程,通过自组装技术在基底上形成有序排列的固体纳米球阵列为掩模,从而获得圆点或三角状的球间隙,再结合等离子体刻蚀技术得到大面积高密度的点阵图案。首先,在硅基底上转移一层石墨烯;其次,利用毛细作用在石墨烯表面自主装单层、双层的纳米球作为掩模;然后,利用氧反应离子刻蚀将纳米球间隙中裸露的石墨烯刻蚀掉;最后,再将纳米球溶解掉即可得到周期性阵列的石墨烯图案。

石墨烯纳米图案主要取决于纳米球的浓度、尺寸及氧等离子体刻蚀时间。在自组装过程中通过精确调整纳米球的浓度,所得到的掩模可以表现出不同的几何形状和结构,从而直接改变石墨烯图案的最终形态。例如,通过降低纳米球溶液的浓度,纳米球随机聚集后会形成随机分布的掩模,从而可以得到不对称的石墨烯图案。典型的结构包括分叉结构、链状结构、圆环结构、正五边形环结构,如图 5-10(a,b)所示。通过进一步借助物理模板来控制纳米球的自组装,甚至可以在基底上的特定位置获得这些几何形状。而通过增加纳米球溶液的浓度,可以将固体纳米球组装成紧密堆积的双层阵列,如图 5-10(c,d)所示。最终,在

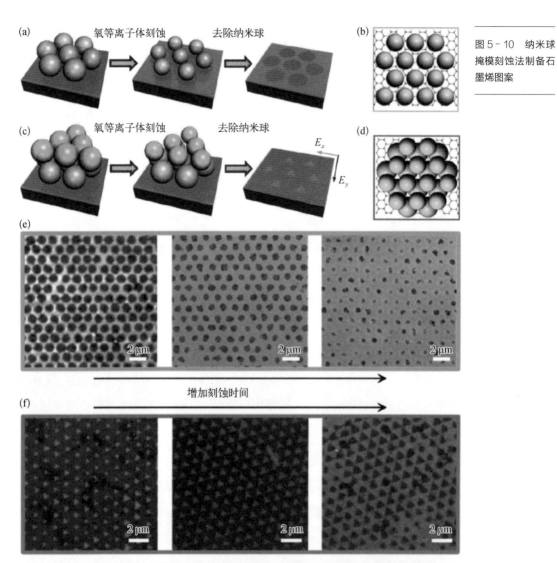

图 5 - 10　纳米球掩模刻蚀法制备石墨烯图案

　　（a，b）单层纳米球掩模刻蚀制备大面积石墨烯圆点阵列的流程图；（c，d）双层纳米球掩模刻蚀制备大面积石墨烯反点阵列的流程图；（e）不同刻蚀时间条件下石墨烯圆点阵列的 SEM 图；（f）不同刻蚀时间条件下石墨烯反点阵列的 SEM 图

　　等离子体处理后可以获得石墨烯点或反点阵列。基于单层和双层纳米球掩模刻蚀得到石墨烯圆点阵列和反点阵列的 SEM 图如图 5 - 10(e，f)所示。

　　通过进一步控制刻蚀时间和纳米球的直径，可以得到不同尺寸的石墨烯图案阵列，最小阵列结构的直径可小于 50 nm。因而，该方法是一种简单、成本低、可实现大面积纳米级石墨烯图案加工的方法，制备得到石墨烯图案的复杂性仅取决于固体纳米球的几何形状、结构及刻蚀条件。利用该方法制备得到的石墨烯图案阵列可应用于石墨烯表面等离激元、高性能石墨烯红外光子器件等领域。

3. 嵌段共聚物光刻技术

嵌段共聚物光刻技术也是一种可以实现大面积石墨烯图案化的掩模刻蚀技术。其工作原理依赖分子级的自组装机制，类似于水和油的相分离，当嵌段共聚物各嵌段之间的相互排斥作用足够大时，包含两个或多个组分的嵌段会发生微相分离，从而形成周期性排列的微相结构。嵌段共聚物在平的基底上进行自组装只能得到范围在几微米的有序结构，但是如果使用光刻图案作为模板，嵌段共聚物在沟槽里进行自组装就能得到长程分布的纳米图案。

嵌段共聚物光刻技术充分利用了目前半导体产业的主流光刻工艺，并与嵌段共聚物在薄膜中的自组装结合起来，通过对微相结构的裁剪、表面修饰和尺寸控制，可以得到特征尺寸更小、密度更大、有序性更好的纳米图案，其正逐渐成为最有前途的先进光刻技术之一。该技术与多重曝光、极紫外光刻、纳米压印和电子束刻蚀被国际半导体行业协会（ITRS）遴选为制备半节距小于 16 nm 动态随机存储器和集成电路五种潜在的技术方案。近年，包括英特尔、IBM、希捷科技、西部数据、三星等国际半导体巨头企业都相继启动了嵌段共聚物薄膜的定向组装研究，以期将这一技术推向产业化。

最近的研究表明，该方法也可以用于制备复杂图案化的石墨烯。例如，利用嵌段共聚物作为刻蚀模板可以获得特征尺寸为 5 nm 的石墨烯纳米网格图案，其制备流程图如图 5-11 所示。首先，将机械剥离的石墨烯薄膜转移到氧化硅基底上，并在石墨烯薄膜上蒸镀 SiO_x 作为后续嵌段共聚物纳米图案化工艺的保护层和接枝基底；其次，在 SiO_x 上旋涂适当相对分子质量的嵌段共聚物薄膜并进行退火显影，形成多孔聚合物薄膜作为纳米网格模板以进一步图案化；然后，基于反应离子刻蚀原理，利用氟化物刻蚀穿 SiO_x 层，形成 SiO_x 纳米网格硬掩模，进一步利用氧等离子体刻蚀掉暴露出来的石墨烯；最后，利用氢氟酸去除氧化物掩模，获得大面积的石墨烯纳米网格图案。

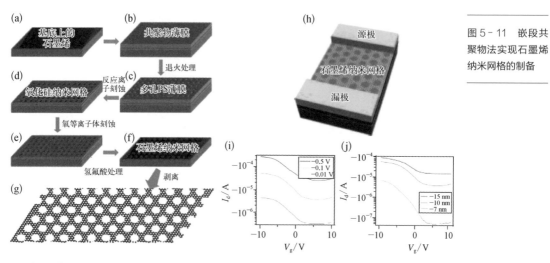

图 5 - 11 嵌段共聚物法实现石墨烯纳米网格的制备

（a~g）使用嵌段共聚物光刻技术制备石墨烯纳米网格图案的流程图；（h~j）石墨烯纳米网格 FET 器件的电学特性

基于该图案化石墨烯纳米网格制备的场效应晶体管具有比基于单独石墨烯纳米带的器件大近 100 倍的电流，并且通过调节颈部宽度可获得与纳米带器件相当的开关比。因而，与电子束光刻技术相比，嵌段共聚物光刻技术可以以低成本实现大面积、高分辨率和尺寸可变的石墨烯图案化。然而，在不破坏互连的石墨烯纳米网络图案的情况下，精确控制超窄的石墨烯颈宽仍然是一个巨大挑战，特别是在较大面积的石墨烯纳米网格器件中要求可能更加苛刻。即便如此，目前利用类似的嵌段共聚物光刻技术已经实现了面积超过 1 mm² 、特征尺寸小于亚 20 nm 的石墨烯纳米网格图案制备，这表明嵌段共聚物光刻技术在制备大面积石墨烯纳米结构方面的潜力。

4. 阳极氧化铝掩模刻蚀法

超薄阳极氧化铝（Anodic Aluminum Oxide，AAO）模板是由铝经过阳极氧化处理所得到的呈规则六方紧密堆积排列的纳米多孔结构，其厚度仅为几十纳米到几百纳米，且孔径均一、孔排列短程有序。同时，氧化铝的材质使其在可见光波段是透明的，且具有电绝缘、耐高温的性质。更为重要的是，相对于其他图案化纳米结构制备手段，超薄 AAO 模板可以获得大面积、高精度的纳米结构，并且制备工艺简单,制备过程中所需器材成本低廉,周期和孔径均可在纳米范围内调控。因此,AAO作为模板或者掩模,利用其二维多孔平面结构和三维纵向孔道结构,可用于纳米点阵列、纳米线阵列等制备及基底表面图案化处理等操作,已广泛应用于电子/光电子学、生物传感、高密数据存储介质、表面等离激元光子学和表面增强拉曼光谱等方面的研究。

  利用AAO模板二维周期性多孔平面结构作为掩模版,Zeng等展示了大面积石墨烯纳米网格阵列的制备方法,其流程图如图5-12(a)所示。首先,将单层氧化石墨烯(Graphene Oxide,GO)薄膜转移到氧化硅基底上,在60℃的肼蒸气中还原12 h,得到还原氧化石墨烯(Reduced Graphene Oxide,rGO)薄膜;然后,在rGO薄膜上旋涂8 nm厚的PMMA薄膜作为黏附层,再将AAO模板置于PMMA膜上,将其在真空烘箱中180℃退火2 h,使得AAO薄膜紧密黏附在PMMA黏附层上;在去除顶部氧化硅片之后,利用氧等离子体刻蚀(10.5 W,160 mTorr)得到rGO纳米网格阵列;最后,分别使用NaOH和丙酮去除AAO薄膜和残留的PMMA黏附层。

图5-12 阳极氧化铝掩模刻蚀法制备石墨烯纳米网格

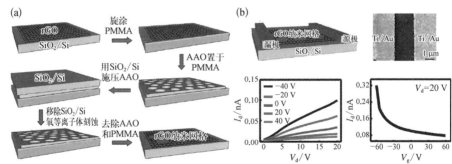

(a)AAO制备石墨烯纳米网格阵列流程图;(b)基于石墨烯纳米网格阵列的FET器件及其性能

  制备得到的rGO纳米网格阵列的颈部宽度为33 nm,通过控制氧等离子体刻蚀时间可以对颈部宽度进一步调控。基于rGO纳米网格阵列制备了如图5-12(b)所示的场效应晶体管,器件表现出p型半导体的特性,电流开关比为4.2,相对于没有图案化的rGO的FET器件性能提升了3倍,从而证明了通过将rGO图案化打开其带隙可以提高器件的半导体特性。

AAO 掩模刻蚀方法是一种低成本、高通量制备大面积连续石墨烯纳米结构的方法。然而，由于 AAO 模板本身非常脆弱，难以与基底进行有效贴合，从而导致刻蚀存在不均匀性的问题。尽管通过 PMMA 黏附层一定程度上解决了该问题，但是所制备的纳米网格阵列还存在一定的缺陷和残胶，这些缺陷和残胶将对器件的性能产生消极影响。为此，研究人员进一步提出金膜作为支撑载体的超薄柔性 AAO 模板，通过范德瓦耳斯相互作用力可以与任意基底进行紧密贴合，实现了 2 cm² 大面积均匀石墨烯纳米网格的制备，表明了 AAO 掩模刻蚀方法在制备大面积石墨烯纳米结构方面的潜力。

5. 纳米线掩模刻蚀法

纳米线掩模刻蚀是一种采用纳米线作为石墨烯图案化刻蚀掩模的光刻技术。纳米线可通过物理或化学方法制备得到，其具有原子级光滑的边缘，并且直径可以在相对较大的尺寸范围（从 1 nm 到几十纳米）内进行调整。因此，纳米线作为刻蚀掩模可以得到具有平滑边缘的石墨烯图案，并且有助于提高制备精度和石墨烯传感性能。基于纳米线光刻法制备得到的石墨烯图案的宽度最小可小于 10 nm，开关比可达约 150。此外，纳米线刻蚀掩模可以通过简单的超声处理去除，或者也可以直接保留作为栅极介质层。

最近，Xu 等提出了电流体纳米线光刻方法，其加工流程如图 5 - 13 所示。该方法中纳米线刻蚀掩模通过电脑控制进行精确定位和对准，直接快速印刷在石墨烯的基底上。该设备类似于静电纺丝系统，由注射器和收集器两个主要部分组成。其中注射器由注射泵和金属喷嘴组成，在金属喷嘴上施加高压，而收集器水平放置并接地，可以通过电脑控制其水平移动的速度和方向。进一步调整和优化溶液的黏度、注入速率、施加电压及注射器到收集器距离等参数，控制所需电流体纳米线掩模和石墨烯的图案。由于电流体纳米线具有完美的圆形横截面，且纳米线与下方石墨烯之间的接触面积非常窄，因而得到的石墨烯纳米带的宽度可以缩小到 10 nm 以下。该方法提供了一个可以数字化精确对准制备超长连续的纳米线阵列的方案，而该方法所面临的主要挑战是相对较小的纵横比和较低的对准精度。

图 5 - 13 电流体
纳米线光刻法的加
工流程

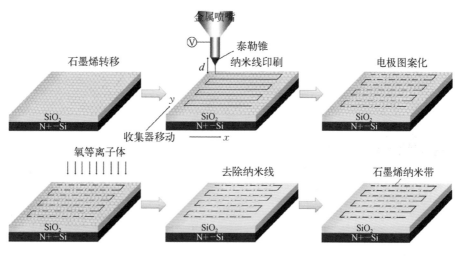

6. 干涉光刻技术

干涉光刻技术是一个无须用到复杂的光学系统或光刻掩模就可以制备精细规则阵列结构的技术手段,可大面积制造连续的周期性或准周期性阵列图案。其基本原理与干涉测量法或全息法的原理相似,一般由两个及以上的相干光波照射到光刻胶上,形成周期性干涉图案并被记录在光刻胶上。该干涉图案由周期性序列的条纹组成,这些条纹分别代表最大强度及最小强度。在曝光后的相应处理过程中,则会出现与强度相关的光刻胶图案,进而达到与光学曝光技术相同的效果。

将干涉光刻技术应用于石墨烯图案化中,只需根据目标结构选择合适的干涉光对光刻胶进行曝光,之后结合刻蚀技术对暴露区域的石墨烯进行刻蚀,即可获得目标石墨烯图案。例如,Kazemi 等通过干涉光刻技术和氧反应离子刻蚀在 1 cm×1 cm 面积的石墨烯表面制备了具有小于 10 nm 颈部宽度和高均匀性的石墨烯纳米网格,其流程图如图 5 - 14(a)所示。此外,研究表明,通过控制刻蚀时间也可以对石墨烯纳米网格的颈部宽度进行有效调控。这种方法实现了颈部宽度为 50～10 nm 的大面积石墨烯纳米网格的可控制备,如图 5 - 14(b)所示。因此,干涉光刻技术是一种制作石墨烯纳米条带和石墨烯纳米网格较为有效的方式。该方法具有简单实用、成本合理、高通量与集成电路制造技术的兼容性好等优点。然而需要指出的是，干涉光刻技术仅限于制备具有阵列特征或均匀分布的非周期性图案。因此，若获得具有非对称性或任意形状的图案，则需要采用其他光刻蚀技术。

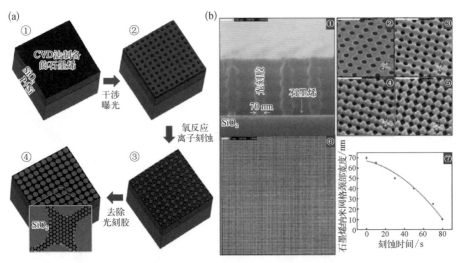

图 5‑14　干涉光刻技术制备石墨烯图案

（a）干涉光刻技术制备石墨烯纳米网格的流程图；（b）干涉光刻技术制备石墨烯纳米网格的 SEM 图，其中①和②分别为干涉曝光之后光刻胶图案的剖面图和俯视图，③~⑤为不同刻蚀时间下光刻胶图案的俯视图，⑥为石墨烯纳米网格的 SEM 图，⑦为石墨烯纳米网格颈部宽度随刻蚀时间的变化趋势

5.2　直接切割法制备石墨烯图案

　　上节主要介绍了通过物理掩模和刻蚀对石墨烯进行图案化的方法，借助曝光、压印等技术可间接获得目标图案。相比之下，本节将对直接切割法获得石墨烯图案的相关技术进行介绍，具体包括聚焦离子束刻蚀技术、激光切割加工技术、化学催化法切割技术等。

5.2.1　聚焦离子束刻蚀技术

　　聚焦离子束（Focued-ion-beam，FIB）刻蚀技术的基本原理是在电场和磁场的作用下,将离子束聚焦到亚微米甚至纳米量级,通过偏转系统和加速系统控制离子束的扫描运动,从而实现微纳米图形的刻蚀切割和无掩模加工。高能量粒子入射到固体样品表面后与固体原子发生碰撞,在这一过程中会将能量传递给固体原子,导致固体原子逸出固体表面,这就是聚焦离子束刻蚀技术的主要物理过程。目前常用的离子源有氦离子、氖离子和镓离子。氦离子显微镜(Helium Ion Microscopy,HIM)使用的光斑尺寸小,因而其散射长度相对较小;同时,HIM 使用的短德布罗意波(Short de Broglie Wave)的波长是电子波长的1/100,这使得光束分辨率可达 0.5 nm。图 5-15(a)展示了利用 HIM 加工得到的悬空石墨烯纳米带,宽度分别为 20 nm、10 nm 和 5 nm。图 5-15(b)则展示了利用 HIM 在多层石墨烯表面直接刻蚀得到的高分辨率校徽,说明了 HIM 具有高分辨直写的能力。

图 5-15 氦离子束刻蚀石墨烯所获得的纳米图案的SEM 图

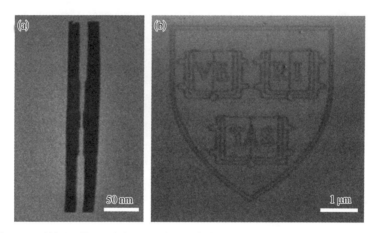

(a)用 HIM 制备得到的不同宽度石墨烯纳米带;(b)用 HIM 在多层石墨烯表面制备得到的高分辨率哈佛大学校徽

利用 HIM 对石墨烯进行图案化是非常有意义的,通过精确控制离子束扫描可以制备高分辨率的石墨烯纳米带,可为带隙可调的石墨烯纳米图案的制备提供有效途径。结合掩模刻蚀技术和 HIM,Zhou 等制备了基于石墨烯纳米带的FET 器件,该器件的制备流程图如图 5-16(a)所示。首先,将在铜箔表面生长的石墨烯无损地转移到 SiO_2/Si 基底上,利用光学曝光技术与金属镀膜和剥离工艺在石墨烯表面沉积欧姆接触金属电极 Ti/Au;然后,利用光学曝光技术与氧等离

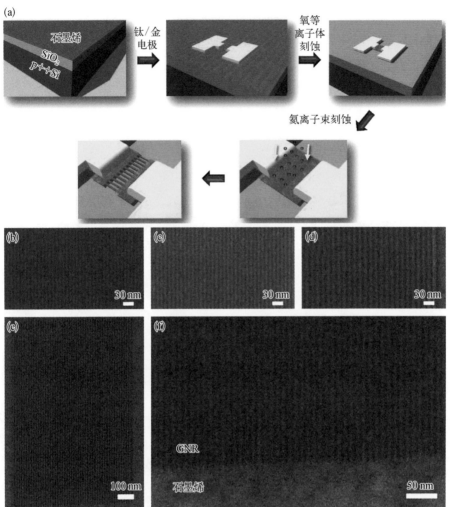

图 5-16　聚焦离子束刻蚀技术加工石墨烯纳米带阵列

（a）FIB 刻蚀技术加工石墨烯纳米带流程图；（b~f）FIB 刻蚀技术制备的石墨烯纳米带阵列 SEM 图

子体刻蚀对石墨烯进行微米加工，得到石墨烯微米沟道；最后，利用氦离子束对石墨烯沟道进行原位精确刻蚀，得到纳米尺寸的石墨烯图案。通过氦离子束刻蚀加工所得到石墨烯纳米带阵列的 SEM 图如图 5-16(b~f)所示，石墨烯纳米带最小宽度为 5 nm。他们将制备的石墨烯纳米带 FET 器件作为气体传感器，实现了对 NO_2 气体的高灵敏度探测，最低检测浓度可达 $2×10^{-8}$。

　　HIM 的主要优点是可实现无掩模、直接写入和纳米级加工，缺点是加工过程中离子束会与基底相互作用，从而对加工图案造成损伤。实验中通过拉曼光谱表征发现,石墨烯纳米带的 I_D/I_G 值变大,说明在图案化过程中石墨烯引入了缺陷。其他研究成果进一步表明,由于氦离子具有相对较大的相互作用体积,当在支撑基底上对石墨烯和其他二维材料进行图案化时,会产生相对大的后向散射离子和反冲原子,从而在预期的图案区域周围引入数百纳米的损伤。因此,应选择合适的光束能量和图案尺寸以最大限度地减少反向散射离子和反冲原子。研究表明,在石墨烯刻蚀过程中同步使用激光照射可以减少反向散射的 He^+ 和反冲原子对石墨烯纳米带的损害作用,使得制备的石墨烯纳米带具有更高的电导率。

5.2.2 激光切割加工技术

激光加工是利用激光束与物质相互作用对材料进行切割、焊接、表面处理及化学改性。早在 20 世纪 60 年代,人们就开始利用激光对材料进行加工,但是由于早期激光脉冲较长,其照射到材料表面时,材料分子与光子发生相互作用会引发热效应的产生。热效应的存在会使材料吸收的光能量扩散到附近区域,导致加工区域周围受到不同程度的损伤。飞秒激光的出现很好地解决了上述问题,由于飞秒激光具有脉宽超短、峰值功率和聚焦功率密度超高的特点,当激光束照射到材料表面时,通过材料对光子的线性吸收,可以将目标区域的材料逐步熔化而蒸发去除,进而实现高精度图案化制备。

激光切割加工技术可应用于石墨烯的图案化。利用激光束与石墨烯之间相互作用可以对特定区域石墨烯进行切割,超高峰值功率和超短辐照周期可以引起一种平衡效应,在晶格变化前使光子-电子耦合,从而导致热影响区和热损伤的最小化。同时,通过振镜可使飞秒激光按照任意图案轨迹快速移动,改变振镜的扫描轨迹即可获得任意的石墨烯图案。图 5-17 给出了利用飞秒激光加工石墨烯图案的基本工艺流程图。首先在铜箔上生长单层石墨烯[图 5-17(a)];然后用聚焦的飞秒激光对石墨烯进行刻蚀[图 5-17(b)],通过对扫描轨迹的控制而灵活加工任意结构的石墨烯;接下来是石墨烯图案的转移过程,在成形的石墨烯/铜基底上旋涂 PMMA(或 PDMS)[图 5-17(c)],用铜蚀刻剂将铜去掉[图

5-17(d)]或转移到其他任意基底上[图5-17(e,f)]。因而,使用飞秒激光加工方法可以实现任意基底、不同精细度(几十微米到几百纳米)、任意石墨烯图案结构的加工,其具有结构灵活、操作简单、非接触、无污染等优势。

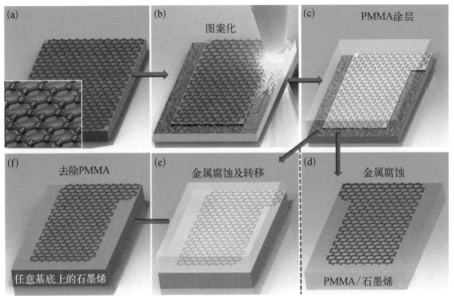

图5-17 飞秒激光加工石墨烯图形工艺流程图

目前,利用飞秒激光进行石墨烯的直接图案化已经被广泛研究,石墨烯图案尺寸和结构也不断向更加精细化的方向发展。图5-18(a)展示了科研人员利用该方法进行石墨烯图案化的部分实验结果。由图5-18(b)可以看出,利用飞秒激光可以实现5 μm线宽石墨烯纳米带的精确刻蚀,其纳米带的宽度可以通过激光能量及刻蚀过程中的预编程进行有效控制。据报道,利用飞秒激光加工得到的石墨烯的最小沟道宽度可达492 nm。在此基础上,通过采用不同的刻蚀参数可以在不同基底上构筑复杂的石墨烯纳米图案。此外,对飞秒激光通量和脉冲数量进行控制,可以精确地控制石墨烯结构的大小和形状,实现多层石墨烯的逐层刻蚀,其具体流程如图5-18(c)所示。利用该方法成功在石墨烯薄膜上实现大面积3D玫瑰状微细花样图案的制作,实验结果如图5-18(d,e)所示,这意味着该方法在复杂结构石墨烯图案的制作方面具有极大潜力,加速了石墨烯在光电传感和微电子领域的应用研究。然而,由于激光的能量大且较难控制,所以在

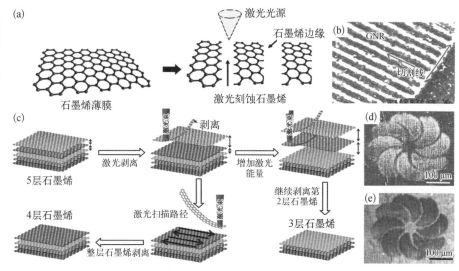

图 5-18　激光直接刻蚀石墨烯流程及实验结果图

（a）激光刻蚀单层石墨烯薄膜工作原理图；（b）激光刻蚀获得石墨烯纳米带 SEM 图；（c）激光对多层石墨烯逐层刻蚀流程图；（d，e）3D 玫瑰状微细石墨烯图案拉曼图

图案化的过程中会导致石墨烯纳米带边缘缺陷较大，这也是限制该方法进一步应用的重要因素。

5.2.3　化学催化法切割技术

化学催化法切割是一种通过催化氢化和催化氧化对石墨烯进行图案化的方法。该方法首先将催化剂纳米颗粒分散在石墨烯薄膜表面，随后在氢气或氧气氛围中进行高温退火。其基本原理为：在高温条件下，热激发的纳米颗粒就会沿着石墨烯或者石墨烯基底的特定方向切割出沟道。该过程主要依靠特定催化剂与石墨烯边缘间的相互作用来实现石墨烯的切割，纳米颗粒的切割方向与晶格的特定取向对齐。催化反应的第一步是催化颗粒（Fe、Co、Ni 等）将氢气分子解离，随后氢原子扩散到石墨烯边缘，与碳发生反应生成甲烷，最终形成宽度与颗粒粒径相等的刻蚀沟道。

Campos 等利用 Ni 纳米颗粒作为催化剂制备了宽度小于 10 nm 的石墨烯纳米缝，纳米颗粒在石墨烯表面的刻蚀原理如图 5-19(a)所示。他们发现，当刻蚀的纳米颗粒靠近之前已经刻蚀的沟道附近时，会在达到沟道前发生偏转，并转向以继续朝平行于该沟道的方向进行刻蚀，从而形成宽度为 10 nm 的沟道，其刻蚀后 AFM 图如图 5-19(b~d)所示。此外，利用该方法在石墨表面进行刻蚀也达到了相同的效果，其刻蚀原理及实验结果图如图 5-19(e~h)所示。这些结果表明利用催化反应可以对石墨烯进行定向结构化，但是在目前已有的实验中催化颗粒大多数都为随机分布的，因此对于石墨烯图案化的可控制备需要对催化颗粒的沉积进行精确控制。

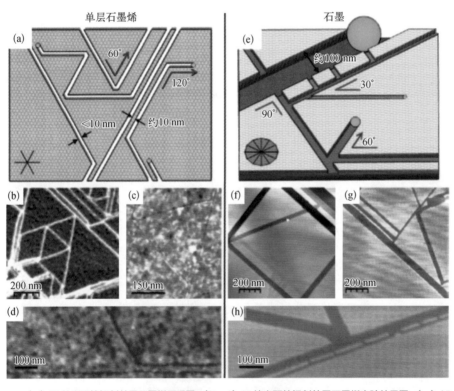

图 5-19 纳米颗粒刻蚀单层石墨烯与石墨的实验对比

（a）Ni 纳米颗粒切割单层石墨烯原理图；（b~d）Ni 纳米颗粒切割单层石墨烯实验结果图；（e）Ni 纳米颗粒切割石墨原理图；（f~h）Ni 纳米颗粒切割石墨实验结果图

为此，Biro 等利用 SiO_2 与碳的热还原反应实现了石墨烯图案的可控制备，该方法不需要使用催化剂就可以实现石墨烯的定向刻蚀。他们首先通过机械剥离获得石墨烯薄膜，然后将其转移到二氧化硅片上，并将基底放置在 N_2/O_2 混合气氛中加热到 500℃，此时会在石墨烯薄膜表面形成环状的刻蚀凹点，如图 5-20

（a）中 3 个圆标记所示。在氩气环境下，再次对基底进行第二次热处理，刻蚀凹点的尺寸则会以一定速度增长，从而形成六边形的刻蚀图案，如图 5-20（b）所示。进一步将 AFM 探针作为压痕工具，对石墨烯薄膜的缺陷点进行预图案化，还可以对刻蚀结构的位置进行精确控制，通过退火即可在特定位置得到石墨烯图案[图 5-20（c，d）]。实验结果表明，利用该方法刻蚀得到的石墨烯图案具有严格的锯齿型边缘。因此，利用该方法可以实现晶体取向高度一致的石墨烯图案的制备。但是，该方法的实验操作难度及实验成本较高，而且图案的可控性较差，并不适合大面积石墨烯图案的制备。

图 5-20　碳热反应刻蚀石墨烯 AFM 图

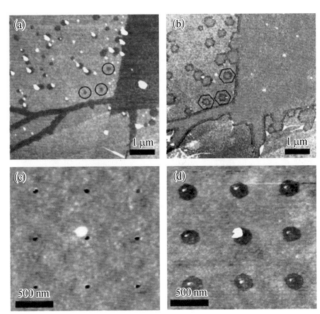

（a）石墨烯薄膜在 N_2/O_2 混合气体中氧化后的 AFM 图像；（b）在氩气环境下继续退火后 AFM 图片；（c，d）对石墨烯薄膜缺陷点进行预图案化并退火后 AFM 图片

5.3　石墨烯的"自下而上"直接图案化制备

上述两节主要针对完整的石墨烯薄膜，介绍了对其进行二次加工获得石墨烯图案的方法，这些"自上而下"的制备方法通过物理掩模刻蚀或者直接刻蚀的

方式实现对特定区域石墨烯图案化制备。然而,光刻胶等掩蔽物会对石墨烯进行二次污染,直接刻蚀的方法也会使石墨烯内部原子结构遭受破坏而产生缺陷,这些问题影响了石墨烯光电器件的性能。相比之下,利用"自下而上"直接实现石墨烯图案的制备方法,可以有效地避免相关过程对石墨烯造成的二次污染,对高性能石墨烯光电器件的研发具有重要意义。第 2 章中已经对石墨烯的外延制备技术进行了详细介绍,其中生长基底在石墨烯薄膜制备过程中扮演着重要的角色,通过选择合适的基底及合理的基底处理方法有助于实现高质量石墨烯薄膜的制备。本节将主要从基底选择、基底预处理及碳源选择等方面出发,介绍"自下而上"直接制备石墨烯图案的方法。

5.3.1 基于图案化基底原位外延石墨烯薄膜

在图案化的基底表面直接进行石墨烯外延生长是实现石墨烯图案化制备较为有效的方法之一。该方法通过对生长基底进行图案化预处理,使石墨烯在图案化的基底表面选择性生长,从而实现石墨烯图案的可控制备。基底的图案化可以通过光刻蚀或者掩模遮挡的方式获得,下面将对这两种方式进行举例介绍。

2009 年,Kim 等在图案化的薄层镍表面实现了石墨烯结构的大尺寸制备,其制备流程如图 5 - 21 所示。首先,通过光刻、刻蚀等手段在 SiO_2/Si 基底表面制备带有特定图案的镍薄膜;然后,在氢气、甲烷环境下在基底上直接制备石墨烯,独特的外延生长机制使得石墨烯仅仅在图案化的镍表面生长;最后,通过 PDMS 压印[图 5 - 21(b)]或者氢氟酸刻蚀[图 5 - 21(c)]的方法,将镍表面的石墨烯图案转移至目标基底。图 5 - 21(d,e)分别展示了转移至 PDMS 柔性基底和 SiO_2/Si 基底的石墨烯图案。研究结果表明,基于该方法制备得到的石墨烯图案没有经过强烈的物理或者化学处理,其具有石墨烯本征性质,表现出良好的电学、光学及机械性能。该方法为石墨烯的图案化制备提供了一条较为简单而有效的途径。

2013 年,Wang 等借助聚苯乙烯(PS)小球在 Cu 箔上实现了石墨烯纳米网格

图 5 - 21 图案化
镍薄膜表面制备石
墨烯结果

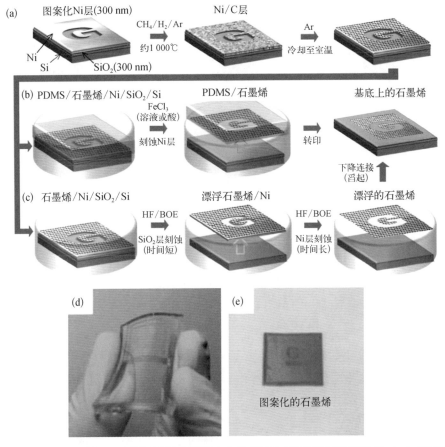

（a~c）镍薄膜表面石墨烯的生长转移流程图；（d）PDMS 转印得到的石墨烯图案；（e）转移至 SiO₂/Si 基底的石墨烯图案

的直接制备,其制备流程图如图 5 - 22 所示。首先,利用电子束蒸镀在 Cu 箔表面沉积一层 SiO_2 薄膜,并通过自组装的方式在 SiO_2/Cu 基底上旋涂大面积均匀的单层 PS 纳米球[图 5 - 22(a)];其次,利用氧等离子体对 PS 纳米球进行刻蚀形成间隙[图 5 - 22(b)],进一步利用 CF_4 等离子体将 PS 纳米球周围暴露的 SiO_2 薄膜刻蚀掉[图 5 - 22(c)];然后,用甲苯将 PS 纳米球溶解掉,即可在 Cu 箔上获得周期性的 SiO_2 掩模[图 5 - 22(d)];之后,以周期性 SiO_2 掩模形成的图案化 Cu 箔作为基底,通过低压化学气相沉积系统生长石墨烯,该过程中石墨烯在 SiO_2 掩模之间暴露的 Cu 箔表面上成核和生长[图 5 - 22(e)];最后,使用氢氟酸溶液去除 Cu 箔表面的 SiO_2 掩模,即可获得周期性的石墨烯纳米网格[图 5 - 22(f)]。

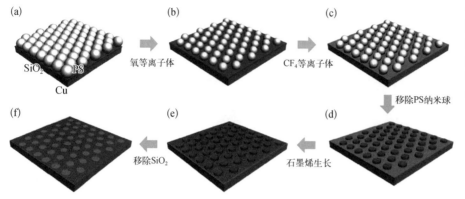

图 5-22 PS 纳米球/SiO₂掩模剥离法制备石墨烯纳米网格流程图

图 5-23 展示了上述方法每个步骤对应的实验结果图。从图 5-23(a)中可看到,单层紧密堆积 PS 纳米球的平均直径为 230 nm。在氧等离子体刻蚀工艺之后,PS 纳米球之间形成约 40 nm 的间隙[图 5-23(b)]。进一步通过 CF₄等离子体刻蚀并在 Cu 箔上得到周期性的 SiO₂掩模,如图 5-23(c)所示。以该图案化的

图 5-23 PS 纳米球/SiO₂掩模剥离法制备石墨烯纳米网格实验结果图

(a) 单层紧密堆积 PS 纳米球的 SEM 图;(b) 氧等离子体刻蚀工艺之后的 PS 纳米球;(c) Cu 箔上周期性的 SiO₂掩模;(d) 石墨烯纳米网格的光学显微镜图;(e, f) 石墨烯纳米网格的 SEM 图;(g) 石墨烯纳米网格的 AFM 图;(h, i) 石墨烯纳米网格的低电压像差校正高分辨率 TEM 图

Cu 箔为基底,可以直接生长得到图案化的石墨烯,并将其转移到 SiO₂/ Si 基底上。从光学显微镜图像中可以看出,在 SiO₂/Si 上得到具有大面积和均匀的单层石墨烯纳米网格[图 5 - 23(d)]。通过 SEM 图中周期性的黑色和灰色颜色对比,可以清楚地看到石墨烯纳米网格的微观形貌[图 5 - 23(e,f)]。此外,图 5 - 23(g)中 AFM 图像也很好地展示了石墨烯纳米网格的结构。上述表征结果表明,掩模-生长-剥离方法可以直接在 Cu 箔上制备大面积、高质量的石墨烯纳米网格图案,而且该方法的成本相对较低,为大面积有序的石墨烯纳米结构的原位制备提供了一个新的思路。然而,该方法对掩模材料的种类也提出了更高的要求,例如掩模材料需要耐高温、易去除并且不影响石墨烯的外延生长过程等。

5.3.2　基于种子诱导法的石墨烯图案化

基于种子诱导法制备石墨烯的基本思路是通过种子层的引入辅助或者促进石墨烯的成核,进而改善石墨烯的生长情况(晶畴尺寸、生长速度等)。基于该方法,通过选择能够促进成核、外延生长的材料作为种子层,并将种子层进行图案化排列,就可以在生长过程中直接获得相应图案的石墨烯结构。

2016 年,Song 等利用 PMMA 作为种子层,对 h - BN 上石墨烯的晶畴成核密度和位置进行有效控制,实现了石墨烯/h - BN 图案化阵列的原位制备,其图案化制备流程如图 5 - 24 所示。首先,利用 EBL 技术在 Cu 箔上制备特定的 PMMA 种子图案,在随后的 CVD 法生长过程中充当成核位点;然后,将 Cu 箔放置到低压 CVD 系统中,在 1 000℃条件下使用氨硼烷(BA)作为前驱体,在 Cu 箔上生长完全覆盖的单层 h - BN;最后在 h - BN 表面上实现石墨烯薄膜的图案化生长。图 5 - 24(b～e)展示了部分实验结果的 SEM 图,从图中可以看出,利用该方法可以规则地控制石墨烯的成核及外延生长。值得注意的是,通过改变种子的间距可以对材料的成核密度和晶畴尺寸进行调节,进一步结合种子排布方式可以实现不同石墨烯图案的可控制备。该方法原理和实验操作较为简单,制备过程无剧烈物理、化学反应参与,而且基于这种方法制备的单晶石墨烯/h - BN

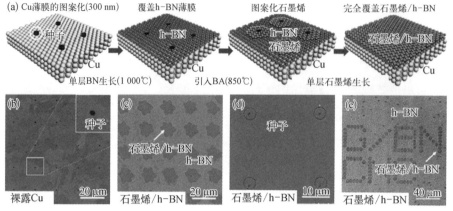

图 5 - 24　种子诱导法制备石墨烯 / BN 图案流程及结果图

（a）基于种子诱导法的石墨烯外延生长原理图；（b）Cu 箔表面种子层规则排列后 SEM 图；（c）在种子层诱导下制备石墨烯图案 SEM 图；（d）石墨烯完全覆盖基底后 SEM 图；（e）以石墨烯晶畴排列成图案的 SEM 图

异质结所构建的场效应晶体管具有良好电学性能和稳定性。该方法在新一代石墨烯光电器件的研发过程具有一定参考价值，然而，材料生长过程随机性较大的问题一定程度上限制了石墨烯图案的精度。

5.3.3　基于图案化碳源的石墨烯制备

图案化碳源制备石墨烯是一种通过控制在基底表面的碳源形状实现石墨烯选择性生长的方法。目前，化学气相沉积法制备石墨烯的相关研究中主要以甲烷作为碳源。然而，由于其存在方式为气体状态，所以难以在基底表面特定区域选择性地控制碳源，实现石墨烯的图案化生长。相比之下，固态碳源恰好可以满足上述需求。在特定区域沉积固态碳源，再通过相应的生长手段使其重结晶，即可实现石墨烯图案的制备。

2016 年，Andrey 等通过对自组装单层芳香族材料（Single-layer Aromatic Material，SAM）进行电子辐射，并通过退火操作实现了石墨烯纳米图案的制备，其基本原理示意图如图 5 - 25（a）所示。首先，在真空条件下将自组装单层的芳香族前驱体分子沉积在 Cu 箔上，并通过聚焦电子束或者电子流枪对选定区域进行不同剂量的电子辐射，不同曝光计量下 SAM 的 SEM 图如图

5-25(b)所示。由于曝光后交联分子相比于原始 SAM 分子具有更高的热耐久性,因此,选择高于原始 SAM 分子分解温度的退火温度以裂解分子中的C—S键,即可在辐射区域中保留碳原子,而在非交联区域中碳原子的量则会大大减少。之后,通过进一步提高退火温度(>800℃)即可将剩余的含碳交联分子转化为石墨烯并获得相应的图案。最后,可以将获得的石墨烯图案转移到诸如石英玻璃、SiO₂/Si 或 Si₃N₄/Si 的绝缘基底上,而不损失它们的结构完整性。该方法巧妙地利用了交联后分子热稳定性的变化,整个过程避免了经典图案化过程中电子束抗蚀剂的烘烤和显影、刻蚀和抗蚀剂剥离等操作,具有一定应用前景。

图 5-25 自组装单层方法直接制备石墨烯图案原理及结果图

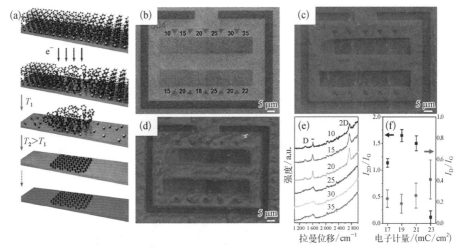

(a)图案化碳源制备石墨烯原理示意图;(b)不同曝光计量下 SAM 的 SEM 图;(c)曝光基底经过 300℃ 退火后 SEM 图;(d)基底在 850℃ 退火后 SEM 图;(e)850℃ 退火后 Cu 箔表面的拉曼光谱图;(f)不同电子计量下石墨烯拉曼光谱 2D 峰与 G 峰、D 峰与 G 峰强度比值的变化情况

此外,2018 年,Kilwon Cho 等也报道了一种利用图案化碳源直接生长石墨烯结构的方法。他们在 Cu 蒸气氛围下,利用固体芳烃(1,2,3,4-四苯基萘 TPN)作为碳源,通过化学气相沉积法在绝缘基底上直接获得了图案化的石墨烯,其基本制备工艺如图 5-26(a)所示。首先,用乙醇和丙酮将 SiO₂/Si基底表面的有机污染物去除,并通过氮气枪吹干基底;之后,将 TPN 溶解在氯仿溶剂中,并通过旋涂的方式将 TPN 膜沉积在 SiO₂/Si 基底表面上,测得

TPN 的膜厚度约为 38 nm;随后,利用硬质掩模作为模板遮挡基底,将 TPN 膜暴露于紫外光下 10～20 min,产生的 O₃ 通过硬质掩模中的开口区域直接渗透到 TPN 薄膜中,使暴露区域的 TPN 与基底发生交联,使得 TPN 与基底之间的相互作用力增强,从而防止了在加热过程中碳源从基底升华;与此同时,将 Cu 箔放在涂有 TPN 的 SiO₂/Si 基底上方,在反应中提供 Cu 蒸气作为 TPN 转化为石墨烯反应的催化剂;最后,将 Cu 箔/基底组合放入石英管中进行退火,在退火过程中未与基底发生交联的 TPN 被蒸发,从而实现了石墨烯图案的选择性生长。因而,通过这种方法可以根据硬质掩模的图案,在目标基底上选择性地生长不同图案的石墨烯结构。此外,他们发现利用该方法生长的石墨烯比常规方法转移的石墨烯具有更好的机械和化学稳定性。然而,利用固态碳源制备石墨烯图案的方法对层数的控制能力较弱,难以实现单层石墨烯图案的制备。

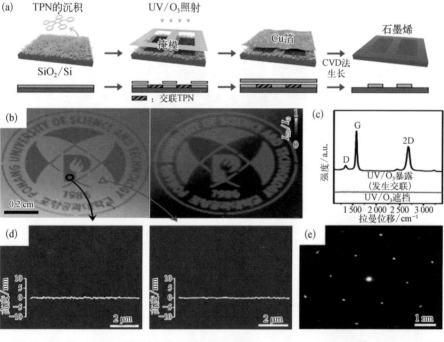

图 5-26 TPN 作为碳源在绝缘基底上直接进行石墨烯图案化制备

(a) 利用 TPN 进行石墨烯图案化制备工艺流程示意图;(b) 在 SiO₂/Si 基底表面直接制备石墨烯图案的显微镜图和石墨烯 2D 峰与 G 峰强度比值的拉曼扫描图;(c,d) 图(b) 中不同区域的拉曼光谱图和 AFM 测试图;(e) 合成石墨烯在 TEM 网格表面的 SAED 图

5.3.4 激光诱导石墨烯图案化技术

激光诱导石墨烯图案化技术是一种利用激光定向热解碳的前驱体来实现石墨烯图案化制备的方法。其基本原理是在激光照射下,局部空间的温度会升高,从而诱导该区域的碳源分子或化合物发生化学反应而被分解,分解后的碳经过重组形成石墨烯图案。目前,科研人员已经开发出了多种激光诱导石墨烯图案化制备的方法,根据对碳前驱体选择的不同,主要包括激光诱导化学气相沉积法和激光诱导外延生长法。激光诱导化学气相沉积法主要使用气态碳源,而激光诱导外延生长法主要在固态碳源表面直接进行石墨烯图案化制备。这些方法所采用的碳源种类丰富[图 5 - 27(a)],并且能耗低、制备时间短,为复杂石墨烯纳米图案的低成本制备提供了可能性。

激光诱导化学气相沉积法是利用激光对特定区域进行升温,气态碳源在高温状态下发生裂解并重组,最终实现石墨烯的图案化生长。Park 等在 CH_4 和 H_2

图 5 - 27　激光诱导石墨烯图案化制备实验结果图

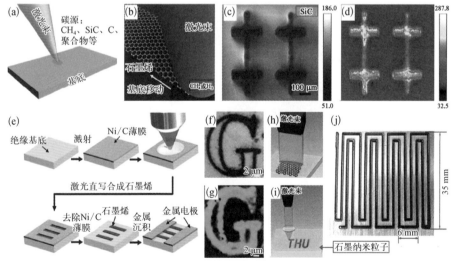

　　(a) 激光诱导化学气相沉积法原理图;(b) 利用激光诱导化学气相沉积法实现石墨烯的定点制备;(c, d) 激光诱导外延生长法进行石墨烯图案化制备的 SEM 图和俄歇电子能谱表面组成图;(e) 激光直写技术进行激光诱导石墨烯图案化流程图;(f, g) 激光直写技术制备石墨烯图案的光学显微镜图和拉曼成像图;(h, i) 激光照射石墨纳米粒子制备石墨烯图案原理图;(j) 激光照射方法制备的具有周期结构石墨烯图案

环境下,使用该技术在 Ni 箔表面上实现了石墨烯图案的定点制备,原理如图 5-27(b) 所示。在激光束照射下,焦点处的局部温度可以快速地升高,在去除激光束后,焦点处的局部温度又可以急剧地下降。因而,该生长过程比常规热化学气相沉积法要快 3 个数量级左右。因此,利用该技术可以在纳秒甚至是皮秒的时间内实现石墨烯图案的制备,并且无须多余的退火和氢化过程。此外,在具有催化作用的金属基底上,通过特殊路径下的激光扫描可以直接实现石墨烯的图案化制备,避免了石墨烯光刻、刻蚀过程所带来的污染和缺陷。然而,该技术需要在充满前驱气体的密闭腔室内进行,而且需要激光束能够精确地前后移动,这对仪器的精密程度提出了更高的要求。

激光诱导外延石墨烯图案化生长则可以有效解决上述问题,其主要思想是在目标基底(固态碳源)表面直接利用激光束诱导石墨烯的合成。当基底被激光束加热时,照射区域局部温度快速升高,并导致固态碳源表面的热解和原子脱离,最后碳原子重新排列后形成石墨烯。Lee 等利用这种方法成功地在 SiC 基底上制作了石墨烯图案,并通过对激光能量密度的控制,将石墨烯薄膜的厚度降至单层。激光加工后 SiC 基底表面石墨烯图案的 SEM 图如图 5-27(c) 所示。从图中可以清晰地看到,激光扫描过的区域与其他区域具有明显不同的颜色对比。图 5-27(d) 显示了俄歇电子能谱表面组成图,图中的红色和黄色代表该区域碳含量的高低,分别对应于单层和双层石墨烯。该图表明在激光照射区域,SiC 基底表面的碳浓度要高于基底的其他部分。

除此之外,激光诱导石墨烯图案化技术也可以通过激光直写技术来实现,其制备的流程图如图 5-27(e) 所示。首先通过在各种绝缘基底上溅射 Ni/C 薄膜提供碳源,然后利用激光加热来生长石墨烯薄膜。通过该流程制备得到石墨烯图案的光学显微镜图及对应的石墨烯 2D 峰拉曼成像图如图 5-27(f,g) 所示。从图中可以明显地看出,制备得到的石墨烯生长均匀且图案可控。同时,该技术对实验条件的要求较低,不需要在高真空环境下进行。另外,Ye 等也报道了在常压环境条件下,通过激光照射石墨纳米粒子涂覆的 Ni 表面,可以实现任意石墨烯图案的制备[图 5-27(h~j)],生长速率超过 $28.8 \text{ cm}^2/\text{min}$。通过选择不同激光类型,可以进一步获得不同表面形状和尺寸精度的石墨烯图案。

总之,激光诱导石墨烯图案化技术可以采用各种碳前驱体来实现石墨烯图案化的制备,为石墨烯集成器件的制备提供了一条崭新的道路。然而,这种方法目前还存在效率低、基底灵活性差的问题。

5.4　本章小结

以高效率、高精度、低成本的石墨烯图案化为目标,近年来发展的"自上而下"和"自下而上"的石墨烯图案化研究为实现高性能石墨烯基电子/光电器件奠定了基础。

在现有的石墨烯图案化制备方法中,"自上而下"的间接图案化制备方法包括掩模刻蚀技术和直接切割技术。其中掩模刻蚀技术是获得大面积石墨烯微纳结构最有效的方法,但该接触式方法会带来接触污染,并且在刻蚀过程中会引入悬挂键、官能团和缺陷等,导致结构边缘不够光滑,从而降低石墨烯的电学特性。而直接切割制备石墨烯图案的方法属于非接触加工,不需要模板,加工结构也比较灵活,但是聚焦离子束在用于加工大面积、复杂的周期结构时,需要耗费大量的时间,同时由于激光的能量大且较难控制,所以在图案化的过程中会导致石墨烯带边缘缺陷较大。

相比之下,"自下而上"的直接图案化制备方法通过基底选择、基底预处理、碳源选择等方式可以实现石墨烯图案的原位制备,有效地避免相关过程对石墨烯造成的二次污染,从而获得具有高质量边缘和更高载流子迁移率的石墨烯图案,对高性能石墨烯光电器件的研发具有重要意义。但是,该方法对掩模材料、碳源、仪器精度等提出了更高的要求。

第 6 章

石墨烯薄膜在OLED
领域的应用

6.1 引言

有机发光二极管(OLED)因轻薄、能耗低、柔性等优点,在信息显示和照明领域具有广阔的应用前景。随着可穿戴终端、远程医疗终端和人机交互技术的发展,人们对柔性显示的需求逐渐凸显。然而目前基于氧化铟锡(ITO)电极的OLED不耐弯折,亟待发展新型柔性透明导电材料。石墨烯具有良好的导电性、优秀的机械柔韧性和高透光率,有望代替 ITO 应用于 OLED 透明电极。同时,石墨烯拥有良好的水氧阻隔性能,可用于柔性 OLED 的封装。本章首先介绍了石墨烯薄膜作为 OLED 阳极的研究进展,重点梳理了石墨烯阳极的电学性能调控手段,分析了改善光提取效率的方法;随后,探讨了石墨烯薄膜作为 OLED 阴极在底电极和顶电极上的应用;最后,阐述了使用石墨烯薄膜封装 OLED 的结构及方法,为石墨烯基柔性 OLED 的研究提供参考。

6.2 OLED 的工作原理、结构和性能参数

OLED 是一种直接将电能转化为光能的电致发光器件,即有机半导体功能材料在电场的驱动下,通过载流子注入和复合导致发光。它属于双载流子注入型发光器件,其厚度一般为 $100\sim500$ nm。

6.2.1 OLED 的工作原理

OLED 的工作原理如图 6-1 所示。在电场驱动下,能带发生倾斜,电子和空穴克服能量壁垒,分别从阴极和阳极注入有机层最低未占分子轨道(LUMO)和最高占据分子轨道(HOMO),载流子传输一定距离后在发光层相遇,由于库仑相互作用而形成暂态激子,小部分激子通过晶格振动将能量传递给声子消耗,另外

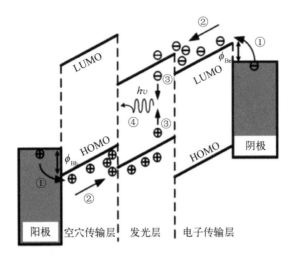

图 6-1 OLED 的
工作原理

LUMO

HOMO

阴极

阳极　空穴传输层　发光层　电子传输层

的激子则发生复合,释放的能量使有源发光材料的电子从基态跃迁到激发态,当
处于激发态的电子回到基态时,辐射出光子,产生电致发光。

6.2.2　OLED 的结构

OLED 的结构由阳极、阴极及位于两个电极层之间的一个或多个有机层构
成,其中有机层需透明,同时要求至少有一个电极对可见光透明。有机层是高度
无序的非结晶纳米薄膜。器件中发射空穴的阳极应该具有高的功函数,而发射
电子的阴极应该具有低的功函数,使得阳极和 HOMO 之间、阴极和 LUMO 之间
形成良好的能级匹配。当电子和空穴从一个点向另一个点跃迁时,有时会到达
同一个位置,并形成激发态或激发性电子-空穴对。通过合适的材料匹配,大量
电子-空穴对复合产生光。按 OLED 材料类型可分为小分子有机发光二极管
(Small Molecule Organic Light‐Emitting Diodes,SMOLED)和聚合物发光二极
管(Polymer Light‐Emitting Diodes,PLED),按其结构构成可分为以下几类。

（1）单层器件结构。单层有机薄膜被夹在两个电极之间,形成了最简单的单
层 OLED,这种结构在 PLED 中较为常见。1990 年,以共轭高分子聚对苯乙炔为
发光层,用 10 V 正向偏压产生了电致发光。

（2）单杂型器件结构。由两种不同功能材料层构成的有机发光器件,一种包

括空穴传输层和集电子传输功能的电致发光层,另一种包括电子传输层和集空穴传输功能的电致发光层。该结构使电子与空穴的复合区远离电极,平衡载流子注入速率,调节注入器件的电子和空穴数目,提高了发光器件的量子效率。

（3）双杂型器件结构。该结构采用空穴传输层、发光层和电子传输层相结合的功能层,便于优化器件的性能,是一种经常采用的器件结构。

（4）多层器件结构。在实际的器件设计中,为了降低电极与传输层之间的势垒,引入空穴注入层和电子注入层降低注入势垒,使得载流子更容易注入传输层,得到各项性能最优的发光器件(图6-2)。

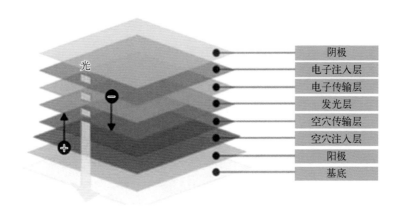

图6-2 OLED的典型多层结构

6.2.3 OLED的性能参数

OLED的性能通常用下列参数来评价。

（1）发光光谱

发光光谱又称为荧光光谱,指的是器件所发射的荧光中各种波长的相对强度,它反映了与发光跃迁相关的电子态性质。OLED的发光光谱有两种:光致发光(Photoluminescence,PL)光谱和电致发光(Electroluminescence,EL)光谱。PL光谱需要光能的激发,EL光谱则需要电能的激发。

（2）发光亮度

发光亮度指每平方米的发光强度,单位是 cd/m²。一般用亮度计来测量器件的发光亮度,亮度计的原理是测量被测表面的像在光电池表面所产生的照度。

（3）发光效率

发光效率代表了光源的节能特性,OLED 的发光效率可以用电流效率、功率效率、内量子效率(Internal Quantum Efficiency,IQE)和外量子效率(External Quantum Efficiency,EQE)来表示。电流效率是发射的光通量与输入的电功率之比,单位为 cd/A。功率效率指的是输出光功率与输入电功率之比,单位为 lm/W。内量子效率被定义为载流子复合过程中平均每个电子-空穴对产生的光子数量,其取决于发光层电子-空穴对的复合辐射概率。外量子效率指的是输出的光子总数和注入的电子-空穴对总数的比值,其是从微观上表征 OLED 的电光转换性能。

（4）发光色度

为了对颜色进行客观的描述和测量,1931 年,国际照明委员会(CIE)建立了标准色度系统。发光色度用色坐标(x, y, z)来表示,x 代表红色值,y 代表绿色值,z 代表蓝色值,通常 x、z 两个数值就可以标注光的颜色。

（5）发光寿命

发光寿命被定义为发光亮度降低至初始亮度的 50% 所需的时间。随着工作时间的加长,OLED 的发光亮度逐渐衰退。研究发现,影响器件寿命的主要因素是水和氧分子,因此需要将器件封装以隔绝水和氧分子的破坏作用。

（6）电流密度-电压关系

OLED 中电流密度随电压的变化曲线反映了器件的电学特性,器件只在正向偏压下才有电流通过,具有整流效应。在低电压时,电流密度随着电压的增大而缓慢增加,当超过一定的电压时,电流密度会急剧上升。

（7）发光亮度-电压关系

发光亮度-电压的关系曲线反映的是 OLED 的光学性能。在低电压下,电流密度缓慢增加,发光亮度也缓慢增加;在高电压下,发光亮度伴随着电流密度的急剧增加而快速增加。从发光亮度-电压的关系曲线中还可以获得开启电压值,开启电压指的是器件的发光亮度为 1 cd/m² 时对应的电压。

针对柔性 OLED，除了光电性能方面的参数，还须重点关注其机械特性。一方面，为了保证柔性 OLED 的实用性，器件的弯折半径需足够小；另一方面，器件承受弯折的次数应该足够多，以保证 OLED 的使用寿命。

6.3 石墨烯作为 OLED 阳极

OLED 结构中的阳极与外加驱动电压的正极相连，阳极中的空穴在驱动电压的驱动下向器件中的功能层移动，阳极需要在器件工作时具有一定的透光性，使得器件内部发出的光能够被外界观察到。OLED 的传统阳极材料是 ITO，ITO 中的铟具有毒性、价格昂贵，且 ITO 薄膜较脆，弯曲时易产生断裂，从而限制了其在柔性 OLED 中的应用。

石墨烯由于其电子结构中 π–π 键的存在，赋予了其良好的导电性。在可见光区，单层石墨烯透过率超过 97%。同时石墨烯的杨氏模量为 1 TPa，抗断能力为 130 GPa，其具备优异的机械性能。因此，石墨烯在导电性、可见光透过率和机械特性方面拥有突出优势。近年来，研究人员通过进一步提升石墨烯阳极的功函数、降低其方块电阻及有效的光提取，制备出了性能优异的柔性阳极材料。

6.3.1 石墨烯阳极的电学性能调控

作为 OLED 的阳极，石墨烯需要具有优良的电学性能，即低的方块电阻和高的功函数。方块电阻代表载流子在阳极的传输性能，石墨烯的方块电阻与载流子浓度、载流子迁移率成反比，即载流子浓度越高、载流子迁移率越大，方块电阻越低，石墨烯阳极的导电性越好，OLED 的发光亮度越高。功函数由费米能级和表面电势共同决定，空穴注入势垒指空穴传输层的 HOMO 能级和石墨烯阳极的功函数之差，代表空穴的注入能力，直接影响 OLED 的发光亮度和发光效率。石墨烯阳极的功函数越接近空穴传输层的 HOMO 能级，空穴注入势垒越低，器件的发光亮度和发光效率越高。

由 CVD 法制备石墨烯薄膜的方块电阻通常大于 500 Ω/□，功函数为 4.4～4.6 eV，而 OLED 中空穴传输层的 HOMO 能级一般大于 5.0 eV。通过对石墨烯薄膜的化学掺杂、物理改性、复合结构等调控方式，可有效提升石墨烯的电学性能，得到发光亮度大、发光效率高的 OLED。

1. 石墨烯阳极的化学掺杂

可通过多种方法对石墨烯阳极进行 p 型化学掺杂以提升电学性能。一方面，p 型掺杂注入空穴载流子，可增加石墨烯表面的载流子浓度，降低方块电阻，从而提高导电性能；另一方面，费米能级的高低可直接反映功函数高低，p 型掺杂时，电子填充至石墨烯的价带，石墨烯的费米能级位于狄拉克点以下，功函数升高。目前，常用的石墨烯阳极化学掺杂方法有两种：吸附掺杂和替代掺杂。

（1）吸附掺杂

吸附掺杂是将掺杂原子或分子吸附到石墨烯表面而形成的掺杂。该掺杂方法只需将掺杂源物质分布在石墨烯的表面或者将石墨烯暴露在掺杂源气氛中即可，工艺实现简单，掺杂剂易获取，对石墨烯晶格结构无明显损伤，是目前普遍采用的一种掺杂方法。常见的吸附掺杂剂包括酸、金属氯化物和其他有机小分子材料，通过简单的旋涂法或者浸涂法可以实现对石墨烯阳极的掺杂改性。

HNO_3 是最早被用来提高石墨烯电学性能的掺杂剂，它是一种强氧化剂，石墨烯在其作用下发生氧化，表面化学吸附一层 NO_3^-，NO_3^- 具有强吸电子特性，使石墨烯中的空穴载流子浓度升高，导电性能增强。2012 年，Han 等采用 HNO_3 对石墨烯薄膜进行吸附式 p 型掺杂，并以此作为 OLED 阳极，制备了高效率的磷光和荧光 OLED。与未掺杂的石墨烯相比，HNO_3 掺杂的石墨烯在降低方块电阻的同时，功函数也得到提高。如果采用逐层掺杂-转移的方式制备多层掺杂石墨烯，可进一步提升石墨烯的电学性能。但其透过率会随着层数的增加而降低，故须同时考虑电学性能和透过率对 OLED 综合性能的影响。当石墨烯层数不高于 4 层时，在 550 nm 处的透过率仍高于 90%，对透过性影响不大。表 6-1 对比分析了有无 HNO_3 掺杂对不同层数石墨烯方块电阻和功函数的影响。从表 6-1 可以看到，HNO_3 掺杂 4 层石墨烯的方块电阻可降低至 54 Ω/□，功函数提升到

4.618 eV。然而，HNO₃掺杂的石墨烯稳定性较差，室温放置或者高温老化都容易出现性能退化。

电学参数	方块电阻/$(\Omega/\square)$		功函数/eV	
掺杂情况	未掺杂	HNO₃掺杂	未掺杂	HNO₃掺杂
2 层石墨烯	189	123	4.326	4.321
3 层石墨烯	129	96	4.372	4.468
4 层石墨烯	87	54	4.448	4.618

AuCl₃是一种典型的化学吸附石墨烯掺杂剂，可以大幅度降低石墨烯的方块电阻，随着 AuCl₃浓度的提高，石墨烯的方块电阻可降低 70% 以上。AuCl₃掺杂的 4 层石墨烯的方块电阻可减小到 34 $\Omega/\square$，功函数达到 5.077 eV。相比于 HNO₃掺杂，AuCl₃掺杂石墨烯的性能更适合用作 OLED 阳极，然而 AuCl₃掺杂石墨烯同样稳定性差，而且 Au 原子团聚将形成尺寸超过 50 nm 的金属团簇（图 6 - 3）。由金属团簇引起的局部变薄效应会导致器件在低电压状态下具有高的漏电流，最终导致以 AuCl₃掺杂石墨烯作为阳极的 OLED 的电流效率较低。

图 6 - 3　AuCl₃掺杂石墨烯的 AFM 图

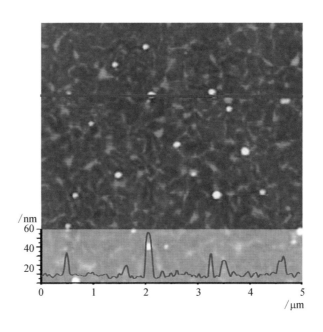

双三氟甲烷磺酰亚胺(TFSA)是一种强吸电子基团的新型化学掺杂剂,该有机小分子化学吸附材料具有吸电子能力强、透过率高、表面粗糙度低、稳定性高及掺杂工艺简单等诸多优点,适合用作石墨烯阳极的 p 型掺杂剂。Kim 等将TFSA 溶解在硝基甲烷中,采用旋涂法在石墨烯表面涂布 TFSA 溶液[图 6 - 4(a)],以达到降低石墨烯方块电阻、提高其功函数的目的。

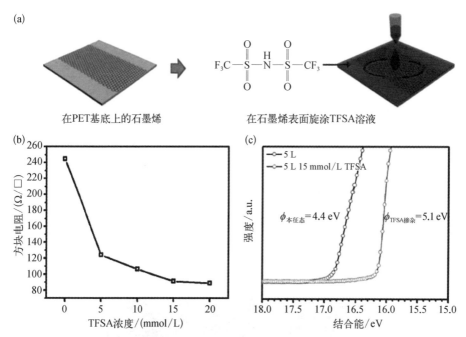

图 6- 4　TFSA 掺杂石墨烯的制备及电学性能

(a)

在PET基底上的石墨烯　　　　在石墨烯表面旋涂TFSA溶液

　　(a) 基于 TFSA 掺杂的石墨烯样品合成过程示意图; (b) 石墨烯的方块电阻和 TFSA 浓度的关系; (c) 本征态 5 层石墨烯、TFSA 掺杂的 5 层石墨烯的紫外光电子能谱图

　　石墨烯的方块电阻依赖于 TFSA 的含量,当浓度增加到 15 mmol/L 时,在 2 000 r/min 转速下涂布 1 min,石墨烯的方块电阻可降低 65%,继续增加浓度其方块电阻不再变化[图 6 - 4(b)]。TFSA 掺杂的 5 层石墨烯的方块电阻为 90 Ω/□,可见光透过率约为88%。同时,TFSA 掺杂后的石墨烯功函数从4.4 eV 大幅提升到 5.1 eV[图 6 - 4(c)],将 TFSA 掺杂石墨烯的功函数与空穴传输层的 HOMO 能级形成良好的匹配,使得石墨烯和空穴传输层之间的势垒减小,增强了从石墨烯阳极到空穴传输层的空穴注入能力。为了进一步验证 TFSA 掺杂石

墨烯对发光器件性能的影响，以 TFSA 掺杂的 5 层石墨烯作为阳极制作成柔性 PLED，并对比基于 ITO、本征态 5 层石墨烯作为阳极材料的器件发光性能（图 6-5）。掺杂后的 5 层石墨烯在 6 V 的驱动电压下，发光亮度最大值为 5 400 cd/m²，最高电流效率达到 9.6 cd/A（对应电压为 3.6 V），发光效率明显优于未掺杂的 5 层石墨烯和 ITO 的 PLED。

图 6-5 基于 TFSA 掺杂的石墨烯柔性 PLED 的结构及性能

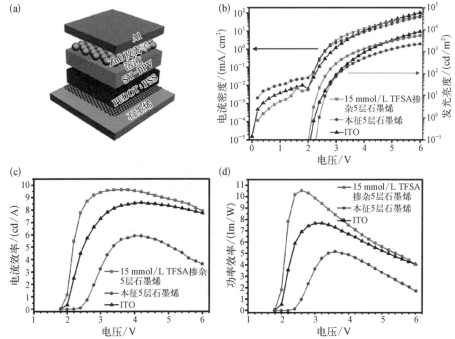

（a）基于石墨烯阳极的柔性 PLED 结构图；（b）电流密度、发光亮度与电压的关系；（c）电流效率与电压的关系；（d）功率效率与电压的关系

随着石墨烯层数的增加，其方块电阻明显降低，功函数获得提升，因此多层石墨烯的电学性能优于单层石墨烯。然而，基于多层石墨烯阳极的 OLED 在高电流注入下会产生效率滚降现象。同时，使用多层石墨烯须多次转移石墨烯，不仅成本高，并且其可见光透过率会随着石墨烯层数的增加而降低，造成 OLED 的发光效率降低。如何通过更有效的掺杂将单层石墨烯用作 OLED 阳极，是石墨烯在 OLED 领域应用的一个重要课题。

Li 等报道了采用强氧化性电化学掺杂剂六氯锑酸三乙基氧鎓（OA），将石墨烯样品浸泡在 1 mg/mL 的 OA/二氯乙烯溶液中,被氧化的石墨烯与六氯锑酸根阴离子结合形成图 6-6(a)所示的电荷转移络合物。单层石墨烯的载流子浓度从 3×10^{12} cm^{-2} 升至 2×10^{13} cm^{-2},方块电阻降低 80% 以上,可以从 1 kΩ/□ 降低到 200 Ω/□ 以下,功函数提升至 5.1 eV。基于 OA 掺杂的单层石墨烯制得的绿光 OLED 在 3 000 cd/m² 的发光亮度下,其电流效率大于 80 cd/A。同时,基于 OA 掺杂单层石墨烯的白光 OLED 在相同发光亮度下,电流效率大于 45 cd/A,达到普通照明的标准[图 6-6(b)]。通过 OA 掺杂单层的石墨烯作为 OLED 阳极,可获得低开启电压、高载流子注入、高发光效率和低效率滚降的发光器件,避免了多次转移石墨烯引起的缺陷,为高性能、低成本的柔性显示应用提供了一种可行的技术方案。

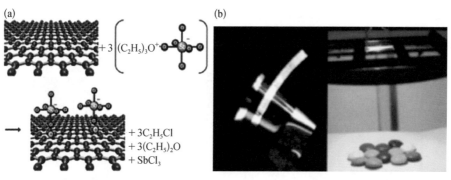

图 6-6 OA 掺杂石墨烯的掺杂机理及相应白光器件发光情况

(a)石墨烯与 OA 之间电荷转移络合物的形成过程;(b)基于 OA 掺杂单层石墨烯的白光 OLED 发光照片和照亮有色物体的照片

综上所述,通过 HNO$_3$、AuCl$_3$、TFSA、OA 等进行 p 型吸附掺杂,石墨烯阳极的方块电阻得到减小、功函数获得提升,减小了石墨烯作为 OLED 阳极时的空穴注入势垒,获得了发光亮度大、发光效率高的 OLED。吸附掺杂工艺简单且对石墨烯晶格结构无明显损伤,缺点是掺杂稳定性和工艺重复性较差、石墨烯表面粗糙度增大、可见光透过率有所降低。

(2)替代掺杂

替代掺杂是利用掺杂原子替代石墨烯晶格中的碳原子而实现的掺杂。替代掺杂具有较高的稳定性和可靠性。硼(B)是元素周期表中与碳(C)相邻的元素,由于 B 原子缺电性强,用 B 原子替代石墨烯六方晶格中的 C 原子,可实现对石墨烯的 p 型掺杂。制备 B 替代掺杂石墨烯通常是选用含 B 的碳源作为 CVD 法制备石墨烯的有效碳源,在石墨烯生长过程中实现掺杂。迄今为止,乙硼烷(B_2H_6)、三乙硼烷(BEt_3)、苯硼酸($C_6H_7BO_2$)、多环芳香烃(PAHs)和 9,10 -二氢- 9,10 -二硼蒽(DBA)等含 B 前驱体已被用于制备 B 替代掺杂石墨烯。Wu 等采用 9,10 -二甲基- 9,10 -二硼蒽[DBA$(Mes)_2$]分子作为构建单元来组装含有 B 杂原子的石墨烯纳米带。首先通过一锅式反应合成 DBA$(Mes)_2$,随后将其溶解在甲苯中作为石墨烯生长的含 B 碳源,在石墨烯生长阶段直接将 B 原子引入六方碳晶格中(图 6-7)。这样制备的单层石墨烯具有缺陷少、载流子迁移率高、功函数大的优点,其载流子迁移率可达到 1 600 cm^2/(V·s),方块电阻降低 31%,功函数提升了 0.3 eV。同时,掺 B 石墨烯在 550 nm 处仅吸收 2.5% 的入射光,和本征态石墨烯相比较,阳极可见光透过率几乎没有变化。对于 B 替代掺杂石墨烯,掺杂状态随着时间的推移十分稳定,在大气环境下老化 300 h 后,其方块电阻几乎不变。基于 B 替代掺杂单层石墨烯制得 OLED 的电流效率为 95.4 cd/A,外量子效率达 24.6%。

图 6-7 掺 B 石墨烯的结构图

此外,B 替代掺杂石墨烯还表现出较好的机械性能[图 6-8(a)],在 0.75 mm 的曲率半径下弯曲 3 000 次,石墨烯的方块电阻轻微增加。基于 B 替代掺杂石墨烯作为阳极制备的 OLED 同样表现出良好的稳定性,相同弯曲次数下,OLED 的外量子效率降低亦不明显[图 6-8(b)]。虽然 B 原子替代石墨烯六方晶格中的 C 原子形成的替代掺杂石墨烯稳定可靠、缺陷少、工艺重复性佳,但掺杂过程中取代 C 原子的过程相对复杂,耗时长且实验控制难度较大。

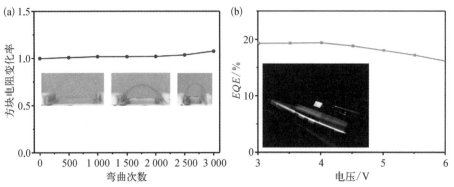

图 6-8 B 掺杂石墨烯及器件的机械性能

（a）B 替代掺杂石墨烯的方块电阻随弯曲次数的变化率；（b）弯曲 3 000 次后基于 B 替代掺杂石墨烯 OLED 的外量子效率曲线

2. 石墨烯阳极的物理改性

上面所提到的石墨烯电学性能调控均采用化学掺杂方法实现，通过物理方式也可以改善石墨烯的电学性质。表面处理是一种典型的物理改性方法，它指的是通过物理方式处理石墨烯表面以改善其功函数。表面处理的目的是提升石墨烯的空穴注入能力，同时降低器件的开启电压。常见的石墨烯表面处理方法有两种：氧等离子体处理法及紫外臭氧处理法。

（1）氧等离子体处理法

等离子体是除固态、液态和气态之外物质的另一种基本形态。等离子体的形成原理是在一定条件下，持续向气体输入能量，当气体原子的电子动能大于原子的电离能时，电子会脱离原子成为自由电子，而失去电子的原子会变为带正电的离子，当电离的原子足够多时，气体便形成等离子体。等离子体中正电荷量与负电荷量相等，整体呈电中性。氧等离子体处理法是将 O_2 气源通入设备中使其电离，通过氧等离子体处理样品表面，最终达到样品改性的目的。氧等离子体处理石墨烯，会使得石墨烯表面的氧含量增加，氧空位减少，施主浓度降低，功函数获得提升，从而达到降低空穴注入势垒的目的。

Hwang 等尝试了用氧等离子体处理石墨烯表面，并以其作为阳极制备 OLED。首先，采用 Ni 膜作为基底，通过热化学气相沉积法直接生长均匀的多层石墨烯薄膜［图 6-9（a）］，并在 $FeCl_3$ 水溶液中刻蚀掉 Ni 膜，然后将石墨烯薄膜转移至用于制备 OLED 的基底上,图 6-9(b)中的横截面 SEM 图显示了转移后石墨烯薄膜在基底上的良好均匀性;其次,采用氧等离子体处理石墨烯薄膜的表面;最后,将氧等离子体处理的石墨烯作为阳极制备OLED。

图 6-9 石墨烯薄膜与器件的结构表征

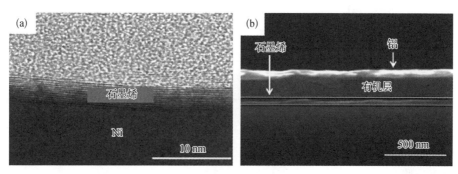

(a)在 Ni/SiO₂/Si 基底上生长的多层石墨烯薄膜的高分辨率 TEM 图;(b)OLED 中石墨烯阳极的横截面 SEM 图

　　氧等离子体对石墨烯具有一定的刻蚀作用,故在采用氧等离子体处理石墨烯表面时,须严格控制 O_2 流速和处理时间。在 3 sccm 的 O_2 流速下,使用等离子体处理石墨烯表面 1 min,可将石墨烯功函数提升至同 ITO 相当的水平。本征态石墨烯的均方根粗糙度和方块电阻分别为 1.6 nm 和 289 Ω/□,而氧等离子体处理后石墨烯的均方根粗糙度和方块电阻分别为 2.8 nm 和 552 Ω/□。氧等离子体处理在提升石墨烯功函数的同时,会导致石墨烯的表面粗糙度增加和方块电阻增大。综合考虑功函数和方块电阻的变化对 OLED 发光效率的影响,氧等离子体处理可提升石墨烯作为 OLED 阳极的电学性能。基于氧等离子体处理石墨烯阳极和未处理石墨烯阳极的蓝色磷光 OLED 的外量子效率(External Quantum Efficiency, EQE)分别为 15.6% 和 15.1%(图 6-10)。以未处理石墨烯为阳极的 OLED 功率效率只有 14.5 lm/W,以氧等离子体处理后石墨烯为阳极的 OLED 功率效率则达到 24.1 lm/W。发光效率的提升主要源于氧等离子体处理提高了石墨烯阳极的功函数、降低了空穴注入势垒和器件的开启电压。OLED 的外量子效率几乎达到了基于 ITO 阳极 OLED 的 90%,氧等离子体处理法工艺简单,可重复性佳,为石墨烯阳极的电学性能调控提供了一

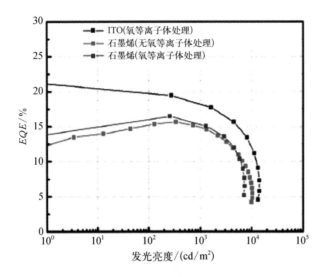

图 6-10　外量子效率与发光亮度特性曲线

种新思路。

（2）紫外臭氧处理法

与氧等离子体处理法相比较，紫外臭氧处理法更加简单高效。紫外臭氧处理机制是通过紫外线的照射，在处理系统中产生臭氧，一方面臭氧能除去薄膜表面残留的有机物玷污，另一方面能够提高表面的氧含量，从而达到提高材料功函数的目的。Ha 等使用功率密度为 $28\ mW/cm^2$ 的紫外灯处理石墨烯表面。随着处理时间的增加，石墨烯的功函数得到提高；方块电阻在处理时间低于 5 min 时未发生明显变化，随后剧烈增大。综合考虑功函数和方块电阻对 OLED 发光性能的影响，5 min 为该条件下最佳处理时间，单层石墨烯的功函数增加 0.27 eV［图 6-11（a）］。基于该石墨烯作为阳极的 PLED 最大外量子效率为 3.37%［图 6-11（b）］，最大电流效率达 9.73 cd/A。

综上所述，通过氧等离子体处理或者紫外臭氧处理的物理改性方法对石墨烯阳极进行表面处理，可以在石墨烯表面增加氧含量，提升其功函数，但同时也会在一定程度上增大其方块电阻。通过这两种方法对石墨烯表面进行物理改性，须严格控制处理过程的工艺参数，使石墨烯薄膜的整体电学性能获得提升；反之，石墨烯薄膜将受到严重损伤。

图 6-11 紫外臭氧处理石墨烯及器件的性能

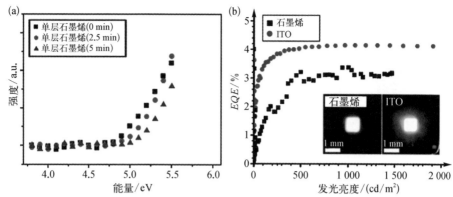

（a）不同紫外臭氧处理时间下单层石墨烯的功函数；（b）基于石墨烯、ITO 为阳极的 PLED 外量子效率与发光亮度的关系曲线

3. 石墨烯阳极复合结构

在石墨烯与有机功能层界面或石墨烯与基底界面插入一层很薄的修饰层，可提升石墨烯作为阳极的 OLED 的电学性能。根据修饰材料的不同，对石墨烯电学性能提升的侧重点不同，如与金属氧化物、有机物复合主要侧重于提升石墨烯功函数，这种修饰层可作为空穴注入层降低空穴注入势垒，提升 OLED 的发光性能；而与导电高分子、金属复合则主要侧重于降低石墨烯方块电阻，提升石墨烯阳极电导率。下面分别介绍这几种复合材料对石墨烯作为阳极的 OLED 电学性能的提升。

（1）石墨烯与金属氧化物复合

金属氧化物是一种常用的界面修饰材料。一方面，金属氧化物具有较高的功函数，由于石墨烯和金属氧化物功函数的巨大差异，当它们接触时，电子从石墨烯转移至金属氧化物，通过电荷转移过程使两者的费米能级对准，对石墨烯形成 p 型掺杂，导致石墨烯功函数提升。另一方面，金属氧化物作为空穴注入层，可降低空穴注入势垒，提升空穴注入能力。同时，金属氧化物会钝化石墨烯的表面，有效抑制 OLED 的泄漏电流。

MoO_3 是一种常用的过渡金属氧化物修饰材料。Li 等在石墨烯与空穴传输层界面引入 3 nm 厚的过渡金属氧化物 MoO_3，成功实现了提升石墨烯功函数、降低空穴注入势垒的目的。首先，在石墨烯表面旋涂一层 20 nm 厚的聚（3,4-乙烯二氧噻吩)-聚苯乙烯磺酸(PEDOT∶PSS),确保其均匀润湿性;随后,通过热蒸镀制备出表面粗糙度为 0.32 nm 的均匀 MoO₃ 薄膜。图 6 - 12(a)通过对比有无 MoO₃ 的单载流子器件电流密度-电压曲线,可以看到 MoO₃ 的引入降低了器件的开启电压,表明其 6.7 eV 的高功函数能够促使空穴从石墨烯高效注入 4,4′-双(咔唑-9-基)联苯(CBP)中[图 6 - 12(b)]。然而,MoO₃ 在空气中的稳定性比较差。

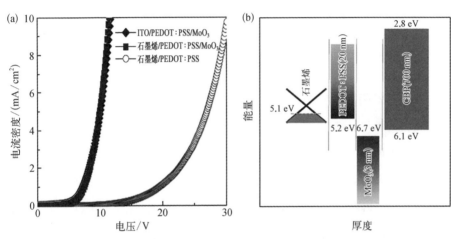

图 6 - 12 MoO₃对器件性能的影响

(a)单载流子器件的电流密度-电压曲线;(b)石墨烯/PEDOT∶PSS/MoO₃/CBP 结构的能级图

Kuruvila 等进一步分析了其他金属氧化物(V_2O_5)作为修饰层对石墨烯电学性能的调控。相对于石墨烯薄膜较低的本征功函数 4.4 eV,V_2O_5 的功函数高达 7.0 eV(图 6 - 13)。当薄膜厚度为 5 nm 时,V_2O_5 修饰石墨烯的方块电阻可降低

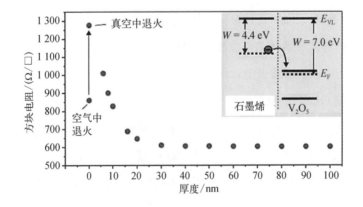

图 6 - 13 V₂O₅修饰的石墨烯在空气和真空中退火后的方块电阻(插图为石墨烯/V₂O₅的能级图)

20%左右,低于 MoO₃ 修饰石墨烯的方块电阻。此外,V₂O₅ 在空气中的掺杂稳定性更好。将 V₂O₅ 修饰石墨烯作为阳极,制备 OLED 小分子发光器件,OLED 的最大功率效率超过 90 lm/W。V₂O₅ 可实现稳定、有效的石墨烯 p 型掺杂,提升其功函数,是一种基于石墨烯阳极 OLED 的高效空穴注入材料。

（2）石墨烯与有机物复合

除了采用金属氧化物修饰石墨烯,还可通过有机物对其进行界面修饰。六氮杂三苯六腈(HAT - CN)是一种具有代表性的有机空穴注入材料,可将石墨烯基 OLED 的空穴注入势垒由 0.98 eV 降低至 0.35 eV(图 6 - 14)。一方面,HAT - CN 的功函数高且电子亲和能大,可以将其 LUMO 能级定位在石墨烯阳极的费米能级附近;另一方面,该修饰材料的存在导致其表面有机功能层酞菁铜(CuPc)的生长取向发生改变,新取向拥有更低的电离能。同时,其表面的良好润湿性有利于后续功能层的成膜。Wu 等制备了基于 HAT - CN 修饰石墨烯作为阳极的 OLED,最大功率效率可达到 99.7 lm/W,从器件的角度验证了该材料的空穴注入能力。

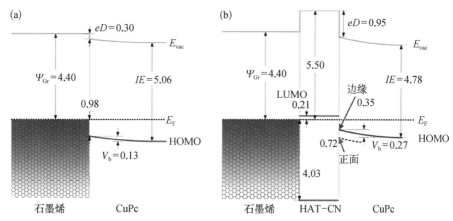

图 6 - 14　HAT - CN 对空穴注入的影响

（a）CuPc/石墨烯的能级图;（b）CuPc / HAT - CN /石墨烯的能级图。其中, Ψ_{Gr} 是石墨烯的功函数, eD 是界面偶极子引起的真空能级偏移, V_b 是 HOMO 弯曲产生的偏移, IE 是电离能, E_{vac} 是真空能级, E_F 是费米能级

在 PEDOT：PSS 中等比例添加全氟化离聚物（Perfluorinated Ionomer, PFI）,可制备出功函数渐变的空穴注入层（GraHIL）。利用 GraHIL 修饰石墨烯,石墨烯阳极的功函数从 4.4 eV 提升至 5.95 eV[图 6 - 15（a）],降低了石墨烯

与空穴传输材料 N, N'-二(萘-1-基)-N, N'-二(苯基)联苯胺(NPB)之间的空穴注入势垒,显著提高了空穴的注入能力。为了验证 PFI 对器件性能的影响,将其修饰的石墨烯作为阳极制备绿光 OLED[图 6 - 15(b)],器件加工过程如图 6 - 15(c)所示。首先,使用 PMMA 作为转移介质将石墨烯转移至 PET 基底;随后,通过氧等离子体刻蚀,对石墨烯进行图案化处理,继而在石墨烯表面旋涂 GraHIL;最后,热蒸镀制备有机功能层和阴极。

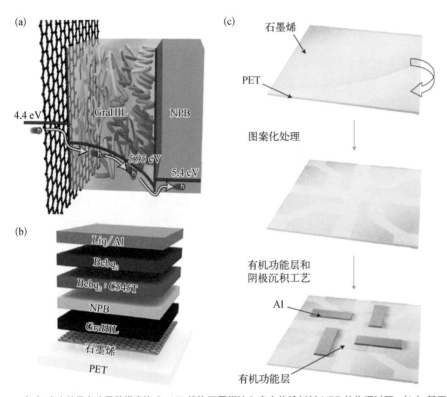

图 6 - 15　基于 GraHIL 修饰的石墨烯阳极绿光 OLED

(a) 空穴从具有功函数梯度的 GraHIL 修饰石墨烯注入空穴传输材料 NPB 的物理过程;(b) 基于 GraHIL 修饰石墨烯阳极的绿光 OLED 结构;(c) 基于 GraHIL 修饰石墨烯阳极的绿光 OLED 加工过程

　　自组装 PFI 表面层起到增加空穴注入和阻挡电子进入石墨烯层的双重作用,提升了电子-空穴复合率,导致器件的电流效率和功率效率增加。如图 6 - 16 所示,基于 GraHIL 修饰石墨烯绿光 OLED 的功率效率达到 37.2 lm/W,超过 ITO 基器件的 24 lm/W。对绿光 OLED 进行弯曲测试(弯曲半径为 0.75 cm,应变为 1.25%),在弯曲 1 000 次之后,发现石墨烯基器件的电流密度几乎保持不

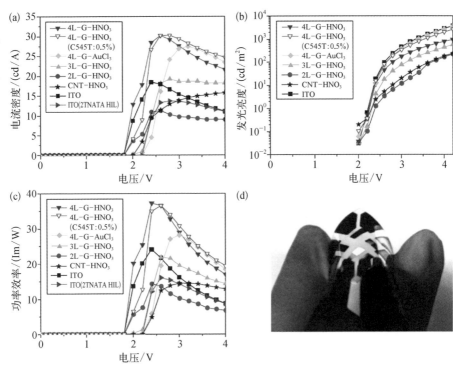

（a）电流效率‑电压曲线；（b）发光亮度‑电压曲线；（c）功率效率‑电压曲线；（d）基于 HNO₃ 掺
杂 4 层石墨烯阳极的柔性绿光 OLED 发光图像

变，而 ITO 基器件在弯曲 800 次之后则完全失效，充分验证了石墨烯透明导电薄
膜阳极优异的弯曲稳定性。

（3）石墨烯与导电高分子复合

相对于与有机物复合提升功函数，石墨烯与导电高分子复合则更侧重于降低
方块电阻，提升导电性。典型的导电高分子材料是 PEDOT∶PSS。PEDOT∶PSS
可以通过旋涂的方式在石墨烯表面成膜，它不仅可以改善石墨烯的导电性能，还可
以作为黏附层，使阳极更有利于与空穴注入层或空穴传输层结合，使得 OLED 具
有更高的发光效率。Shin 等在石墨烯表面旋涂一层导电性佳的 PEDOT∶PSS
（PH1000），构造了石墨烯/PH1000 复合电极。由于 PH1000 的低方块电阻和高功
函数，石墨烯/PH1000 复合电极表现出优于石墨烯的导电性和空穴注入能力，方
块电阻减小了 94%，同时空穴注入势垒降低了 0.4 eV（图6‑17）。最终，由石墨烯/
PH1000 复合电极制得 OLED 的电流效率为石墨烯基 OLED 的 5 倍。

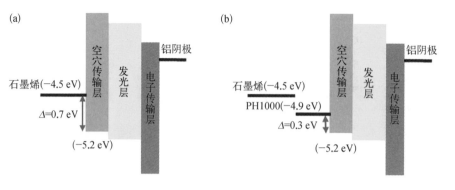

图 6 - 17 基于石墨烯阳极（a）和石墨烯/PH1000 复合阳极（b）OLED 的能级图

（4）石墨烯与金属复合

石墨烯和银纳米线复合形成复合电极同样是侧重于降低石墨烯薄膜的方块电阻，从阳极导电性方面提升基于石墨烯阳极 OLED 器件的发光效率。由于受基底表面粗糙度和生长过程动力学因素的影响，通常获得的石墨烯薄膜是由小晶畴拼接形成的多晶膜，晶畴之间的晶界使石墨烯的导电性能与理论存在较大的差异。组成多晶膜的晶畴尺寸小，晶界不连续，伴随着较多的缺陷。这些缺陷是造成电子散射的重要来源，散射会降低石墨烯的载流子迁移率，进而影响石墨烯的方块电阻。用银纳米线桥接不连续的石墨烯晶畴，可创造更多的导电通道，提升石墨烯的导电性能。石墨烯/银纳米线复合结构整合了银纳米线的高电导率和石墨烯膜的连续平面导电特性，Kholmanov 等制备的石墨烯/银纳米线复合结构的方块电阻可达到 64.6 Ω/□。

为了进一步优化石墨烯/银纳米线复合电极的导电性，Zhou 等首先通过喷涂将银纳米线沉积到 PET 基底表面，然后将得到的银纳米线/PET 薄膜放在两个镜面模具钢的中心，在 30 MPa 下机械加压 20 s，压制后的银纳米线表面粗糙度更低，并且形成了连通的网络［图 6 - 18(a)］，最后通过 PMMA 将石墨烯转移至银纳米线/PET 基底之上，形成复合电极［图 6 - 18(b)］。石墨烯/银纳米线复合电极的方块电阻低至 30 Ω/□，基于该结构的 OLED 电流效率为 1.8 cd/A。

石墨烯与金属薄膜复合同样可以降低石墨烯的方块电阻。Meng 等提出了一种 Cu/石墨烯复合电极，制备出以 Cu/石墨烯为阳极的 OLED。该复合电极可直接在 Cu 箔表面使用 CVD 法生长石墨烯样品，避免了转移过程产生的石墨烯

图 6 - 18 银纳米
线/PET（a）和石
墨烯/银纳米线/PET
（b）的 SEM 图

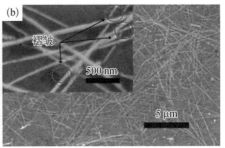

缺陷。测试结果表明，基于 Cu/石墨烯复合电极 OLED 的性能优于基于石墨烯
阳极 OLED，其最大功率效率可达到 7.6 lm/W（图 6 - 19）。这是因为 Cu/石墨烯
复合阳极的方块电阻（约 0.003 9 Ω/□）比石墨烯低几个数量级，降低了串联电阻
引起的功率损耗，有助于提高器件的功率效率。而石墨烯在 Cu/石墨烯复合阳
极中的作用可归结为以下两个方面：一方面，石墨烯是一种有效的阳极材料，它
的引入使得 V_2O_5/Cu 的功函数从 5.03 eV 提高到 5.32 eV，增强了空穴注入能
力；另一方面，Cu 箔上的石墨烯可以防止 Cu 扩散至 V_2O_5 中。

图 6 - 19 基于 Cu/
石墨烯复合阳极、
石墨烯阳极和 ITO
阳极 OLED 的功率
效率-电压特性曲线

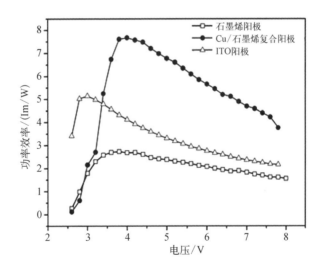

综上所述，通过对石墨烯薄膜的化学掺杂、物理改性、复合结构等调控方式，
可以有效地提升基于石墨烯阳极 OLED 的发光亮度、发光效率，为石墨烯在
OLED 阳极领域的应用积累了关键技术。

6.3.2 石墨烯阳极的光提取方法

由于 OLED 各层材料的折射率差异,当光从器件内部发射到空气中时,器件内部会有部分光发生全反射而被困在器件内以热能的形式被吸收和损耗,大约只有 20% 的光能从器件中透出而被利用,因此提取出全反射光对于器件效率的提升显得至关重要。

光提取方法分为外光提取法和内光提取法。外光提取法在器件的外部进行,简单易行,可以和器件的制备过程分别进行,成本低而易于大规模生产,但只能将困在玻璃基底中的光提取出来,限制了提取效率。内光提取法在器件内部进行,对工艺和材料要求较高,可以将器件中损耗近 80% 的光提取出来。

1. 外光提取法

外光提取法是指破坏 OLED 基底与空气界面的全反射,提升出光效率。Li 等利用由高折射率基底和半球形透镜构成的光耦合输出结构(图 6-20),增加了

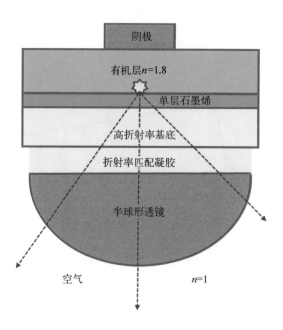

图 6-20 由高折射率基底和半球形透镜构成的光耦合输出结构示意图

石墨烯基 OLED 的光耦合效率,并在实验上验证了外光提取法的可行性。所制备基于单层石墨烯的绿光 OLED 的电流效率大于 250 cd/A(在 10 000 cd/m² 的发光亮度下);白光 OLED 的电流效率超过 130 cd/A(在 1 000 cd/m² 的发光亮度下),该效率已和无机发光二极管相当。

2. 内光提取法

内光提取法指的是在器件内部通过一定的手段破坏光的全反射,提高出光效率。对于内光提取法,可通过调控石墨烯阳极的厚度和折射率提高光的耦合输出效率。

Kim 等使用经典电磁模型从理论上分析了基于石墨烯阳极的绿色磷光 OLED [图 6-21(a)]的光耦合输出效率情况。由于石墨烯的低反射率,引起了微腔结构

图 6-21 石墨烯对器件光耦合输出效率的影响

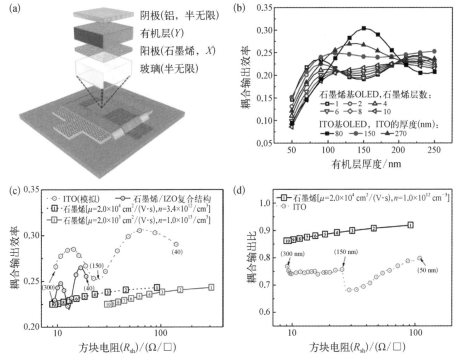

(a)光学建模中使用器件的结构示意图,X 和 Y 分别表示石墨烯和有机层的厚度;(b)基于不同层数石墨烯和不同厚度 ITO 的 OLED 最大光耦合输出效率估算值;(c)基于石墨烯、ITO 和石墨烯/IZO 复合结构电极器件的光耦合输出效率与方块电阻关系的模拟结果,曲线上数字分别表示 ITO 或 IZO 的厚度(在括号内)和石墨烯层数(在正方形内);(d)基于石墨烯和 ITO 的 OLED 光耦合输出比(由辐射、玻璃限制和波导模式三部分组成)模拟结果

的弱干涉效应,导致基于石墨烯电极的 OLED 最大光耦合输出效率低于 ITO 基器件[图 6 - 21(b)]。通过引入氧化铟锌(IZO)形成石墨烯/IZO 复合结构,增强器件内部干扰效应,提升了器件的光耦合输出效率[图 6 - 21(c)]。研究人员还模拟了发光器件中光提取层的作用[图 6 - 21(d)],系统考量电极和有机层中辐射模式、玻璃限制模式和波导模式,较之于 ITO,石墨烯基 OLED 具有更高的光耦合输出比,该模拟结果表明光提取方法更适合应用于带有石墨烯阳极的发光器件。

Lee 等提出了另一种简单有效的高折射率 TiO₂/石墨烯/低折射率空穴注入层(GraHIL)电极结构,在光学设计中通过高折射率层和低折射率层之间的协同作用,使得微腔共振增强效应最大化且表面等离激元(Surface Plasmon Polaritons,SPP)损失降低。图 6 - 22 的光学模拟结果表明,GraHIL 层能重新分配各种模式之间的相对功率,减小面内波矢量,从而降低耦合到 SPP 模式的功

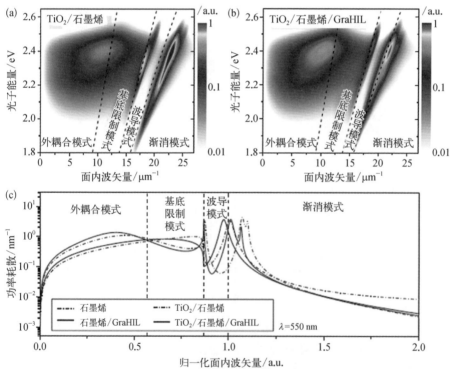

图 6 - 22 高折射率 TiO₂ 层和低折射率空穴注入层的协同光学效应

(a,b)用任意单位的发射光谱与面内波矢量加权计算的功率耗散谱,黑色虚线表示划分代表性光学模式(外耦合模式、基底限制模式、波导模式及渐消模式)的边界线;(c)对于研究中的各种电极结构,模拟计算得出的功率耗散与 λ = 550 nm 时归一化面内波矢量的关系

　　　　　　　　　　　　　　　　　石墨烯薄膜与柔性光电器件

率,增强耦合输出部分。石墨烯下方的 TiO_2 层则通过共振增强效应有效地抑制了耦合到波导模式和基底限制模式的功率。同时,由于 TiO_2 层的裂纹偏转增韧机制,使其具有良好的抗弯曲应变性。

实验上制备了与理论设计一致的绿光 OLED,对比分析不同阳极结构对光提取效率的影响(图 6-23)。结果表明,基于 TiO_2/石墨烯/GraHIL 的 OLED 性能优于基于石墨烯/GraHIL 和 ITO/GraHIL,与模拟结果一致,验证了 TiO_2 的共振增强效应。基于 TiO_2/石墨烯/ GraHIL 发光器件的最大 EQE、功率效率、电流效率分别高达 40.8%、160.3 lm/W 和 168.4 cd/A。在此基础上,采用光学耦合至基底背面的半球形透镜,基于 TiO_2/石墨烯/GraHIL 器件的最大 EQE、功率效率和电流效率分别提升至 64.7%、250.4 lm/W 和 257.0 cd/A。该研究在实现高发光效率的同时,还具有良好的弯曲性能。

图 6- 23　基于石墨烯 OLED 的器件性能

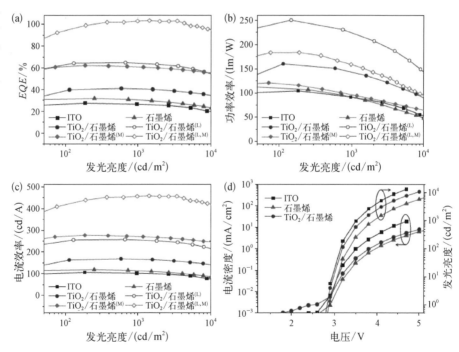

(a)EQE-发光亮度特性曲线; (b)功率效率-发光亮度特性曲线; (c)电流效率-发光亮度特性曲线; (d)电流密度-电压-发光亮度特性曲线

注: 图(a~c)中所有器件都包含作为低折射率空穴注入层的 GraHIL,并置于玻璃基底; (L)、(M)分别对应于附加半球形透镜和多结构。

6.4　石墨烯作为 OLED 阴极

除了作为 OLED 阳极使用,石墨烯还可以作为 OLED 的阴极材料。石墨烯作为阴极时,应该同电子传输层的 LUMO 能级相匹配且具有良好的导电性,故需要具备低的功函数和小的方块电阻。在器件外加电压的驱动下,阴极中的电子向器件的发光层移动。本征态石墨烯与电子传输层之间的电子注入势垒一般大于 1.0 eV,为了将石墨烯作为 OLED 阴极,通常对石墨烯进行 n 型掺杂。在湿法转移过程中石墨烯薄膜一般会有 p 型掺杂效应,而 n 型掺杂需要功函数很低的材料且容易被氧化,因而石墨烯的 n 型掺杂比 p 型掺杂更具有挑战性。

根据石墨烯阴极在 OLED 结构中的位置不同,可将石墨烯分为底阴极和顶阴极两种(图 6-24)。当石墨烯处于底部时,光从 OLED 的底部发射出来;当石墨烯处于顶部时,光同时从底部和顶部发出,此时 OLED 为双面发光器件。

（a）石墨烯作为底阴极

（b）石墨烯作为顶阴极

图 6-24　OLED 器件结构

6.4.1　石墨烯作为底阴极

将石墨烯应用于 OLED 底阴极,应着力于降低石墨烯和电子传输层之间的电子注入势垒,即降低石墨烯的功函数。

$Bphen：Cs_2CO_3$ 是一种掺杂单层石墨烯的新型材料,由于 $Bphen：Cs_2CO_3$ 和石墨烯存在较大的功函数差(2.1 eV),因此可获得高效率的 n 型掺杂石墨烯。光电子能谱证实石墨烯和 $Bphen：Cs_2CO_3$ 存在较大的界面偶极层,导致掺杂石墨烯有很强的电荷转移,费米能级移动 1.0 eV。但如果直接在石墨烯表面蒸镀 $Bphen：Cs_2CO_3$,虽可以降低石墨烯的功函数,但电子注入势垒(约 1.1 eV)仍然比较高。

为了进一步降低电子注入势垒，Yao 等在石墨烯表面先后沉积钐（Sm）和 Bphen：Cs_2CO_3。纳米 Sm 薄层极易被氧化，吸附于石墨烯表面的氧与 Sm 反应形成 $O^- - Sm^+$ 偶极子层，结合 Bphen：Cs_2CO_3 的 n 型掺杂，可有效降低电子注入势垒（图 6 - 25）。基于该结构制备了反型 OLED，在 Sm 氧化物偶极子层厚度为 1 nm 时，电子注入势垒仅有 0.3 eV，最大电流效率和功率效率分别为 7.9 cd/A 和 6.0 lm/W，优于无 Sm 氧化物偶极子层 OLED 的电流效率（4.2 cd/A）和功率效率（2.3 lm/W）。此外，Sm 氧化物偶极子层还能阻挡空穴传输至阴极，改善电子和空穴的注入平衡。

图 6 - 25 Bphen：Cs_2CO_3 掺杂的 n 型石墨烯和 Bphen：Cs_2CO_3 之间的电子注入势垒

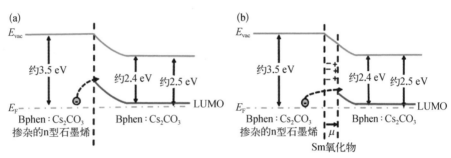

（a）无 Sm 氧化物偶极子层；（b）有厚度为 1 nm 的 Sm 氧化物偶极子层

与石墨烯阳极复合结构调控石墨烯电学性能类似，在石墨烯阴极表面制备一层低功函数的金属及其衍生物，同样可以实现降低石墨烯功函数、减小电子注入势垒的效果。但这种方法面临着在阴极内部易产生缺陷、空气中稳定性差及成本高昂等问题。

在石墨烯作为 OLED 底阴极时，也可以使用强给电子的化学掺杂剂对石墨烯进行 n 型掺杂，降低其功函数。例如，[4 -（1,3 -二甲基-2,3 -二氢-1H -苯并咪唑- 2 -基）苯基]二甲胺（N - DMBI）是一种高效的 n 型掺杂剂，通过热退火可形成自由基，具有强大的给电子能力，同时，其可溶液加工且空气稳定性好，是一种典型的 n 型掺杂剂。Kwon 等使用 N - DMBI 掺杂石墨烯，将 N - DMBI 溶解在氯苯中配制成质量分数为 0.5% 的溶液，通过旋涂对石墨烯进行化学掺杂，将石墨烯的功函数从 4.4 eV 降低至 3.95 eV（图 6 - 26）。基于 N - DMBI 掺杂的 4 层石墨烯底阴极制备的倒置型 PLED 的电流效率从未掺杂的 2.74 cd/A 大幅提升至 13.8 cd/A。然而 N - DMBI 掺杂 4 层石墨烯比本征态 4 层石墨烯具有更高的方块电阻,这主要归因于 N-DMBI 掺杂降低了原始石墨烯中残余 p 型掺杂效应,从而降低了空穴浓度,导致方块电阻增加。

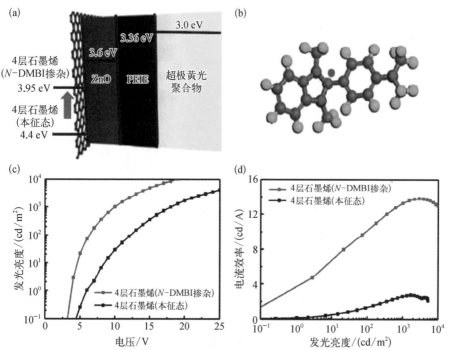

图6-26 基于 N-DMBI 掺杂的石墨烯阴极 PLED 结构及性能

(a)基于本征态4层石墨烯底阴极或 N-DMBI 掺杂的4层石墨烯底阴极制备的倒置型 PLED 示意图;(b) N-DMBI 的分子结构,在热退火中缺失的 H 原子用紫点表示(红球为 N,灰球为 C,绿球为 H);(c)发光亮度-电压曲线;(d)电流效率-发光亮度曲线

6.4.2 石墨烯作为顶阴极

对于传统的 OLED,底电极透明,顶电极不透明,光从器件底部发出。为满足终端电子产品透明显示的需求,底电极和顶电极均需要具有透明特性。当 ITO 作为底阳极、石墨烯作为顶阴极时,有望满足该应用需求。

Chang 等提出了一种基于石墨烯顶阴极的全溶液法制备 OLED,该器件的阳极 ITO 和阴极石墨烯均可透光,能实现透明显示。该研究直接将石墨烯转移至目标基底(有机层)上,无须 PMMA 等聚合物过渡,有效避免了聚合物残留颗粒对器件性能的影响。

　　在石墨烯转移过程中进行 CsF 的 n 型掺杂,制备了如图 6 - 27(a)所示的 OLED。经过 CsF 掺杂,石墨烯薄膜的功函数由 4.2 eV 降低至 3.2 eV[图 6 - 27 (b)],该透明 OLED 的最大亮度为 1 034 cd/m²[图 6 - 27(c)],最大电流效率为 3.1 cd/A[图 6 - 27(d)]。该工作表明,基于有效的 n 型掺杂和直接转移法,石墨烯薄膜可以作为 OLED 顶阴极使用。

图 6 - 27　基于 CsF 掺杂 4 层石墨烯顶阴极的蓝光透明 OLED 结构及性能

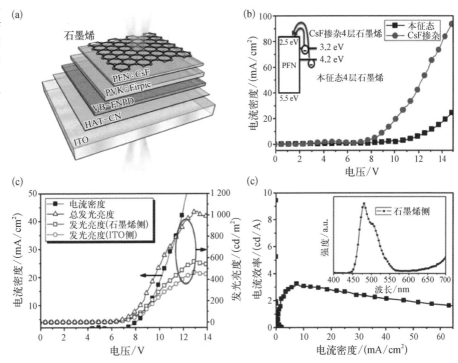

（a）OLED 结构;（b）基于本征态 4 层石墨烯顶阴极和 CsF 掺杂的 4 层石墨烯顶阴极的器件电流密度-电压曲线;（c）电流密度-电压-发光亮度曲线;（d）电流效率-电流密度曲线

　　对比表 6 - 2 结果发现,CsCO₃ 掺杂有利于降低石墨烯功函数但其方块电阻较大;N - DMBI、CsF 掺杂也可以达到较低的功函数,但由于石墨烯层数较多,其透过率低。当前,制备 n 型掺杂石墨烯基 OLED 面临的主要问题是在降低石墨烯功函数的同时,减小其方块电阻,并且保持良好的透光性。为了解决这些问题,还需研究人员进一步探索。由于掺杂石墨烯性能的影响因素较多,不能单纯依靠某种因素来评价掺杂石墨烯的性能好坏,须平衡各方面条件得到性能相对较好的石墨烯基 OLED。

掺杂剂	功函数/eV	方块电阻/(Ω/□)	透光率/%	石墨烯层数
PEI	3.9	—	—	—
CsCO$_3$	3.5	250	96	1
N－DMBI	3.95	537.5	89.5	4
CsF	3.2	180	84.9	4

表 6-2 基于不同 n 型掺杂剂的石墨烯性能

6.5 石墨烯薄膜用于 OLED 封装

6.5.1 石墨烯薄膜的阻隔性能

石墨烯薄膜虽然只有一个原子层厚,但它具有良好的水氧阻隔性能。理论上,石墨烯 π 轨道形成一个致密的离域电子云,有效阻挡芳香环内的间隙,其产生的排斥场,即使在室温下施加 1～5 个大气压压差在其原子厚度上,最小的分子(氢和氦)也无法通过。石墨烯具有高强度(断裂强度为 42 N/m)和高杨氏模量(1 TPa),在结构完整的前提下,可承受 6 个大气压的压力差。如图 6-28 所示,理论研究表明芳香环周围形成的离域电子云没有空隙允许分子通过,石墨烯中 C—C 键的键长为 0.142 nm,考虑到碳原子范德瓦耳斯半径为 0.11 nm,其几何孔径为 0.064 nm,该几何孔小于氦和氢等小分子的范德瓦耳斯半径,因此从理论上讲,石墨烯具有优异的阻隔性能,可用作 OLED 的封装材料。

Bunch 等测试了几种气体通过石墨烯密封微腔的渗透性(图 6-29)。首先通过抽真空产生 -93 kPa 的负压差,抑制石墨烯起泡和拉伸,将微腔置于不同气体填充的大气压下,通过测量压力变化计算泄漏率,即

$$\frac{\mathrm{d}N}{\mathrm{d}t} = \frac{V}{k_\mathrm{B}T}\frac{\mathrm{d}p}{\mathrm{d}t} \qquad (6-1)$$

式中,N 为原子数目;t 为时间;V 为微腔体积;p 为压力;T 为温度;k_B 为玻尔兹曼常数。

图6-28 石墨烯晶
格结构: sp²杂化的
碳原子排列在二维
蜂窝晶格中。 虽然
石墨烯对电子相对
透明, 但实际上在
室温下它对所有分
子是不可渗透的,
同时, 足够小的几
何孔 (0.064 nm)
也不会允许分子
通过

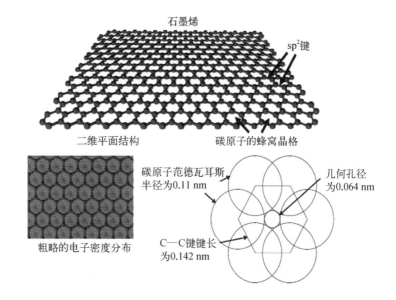

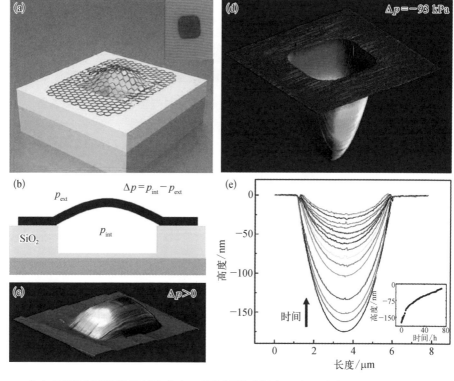

图6-29 石墨烯
微腔的结构

（a）石墨烯密封微腔的示意图；（b）石墨烯密封微腔的侧视示意图；（c）具有 $d_p > 0$ 的 9 nm 厚多层石墨烯鼓面的 AFM 图；（d）石墨烯密封微腔的 AFM 图；（e）通过图（a）石墨烯膜的中心截取的 AFM 线迹

对于氦而言,测得微腔的泄漏率为每秒 $10^5 \sim 10^6$ 个原子,该数值不随石墨烯层数的改变而发生变化,且同二氧化硅微腔泄漏率很接近,此现象表明气体渗透并非通过石墨烯膜而是通过微腔壁。研究人员还估算了氦原子通过石墨烯的透过率,其上限为 10^{-11} 。如果存在 8 eV 的沟道势垒,其透过率将会降低几个数量级,该测试从实验上论证了石墨烯的阻隔性能。

由于石墨烯的合成方法影响薄膜质量,其渗透性与合成工艺有极大关联。例如,由 CVD 法制备的石墨烯存在 Stone‐Wales 缺陷,降低了扩散势垒,虽然这种势垒高度(6~9.2 eV)的降低不足以让氦原子通过,但将导致氦的扩散更加容易。根据理论计算,缺陷可以显著降低氦穿透的势垒,例如空位缺陷 555777 双空位、858 双空位、四空位和六空位分别诱导产生 $5.75 \sim 8$ eV、$3 \sim 4$ eV、$1 \sim 1.2$ eV 和 $0.33 \sim 0.44$ eV 的势垒,因此在石墨烯的制备过程中应限制此类缺陷的产生,保证石墨烯优异的阻隔性能。

多层石墨烯因其层与层之间密集地堆叠在一起,可以最大限度地减少水分和空气穿过阻挡膜的路径数量,是封装大尺寸光电器件有源区的有效选择。相较于氧化石墨烯、石墨烯纳米片及其复合物,最有前景的石墨烯阻挡膜类型是 CVD 法生长的大面积石墨烯,它具有更大的表面积、晶粒尺寸和更少的晶界。

6.5.2　传统 OLED 的封装方法

OLED 中有机材料对水、氧极其敏感,须采用封装层来进行阻隔。在玻璃基底上制备的 OLED 最具代表性的封装方法是玻璃盖板封装。在惰性气体中,通过紫外线固化环氧树脂将一个刚性玻璃盖板连接到器件表面,并放置吸附剂用于吸收残余水分。然而,由于玻璃盖板不具备柔韧性,该方法并不适用于柔性 OLED 封装。

薄膜封装是当前主流的柔性封装技术,该方法能够降低器件的重量和厚度。通过溅射、蒸发或等离子体气相沉积对较低水蒸气透过率(Water Vapor Transmission Rate,WVTR)的高密度无机薄膜材料 SiN_x、SiO_x、AlO_x 进行制备。多层堆叠薄膜可进一步降低水蒸气透过率,例如 Weaver 等使用 Al_2O_3 和聚丙烯酸酯堆叠而成的复合结构封装 OLED。

　　　　　　　　　　　　　　　　　　　　　石墨烯薄膜与柔性光电器件

另一种典型的薄膜封装技术是原子层沉积法（Atomic Layer Deposition，ALD）。当薄膜的表面被完全覆盖后，一个循环沉积终止，这种自限性反应可防止针孔的出现，有效地屏蔽水蒸气。通过控制薄膜厚度和反应周期，利用 ALD 在原子尺度下形成薄且均匀的阻挡膜。上述薄膜封装方法可确保水蒸气透过率小于 10^{-5} g·m^{-2}·d^{-1}，但该方法的真空工艺导致价格昂贵，并且薄膜生长速率慢，不适于大规模生产。

6.5.3 复合封装结构

石墨烯制备过程中产生的缺陷限制了它的水氧阻隔性能，仅使用石墨烯封装 OLED 尚不能满足 OLED 的封装要求。

Nam 等在石墨烯表面沉积 Al$_2$O$_3$ 薄膜以改善阻隔性能。首先在铜箔表面通过 CVD 法制备石墨烯，随后将其转移至聚萘二甲酸乙二醇酯（PEN）基底，使用 NO$_2$ 对石墨烯进行功能化处理，增强其表面反应活性，在 100℃ 下利用 ALD 沉积厚度分别为 25 nm 和 50 nm Al$_2$O$_3$。封装结构的阻隔特性由 Ca 的导电性测试结果确定，Ca 测透过率的原理是通过阻隔膜的水蒸气与 Ca 发生化学反应生成绝缘物 Ca(OH)$_2$，阻隔膜的电阻随着氧化程度的增加而增加。如图 6-30(a)所示，对于 PEN 基底上的单层石墨烯，Ca 的电导随着时间的增加而快速降低，表明单层石墨烯的水氧阻隔能力差。在 PEN 基底上堆叠 8 层石墨烯，Ca 氧化的持续时

图 6-30 不同封装体系的封装效果

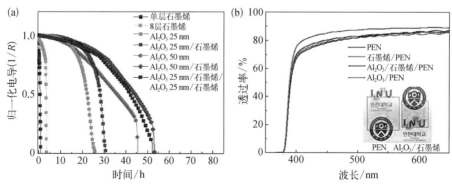

（a）基于不同封装结构的 Ca 导电性衰退测试；（b）不同封装体系的水蒸气透过率

间略微增加,而透过率从 98% 降至 80%。由 ALD 制备的厚度为 50 nm Al_2O_3 薄膜,寿命为 45 h。将 50 nm 厚的 Al_2O_3 薄膜沉积在石墨烯表面,Ca 完全氧化的时间增加为 53 h。复合封装结构的水蒸气透过率(Water Vapour Transmission Rate,WVTR)可由下列公式计算得到:

$$WVTR(g \cdot m^{-2} \cdot d^{-1}) = -n\left(\frac{M_{H_2O}}{M_{Ca}}\right) \times \rho_{Ca}\sigma\left[\frac{d(1/R)}{dt}\right]\left(\frac{l}{b}\right) \quad (6-2)$$

式中,n 为水氧化的化学计量系数;M_{H_2O} 为水的摩尔质量;M_{Ca} 为 Ca 的摩尔质量;ρ_{Ca} 为 Ca 的电阻率;σ 为 Ca 的密度;l 和 b 分别为 Ca 电极的长度和宽度;$1/R$ 为测得的电导;t 为氧化时间。

厚度为 50 nm Al_2O_3 和 Al_2O_3/石墨烯的水蒸气透过率分别可达到 3.07×10^{-4} $g \cdot m^{-2} \cdot d^{-1}$ 和 2.62×10^{-4} $g \cdot m^{-2} \cdot d^{-1}$。不同封装体系的水蒸气透过率如图 6-30(b)所示,在 PEN 基底上沉积一层 50 nm 厚的 Al_2O_3 薄膜,其水蒸气透过率反而增加,归因于 Al_2O_3 对光的抗反射作用。添加单层石墨烯可见光透过率降低约 2%,因此,采用 Al_2O_3/石墨烯可以改善水蒸气透过率,但对可见光透过率影响不明显。

在弯曲条件下仍具有优良的阻隔能力是柔性显示封装需要考虑的重要因素。图 6-31(a)显示了在施加弯曲应力后,Ca 导电性随时间的衰退情况。对于不含石墨烯的 Al_2O_3,其水蒸气透过率为 1.96×10^{-3} $g \cdot m^{-2} \cdot d^{-1}$,比本征 Al_2O_3 高约 6.4 倍;而 Al_2O_3/石墨烯复合结构的水蒸气透过率约为 7.65×10^{-4} $g \cdot m^{-2} \cdot d^{-1}$,表明石墨烯提升了 Al_2O_3 阻挡膜在机械应力下的稳定性。此外,可计算出弯曲后的石墨烯水蒸气透过率约为 1.25×10^{-3} $g \cdot m^{-2} \cdot d^{-1}$,与弯曲前的石墨烯水蒸气透过率($1.78 \times 10^{-3}$ $g \cdot m^{-2} \cdot d^{-1}$)相似。图 6-31(c)揭示了在弯曲应力下,石墨烯提升 Al_2O_3 阻隔能力的机理。在原始 Al_2O_3 表面没有观察到裂纹,对 Al_2O_3 进行弯曲应力试验后观察到明显裂纹;在 Al_2O_3/石墨烯上,弯曲应力试验后同样观察到裂纹,然而由于石墨烯层的存在,裂纹密度明显降低。

为了验证 Al_2O_3/石墨烯在器件中的阻隔效果,在刚性基底上制备 OLED,并采用 Al_2O_3(50 nm)/石墨烯复合结构封装 OLED。如图 6-32 所示,封装 24 h

图6-31 不同封装体系在弯曲条件下的封装效果

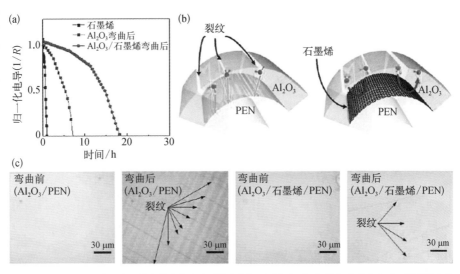

（a）基于 Ca 导电性衰退的弯曲应力试验后的水蒸气阻隔特性；（b）施加弯曲应力后石墨烯的水蒸气阻隔机理示意图；（c）在 PEN 和石墨烯/PEN 上 ALD 沉积 Al₂O₃ 弯曲前后的光学图

图6-32 OLED 封装试验

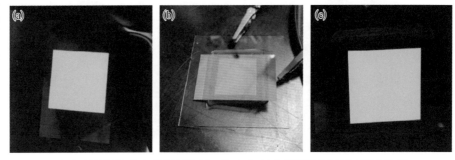

（a）刚封装后；（b）PEN 封装 24 h 后；（c）Al₂O₃/石墨烯复合结构封装 24 h 后

后，用 PEN 封装的 OLED 没有任何光发射，而用 Al_2O_3/石墨烯复合结构封装的 OLED 还可正常工作且无明显坏点，该试验验证了 Al_2O_3/石墨烯复合封装结构的水蒸气阻隔性能。

6.5.4　层压封装技术

Seo 等提出了一种简单灵活、可扩展、成本低的 OLED 层压封装技术，将 CVD 法生长的多层石墨烯薄膜与聚二甲基硅氧烷（PDMS）结合，具备绝缘性和弹性的 PDMS 用于隔离石墨烯，并且在无物理损伤的情况下将石墨烯薄膜层压在器件之上。石墨烯封装结构如图 6 - 33 所示。在旋涂 PDMS 之前，用聚酰亚胺胶带密封石墨烯/PET 基底的边缘，PDMS 固化后将其移除以获得涂覆树脂的区域。

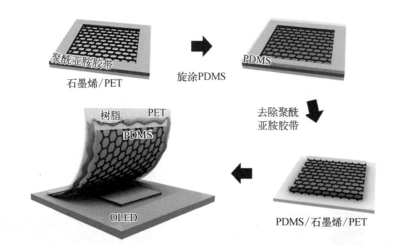

图 6 - 33　石墨烯封装结构示意图

将石墨烯封装结构和无石墨烯的封装结构（PET、PDMS/PET）层压到制备的 PLED 之上[图 6 - 34(a～c)]。由图 6 - 34(d～f)可知，在相同电压下，五种封装结构的器件电流密度、发光亮度、电流效率都极其相似，表明这些封装结构并未对发光器件造成损坏。

PLED 器件的发光亮度随时间的衰减变化如图 6 - 35 所示，在初始亮度为 1 000 cd/m^2 的条件下测试器件的寿命。未经任何封装的器件寿命为 2.3 h。采用 PET 或 PDMS/PET 封装后，器件寿命增加，但仍未超过 20 h。对于石墨烯封装结构，随着石墨烯层数的增加，封装体系的水分和空气渗透性减弱，器件寿命增大。当石墨烯为 6 层时，器件寿命达到 70.7 h。继续增加石墨烯层数可进一步提升器件寿命。

为了明确石墨烯对阻隔性能的影响，通过 Ca 电学性能的测试，高精度测量 Ca 腐蚀程度以获得水蒸气透过率（图 6 - 36）。归一化电导对时间的导数与封装材料的水蒸气透过率成反比，归一化电导与时间的关系曲线在温度为 25℃、相对

图 6-34 石墨烯
封装结构对器件性
能的影响

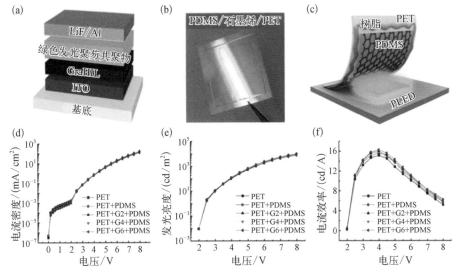

（a）用于评估封装性能的 PLED 器件结构；（b）石墨烯封装膜的图像；（c）PLED 基底上的石墨烯
封装结构；（d~f）封装 PLED 的电学特性（G2 为 2 层石墨烯，G4 为 4 层石墨烯，G6 为 6 层石墨烯），
包括电流密度-电压（d）、发光亮度-电压（e）和电流效率-电压（f）

图 6-35 使用不
同结构封装 PLED
器件的发光亮度
随时间的衰减变
化。初始亮度为
1 000 cd/m²，插图
为未经封装暴露于
空气中的 PLED 照
片（上图为刚刚暴
露时，下图为暴露
3 h 后，G2 为 2 层
石墨烯，G4 为 4 层
石墨烯，G6 为 6 层
石墨烯）

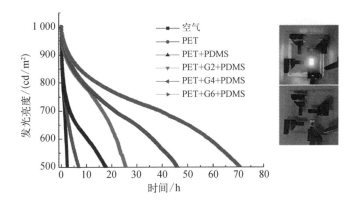

湿度为 45% 和电压为 0.05 V 条件下进行测量。所有封装结构的电导-时间曲线
均包括缓降区和滚降区。在第一个缓降区，由于水氧的缓慢垂直渗透，电导变化
不明显，6 层石墨烯封装结构的缓降区持续时间达到 65 h，这主要归因于多层石
墨烯薄膜的紧密堆积。多层堆叠结构可以修补每一层石墨烯中的点缺陷、聚合
物残留物、宏观裂缝及其孔洞等缺陷。在随后的滚降区中，水氧通过薄膜之间的
间隙快速水平扩散，导致电导剧烈降低。只采用 PET 进行封装可计算出水蒸气
透过率为 2.18 g·m⁻²·d⁻¹，而对于 PDMS/PET 封装结构，水蒸气透过率降至

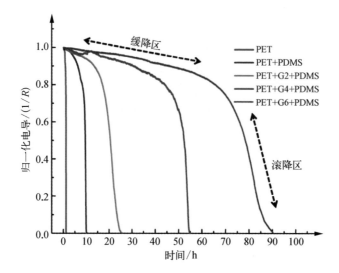

图 6-36 在温度为 25℃、相对湿度为 45% 和电压为 0.05 V 条件下，通过 Ca 电学性能测试的归一化电导与时间的关系曲线（G2 为 2 层石墨烯，G4 为 4 层石墨烯，G6 为 6 层石墨烯），虚线箭头：缓降区（左）和滚降区（右）

3.44×10^{-1} g·m^{-2}·d^{-1}。随着石墨烯层数的增加，水蒸气透过率进一步减小，6 层石墨烯封装结构具有最低的水蒸气透过率（1.78×10^{-2} g·m^{-2}·d^{-1}），这对基于石墨烯封装结构的器件寿命变化给出了合理的解释。

6.6　本章小结

鉴于石墨烯具有优异的光电性能和水氧阻隔性能，它有望应用于 OLED 的阳极、阴极和封装。本章主要介绍了石墨烯阳极的电学性能调控和光提取方法，并解释了器件发光亮度和发光效率提升的内在机理；同时讨论了石墨烯作为阴极在 OLED 中的应用；最后阐述了采用石墨烯薄膜封装 OLED 的结构及方法，为石墨烯基 OLED 的研究提供参考。

近年来，石墨烯在 OLED 中的应用研究取得了阶段性进展。从石墨烯作为阳极在 OLED 领域的研究进展中可以看出，通过国内外科研工作者的不懈努力，石墨烯薄膜在化学掺杂、物理改性、复合结构及光的有效提取等方面均取得了显著的进步。同时，石墨烯用于阴极和封装领域的研究也初见成效。但目前的技术距离实际应用需求还有一定差距，仍须开展系统深入的研究工作。

第 7 章

石墨烯薄膜在太阳能
电池领域的应用

近年来,关于石墨烯及其衍生物作为太阳能电池电极材料、吸光材料及界面功能层等的研究层出不穷。其中,化学气相沉积法生长的石墨烯薄膜因其优良的光学、电学性能在推动太阳能电池应用发展中扮演着重要角色。一方面,将石墨烯薄膜与硅构成肖特基结作为电池的吸光层,有望降低传统晶体硅太阳能电池的生产成本;另一方面,石墨烯透明导电薄膜因其优良的抗弯折性,在柔性太阳能领域中极具应用潜力。本章着重介绍 CVD 法制备的石墨烯薄膜作为光电转换材料和透明电极在太阳能电池中的应用,并讨论其在电池制备过程中存在的问题,为石墨烯薄膜在光伏领域的研究和发展提供参考。

7.1 石墨烯-硅异质结太阳能电池

目前,工业化的太阳能电池有多种,根据材料和结构可以分为晶体硅太阳能电池、硅基薄膜太阳能电池、碲化镉薄膜太阳能电池、铜铟镓硒薄膜太阳能电池等。得益于成熟的硅材料半导体技术,晶体硅太阳能电池占据了市场 80% 以上的份额,且在可见的将来,其主导地位不会动摇。但受限于高纯硅材料复杂的生产过程,晶体硅太阳能电池制作成本较高,其发电成本高于常规能源。近来,将具有优异光电性能的石墨烯与硅相结合,发展新型异质结太阳能电池的研究逐渐起步。

相比于传统晶体硅太阳能电池,基于石墨烯和硅复合的太阳能电池通过石墨烯薄膜与硅的直接接触形成异质结,避免了晶体硅太阳能电池制备过程中的高温(约 900℃)扩散成结工艺(形成同质 pn 结),使得该类电池生产流程简化、能耗大幅度降低。并且低温制备工艺的生产过程对硅片的热损伤和热形变减小,从而降低了对硅片纯度的要求,可使用纯度较低且厚度更薄的硅片作为生产基底,进一步降低了石墨烯-硅异质结太阳能电池的生产成本。因此,石墨烯-硅异质结太阳能电池有望实现低成本、高效率太阳能电池的制备。

7.1.1 石墨烯-硅基太阳能电池的结构和工作原理

石墨烯-硅异质结太阳能电池结构最早在 2010 年由 Li 等提出,通过湿法转移 CVD 法制备的石墨烯薄膜至 n 型硅表面,制备出石墨烯-硅异质结太阳能电池,获得了 1.65% 的光电转换效率。如图 7-1 所示,石墨烯薄膜被转移至图案化的二氧化硅/硅基底上,构成了典型的石墨烯-硅异质结太阳能电池器件结构,光电转换的过程发生在石墨烯薄膜与硅的界面。在自然环境中或者经过湿法转移的石墨烯薄膜通常呈 p 型掺杂,其功函数一般为 4.4～4.8 eV,而 n 型硅的功函数为 4.1～4.3 eV,当两者相互接触时,n 型硅中的电子向石墨烯扩散形成肖特基势垒,在硅表面形成内建电场。在太阳光的照射下,光子通过石墨烯被硅吸收产生的电子-空穴对在内建电场的作用下分离,空穴被石墨烯一侧收集,电子被硅一侧收集,由电极传导至外电路形成电流。因此,在该电池结构中,石墨烯薄膜起到两个作用,既与硅形成异质结,分离光生载流子,又能作为透明电极传输载流子。

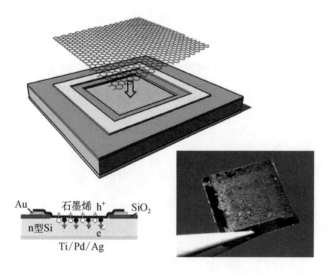

图 7-1 石墨烯-硅异质结太阳能电池的器件结构示意图与照片

7.1.2　石墨烯-硅基太阳能电池的优化

　　早期研究中制得的石墨烯-硅基太阳能电池效率较低,主要是因为单层石墨烯的功函数较低,与硅形成的肖特基势垒高度小于硅的带隙。因此,电池的开路电压远小于传统晶体硅太阳能电池。同时,电池的内建电场强度过小,不利于电子-空穴对的分离,易造成反向饱和电流减小。虽然理论上石墨烯薄膜的载流子迁移率很高,但是通常单层石墨烯薄膜的载流子浓度较低,使得石墨烯薄膜的方块电阻较大,导致电池的串联电阻增大,降低了填充因子。除此之外,平面硅在可见光波段的高反射率(30%～40%)降低了太阳光能的利用率,使得太阳能电池中短路电流大幅减少。

　　围绕上述石墨烯-硅异质结太阳能电池的效率问题,研究人员开展了系统的研究与优化工作。根据具体研究对象的不同,可以将石墨烯-硅基太阳能电池的优化方法分为石墨烯薄膜导电性和功函数优化、石墨烯/硅界面优化及硅表面反射率的优化。

1. 石墨烯薄膜导电性和功函数优化

　　虽然石墨烯具有极低的理论电阻率,但是常用的石墨烯薄膜的厚度仅为单原子层,其横向导电能力有限,是限制石墨烯-硅异质结太阳能电池器件性能的主要原因之一。用于制备太阳能电池的大面积石墨烯薄膜主要通过 CVD 法制备,其方块电阻一般为几百欧方至几千欧方。再经过后续的转移过程,常伴有缺陷、杂质的引入,使得石墨烯薄膜的方块电阻进一步增大。除此之外,本征态石墨烯的功函数较低,与硅形成的肖特基势垒(约 0.7 eV)远低于晶体硅太阳能电池的势垒(1.12 eV),电子容易越过肖特基势垒与空穴复合,使得石墨烯-硅基太阳能电池具有较大的反向饱和电流。

　　针对 CVD 法制备的石墨烯薄膜,通常采用化学掺杂或者石墨烯薄膜层数的调控来获得更为理想的导电性和功函数。一般地,常用氧化性较强的物质对石墨烯薄膜进行化学掺杂,从而优化石墨烯的功函数和载流子浓度,降低石墨烯薄膜的方块电阻。Miao 等使用三氟甲磺酰亚胺(TFSA)对石墨烯薄膜进行掺杂,将提前配制好的溶液以 1 000~1 500 r/min 的转速旋涂 TFSA 至石墨烯薄膜表面。一方面,掺杂降低了石墨烯的费米能级,提高了功函数,如图 7-2 所示。相应地,石墨烯-硅肖特基势垒提高,增大了石墨烯-硅基太阳能电池的开路电压(由 0.43 V 升至 0.54 V)。另一方面,掺杂使得石墨烯薄膜的空穴浓度提高,降低了石墨烯薄膜的方块电阻。如图 7-3 所示,串联电阻由掺杂前的 14.9 Ω 降至 10.3 Ω,相应地,电池器件的短路电流密度由 14.2 mA/cm² 升至 25.3 mA/cm²,填充因子由 0.32 提升至 0.63,太阳能电池效率由未掺杂的 1.9% 大幅度提升至 8.6%。

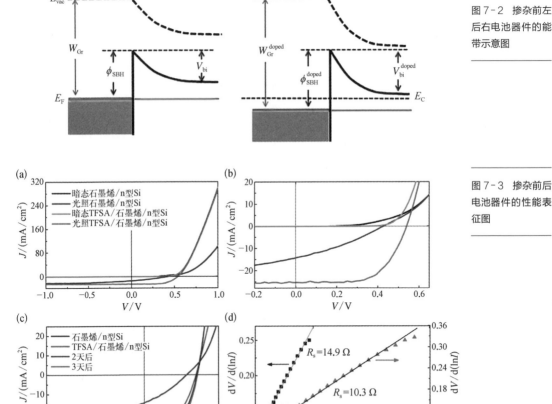

图 7-2 掺杂前左后右电池器件的能带示意图

图 7-3 掺杂前后电池器件的性能表征图

(a) 电池器件的电流密度-电压曲线;(b) 制备的大尺寸电池器件的电流密度-电压图,曲线为图(a)中曲线的局部放大;(c) TFSA 掺杂石墨烯器件的光稳定性测试;(d) 计算掺杂前后电池器件的串联电阻

除了用 TFSA 对石墨烯薄膜进行掺杂,氧化性极好的 HNO₃ 也是在石墨烯-硅基太阳能电池制备工艺中十分常用的掺杂剂。除此以外,具有较好挥发性和氧化性的 SOCl₂、H₂O₂、HCl 等也可以实现与 HNO₃ 类似的掺杂效果。此类掺杂剂的优点在于挥发性较好,通常可以使得掺杂工艺更为简单可控。对于易挥发的掺杂剂,可通过直接将电池器件放置在掺杂剂的气氛中一段时间进行掺杂,掺杂效果随时间可控且无须考虑旋涂过程对石墨烯薄膜浸润性的要求。如图7-4所示,经四种掺杂剂处理,电池的光电转换效率分别提升至未处理前的213.1%、230.0%、212.2%和211.6%。其中,SOCl₂ 的掺杂效果最为显著,使得电池效率由2.45%提升到5.95%。

图 7 - 4　四种掺杂剂对石墨烯-硅基太阳能电池性能的影响

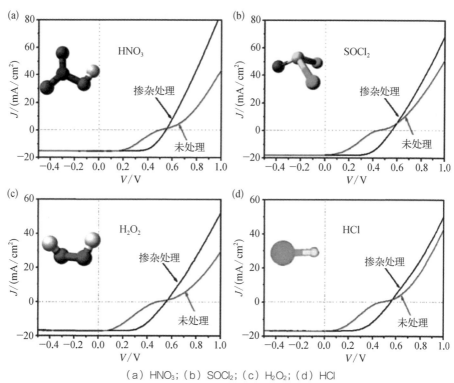

（a）HNO₃;（b）SOCl₂;（c）H₂O₂;（d）HCl

上述掺杂剂不论是 TFSA 还是易挥发掺杂剂,掺杂稳定性普遍较差,掺杂后的石墨烯-硅基太阳能电池效率往往衰减较快。针对这个问题,Xie 等通过直接旋涂 AuCl₃ 溶液对石墨烯进行掺杂。AuCl₃ 中的金离子从石墨烯薄膜中得到电子被部分还原成金原子,使得石墨烯薄膜的导电性得到改善。相应地,石墨烯薄膜中空穴的浓度进一步提高,对石墨烯薄膜进行 p 型掺杂,其功函数得到了提升。如图 7-5 所示,未封装的石墨烯-硅基太阳能电池在空气中存放 1 周后,光电转换效率由初始的 10.40% 降为 9.65%,依旧保持着 92.8% 的初始效率;存放 3 周后,掺杂效果的下降逐渐明显,使得表面导电性和功函数回降,光电转换效率降低至 7.42%,此时仍有 71% 的初始效率。相较于易挥发掺杂剂的作用,$AuCl_3$ 的掺杂效果维持时间更久,更容易获得稳定性高的电池器件。

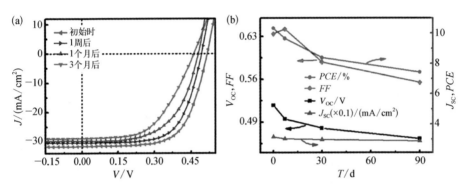

图 7-5　$AuCl_3$ 掺杂石墨烯的稳定性

(a) 未封装的石墨烯-硅基太阳能电池在空气中随时间变化的电流密度-电压曲线;(b) 电池主要性能参数随时间变化的曲线

在用金属纳米颗粒直接对石墨烯薄膜进行掺杂的基础上,还可以用金属颗粒来填补 CVD 法制备的石墨烯薄膜的缺陷位置,从而提升石墨烯薄膜的完整性,展现更加优异的光电性能。Ho 等利用 $HAuCl_4$ 在基底上发生氧化还原反应生成 Au 颗粒来填补 CVD 法生长石墨烯薄膜过程中存在的褶皱、裂缝等缺陷(图 7-6)。在降温过程中,由于 CVD 法生长的石墨烯薄膜与基底 Cu 存在不同的热膨胀系数,使得生长的石墨烯薄膜常常伴有缺陷存在,将带有缺陷的石墨烯薄膜转移至基底后,利用 $HAuCl_4$ 在缺陷位置还原生成的 Au 颗粒填补缺陷,可以提高石墨烯薄膜的电学性能。填补过后的石墨烯薄膜在水平和垂直方向均展现出了更加优异的导电性。进一步结合 TFSA 对上述石墨烯薄膜的功函数进行优化,制得了光电转换效率为 12.3% 的石墨烯-硅基太阳能电池,并且实现了 79% 的高

　　　　　　　　　　　　　　　　　　　石墨烯薄膜与柔性光电器件

图 7 - 6 HAuCl₄
还原生成 Au 颗粒
填补石墨烯缺陷的
示意图及 TFSA 掺
杂前后的器件电流
密度-电压图

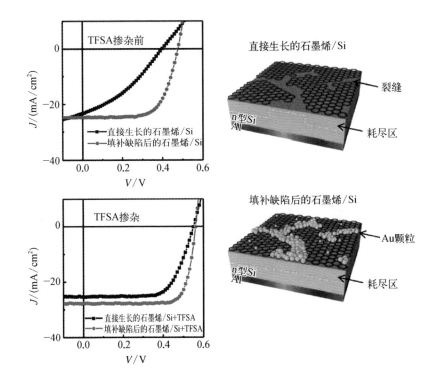

图 7 - 6 HAuCl₄还原生成 Au 颗粒填补石墨烯缺陷的示意图及 TFSA 掺杂前后的器件电流密度-电压图

填充因子。

　　此外,使用多层石墨烯薄膜也可以提高其功函数。通常,石墨烯的功函数越高,相应的石墨烯-硅异质结产生的内建电场越强,有利于光生载流子的收集,提升器件性能。但是石墨烯层数增加的同时,多层石墨烯薄膜的可见光透过率下降,可被吸收的光减少,太阳光的利用率也会降低。因此,需要合理地控制石墨烯层数来平衡功函数与可见光透过率。针对这个问题,Wu 等通过层层转移的方法,在硅基底上分别转移了 1～6 层石墨烯制得石墨烯-硅异质结太阳能电池,测得的电池光电性能如图 7-7 所示。当转移的石墨烯少于 5 层时,石墨烯的电导率与功函数随着层数的增加而提高,短路电流密度和填充因子显著增加,光电转换率增加到 9.62%～9.87%;当层数超过 5 层时,由于厚度过大,石墨烯的可见光透过率大幅降低,开路电压、短路电流密度、填充因子及光电转换效率均减小,显著影响了器件的性能。因此,合理地选取 3～5 层石墨烯作为透明电极可以最大化地提升器件性能。

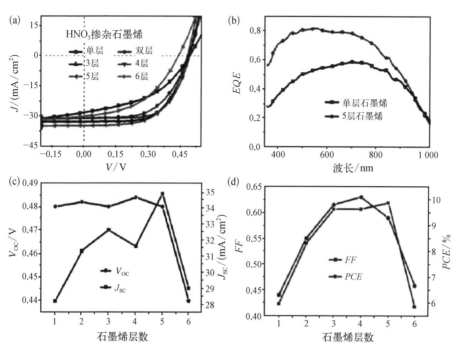

图 7-7 石墨烯层数对电池器件的影响

（a）不同层数石墨烯的电池器件电流密度-电压图；（b）单层和 5 层石墨烯对应电池器件的 EQE 图；（c~d）开路电压、短路电流密度、填充因子和光电转换效率随石墨烯层数变化的规律

2. 石墨烯/硅界面优化

除了通过对石墨烯的掺杂获得更高的功函数来提高肖特基势垒的高度，对硅表面钝化来降低载流子的快速复合也是提高石墨烯-硅基太阳能电池器件性能的重要手段。对于石墨烯-硅肖特基结太阳能电池，常用的界面优化方法是在石墨烯薄膜和硅之间插入一层超薄的氧化物绝缘层，构成石墨烯/绝缘体/半导体的结构。这一绝缘层不仅可钝化硅表面缺陷（饱和硅表面悬挂键），还能够起到阻止载流子复合的作用，但是绝缘层的厚度一般不超过 3 nm，过厚的绝缘层对载流子的传输也会造成阻碍。Yang 等在石墨烯与硅的界面插入一层氧化石墨烯来实现界面优化的目的。当绝缘层（GO）厚度较低时，载流子可以隧穿绝缘层，其传输几乎不受影响，电池器件的开路电压随绝缘层厚度的增加而增加。当绝缘层厚度超过一定值后，由于载流子隧穿概率下降，短路电流开始降低，同时器件的开路电压呈下降趋势。图 7-8 展示了石墨烯/氧化石墨烯/硅太阳能电

池的开路电压和短路电流密度随 GO 厚度变化的规律,当 GO 的厚度为 2.4 nm 时,获得了 6.18% 的效率(无化学掺杂)。他们后续还使用 Al_2O_3 和氟化石墨烯(Fluorographene,FG)等绝缘材料进行了类似的研究,并分别获得了 8.68%(无化学掺杂)和 13.38% 的效率。

图 7-8 石墨烯/氧化石墨烯/硅太阳能电池的开路电压和短路电流密度随 GO 厚度变化的规律

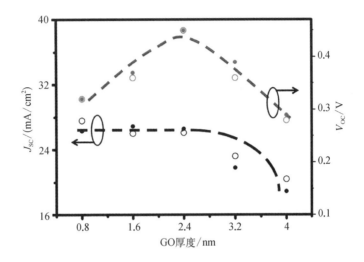

Jie 等系统研究了甲基钝化(CH_3-Si)、氢钝化(H-Si)和自然氧化层钝化(SiO_x-Si)三种方法对石墨烯与硅界面的钝化效果。如图 7-9 所示,相较于氢钝化和自然氧化层钝化,甲基钝化后的电池器件效率最高,硅表面的能带向上弯曲,更有利于光生载流子的分离。Song 等认为硅表面本身的氧化层不利于光生载流子的传输,并且会导致载流子的复合,使得电池的电流密度-电压曲线发生

图 7-9 使用甲基钝化(CH_3-Si)、氢钝化(H-Si)和自然氧化层钝化(SiO_x-Si)的石墨烯-硅基太阳能电池的暗场(a)和光照(b)下的电流密度-电压曲线

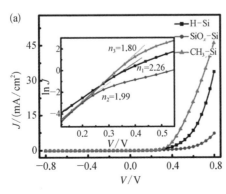
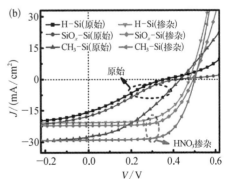

一定程度的"S"形弯折。当钝化层厚度为 1.5 nm 时,电池器件的性能最好,进一步结合掺杂工艺和减反射层的使用,制得了光电转换效率达到 15.6% 的石墨烯-硅基太阳能电池。

3. 硅表面反射率的优化

除了掺杂和表面钝化,减反射技术也被用于增强电池对光的吸收,从而提高石墨烯-硅基太阳能电池的效率。在可见光波段,平面硅具有很高的反射率,传统的晶体硅太阳能电池往往使用硅表面制绒和沉积减反射薄膜的手段,可将硅的反射率降至 10% 以下,以减少太阳能电池的光学损失。然而,制绒后的硅表面为微米尺度的金字塔结构,石墨烯被转移至该表面后极易发生破损。为了降低硅的反射率,Xie 等使用金属催化腐蚀的方法制备了硅纳米线和硅纳米孔两种结构,其形貌如图 7 - 10(a,c)所示。纳米线的直径为 200~300 nm,高度为 20 μm;纳米孔的直径为 0.8~1 μm,高度在 20 μm 左右。为了减少制备的结构表面载流子的复合,制备的硅纳米线和硅纳米孔结构还被进一步用甲基官能团修饰,修饰后的 SEM 图如图 7 - 10(b,d)所示。修饰后的硅表面载流子的复合速度降低至修饰前的 10% 左右,相应地,甲基修饰后的硅纳米线和硅纳米孔的反射率较平面

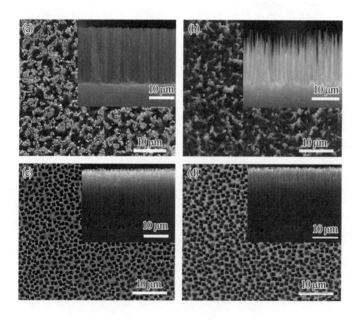

图 7 - 10　硅纳米线(a)、甲基修饰硅纳米线(b)、硅纳米孔(c)和甲基修饰硅纳米孔(d)的 SEM 图

硅有了大幅度下降。转移4层石墨烯与硅形成异质结太阳能电池,并使用 AuCl₃ 掺杂的情况下,可以获得 10.4% 的光电转换效率。

Wu 等使用硅纳米线与石墨烯薄膜组成异质结太阳能电池。硅纳米线的使用大大降低了平面硅的反射率,用二氯氧硫对石墨烯薄膜进行掺杂,得到了 2.86% 的光电转换效率。然而硅纳米线的表面缺陷过多,导致载流子的大量复合,使得电池的短路电流密度并没有获得显著的提升。Jiao 等在制绒的硅基底上用 PECVD 的方法直接生长纵向的石墨烯纳米墙,其形貌如图 7-11 所示。石墨烯纳米墙的光电性质与一般的石墨烯薄膜有所不同,其导电性较差,方块电阻通常大于 $1000\ \Omega/\square$。为了提高石墨烯纳米墙的导电性,使用银纳米线对其进行优化并制备了石墨烯-硅基太阳能电池,获得了 6.6% 的光电转换效率。

图 7-11 不同生长时间下硅基底上石墨烯纳米墙的 SEM 图

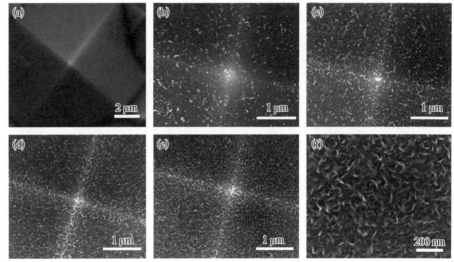

(a) 硅基底;(b~e) 30 min、35 min、40 min、45 min 生长时间下的 SEM 图;(f) 45 min 生长时间下的高倍数 SEM 图

此外,还常使用一些减反射层来降低硅表面反射,达到增大电池光吸收的目的。常用的减反射层有 PMMA($n = 1.49$)、TiO₂($n = 2.2$)、MoO$_x$($n = 2.2$)等,减反射层的厚度及其折射率是影响减反射效果的主要因素。TiO₂ 减反射膜早期用于晶体硅太阳能电池和碳纳米管/硅太阳能电池,因其工艺简单、便于调控,后续

大量研究均使用了这一减反射技术。其中具有代表性的是 Shi 等通过溶液旋涂的方法在转移到硅基底上的石墨烯表面制备了厚度为 65 nm 的 TiO_2 纳米晶减反射膜，如图 7-12 所示，光学反射率明显降低。同时用 HNO_3 对石墨烯进行掺杂，制备了石墨烯-硅基太阳能电池器件。HNO_3 大幅度提升了电池器件的开路电压和填充因子，具有优良减反射效果的 TiO_2 进一步将短路电流密度从 23.8 mA/cm^2 提高到 32.5 mA/cm^2，获得了 14.5% 的光电转换效率。其他种类的减反射层原理类似，在此不做赘述。

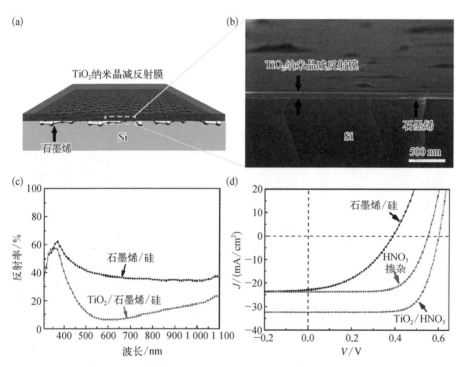

图 7-12　TiO_2 减反层对电池器件的影响

（a）TiO_2/石墨烯/硅结构示意图；（b）TiO_2/石墨烯/硅结构断面 SEM 图；（c）石墨烯/硅样品有无减反射层时的反射率；（d）HNO_3 掺杂及 TiO_2 减反射对器件性能的影响

　　以上对石墨烯-硅基太阳能电池的优化大大提高了电池的光电转换效率，促进了石墨烯-硅基太阳能电池的发展，但仍与晶体硅太阳能电池有一定的差距。近来，随着有机/聚合物太阳能电池和钙钛矿太阳能电池的飞速发展，石墨烯薄膜在薄膜太阳能电池透明电极方面也扮演着十分重要的角色。

7.2 石墨烯薄膜透明电极在有机/聚合物太阳能电池中的应用

透明电极作为太阳能电池必不可少的组成部分,其性能直接影响电池的光电转换效率。目前,应用于太阳能电池透明电极的材料主要是氧化铟锡(ITO)、氟掺杂的氧化锡(FTO)和铝掺杂的氧化锌(AZO)。常用的 ITO 在可见光范围透过率为 80%~90%,方块电阻为 $10\sim30\ \Omega/\square$,通常随着透过率的增加,方块电阻变大。太阳能电池透明电极除了对透过率和导电性有要求,还对电极的浸润性、功函数和化学稳定性有一定要求。近年来,随着柔性太阳能电池技术的发展,在弯曲条件下易碎、对酸性环境敏感、在红外波段透过率较差的 ITO 越来越难满足人们对柔性透明电极的需求,石墨烯薄膜因其高机械强度、化学稳定性和红外波段良好的透过率是 ITO 透明电极替代材料的有力竞争者。

本节对有机/聚合物太阳能电池中关于石墨烯柔性透明电极的研究进行介绍,并对石墨烯透明电极优化及相关柔性电池制备的方法进行了总结,供相关科研人员参考。

7.2.1 有机/聚合物太阳能电池简介

与硅基太阳能电池不同,有机/聚合物太阳能电池光电转换的基本原理是入射光被活性层吸收所产生的光生伏特效应。与无机半导体材料不同,有机/聚合物材料的介电常数为 3~4,因此当活性层吸收入射光后,并不能直接形成自由载流子,而是形成了束缚的电子-空穴对(激子)。电子-空穴对扩散至给体和受体界面时会被受体材料提取,电子和空穴分离,形成了自由载流子。空穴和电子分别沿着给体材料和受体材料传输,最终被电极收集形成光电流。如图 7-13 所示,有机/聚合物太阳能电池中的光电转换过程可以总结为以下四个部分。

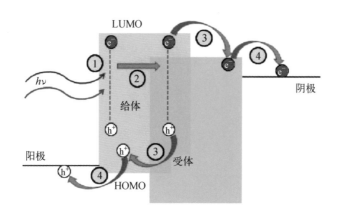

图 7 - 13 有机/聚合物太阳能电池光电转换的基本原理

（1）光子吸收。当入射光进入活性层时，能量大于给体材料禁带宽度（E_g）的光子将电子从基态激发到激发态，即电子从最高占据分子轨道（HOMO）跃迁到最低未占分子轨道（LUMO），形成了激子。

（2）激子扩散。所产生的激子在给体材料中进行扩散，其扩散距离大约为10 nm，如果在此范围内激子扩散至给体和受体界面，激子将发生分离，否则将发生复合。

（3）激子分离。到达给体和受体界面的激子在内建电场的作用下将分离成电子和空穴，分离后的空穴和电子将分别沿着给体材料和受体材料传输。

（4）电荷收集。在界面处分离的电子和空穴在内建电场的作用下分别在受体材料和给体材料中传输，到达电极后被收集形成光电流。

相较于其他种类的太阳能电池，有机/聚合物太阳能电池的发展经历了漫长的历史。1979 年，Deng 等用酞菁铜（CuPc）作为电子给体材料、四羧基苝衍生物（PV）为电子受体材料，制备了第一个双层平面异质结结构的太阳能电池。经过30 多年的发展，直到 2010 年，Liang 等用合成的聚苯并二噻吩（PTB7）与[6,6]-苯基-C_{71}-丁酸甲酯（$PC_{71}BM$）在氯苯溶剂中共混作为电池活性层，并引入 1,8-二碘辛烷（DIO）作添加剂，获得了 7.4% 的光电转换效率，有机/聚合物太阳能电池效率才首次超过 7%。

受限于当时有机/聚合物材料的发展速度，有机/聚合物太阳能电池的光电转换效率远低于同时代的晶体硅太阳能电池，使得其在产业化发展进程中大幅度落后。近年来,随着光电材料领域的崛起,有机/聚合物太阳能电池效率提升迅速。2018年,单节有机/聚合物太阳能电池的光电转换效率已达到16.4%。

7.2.2 石墨烯薄膜透明电极的优化

低成本、大面积制备石墨烯透明导电薄膜是替代传统ITO在有机/聚合物太阳能电池领域获得应用的关键。化学还原氧化石墨烯的方法具有产率高、成本低、可溶液加工的突出优势。2007年,Stankovich等通过旋涂法在SiO_2/Si基底上制得了GO薄膜,通过后续的还原、热处理等工艺制备了石墨烯透明薄膜。2008年,Eda等将rGO作为有机太阳能电池的电极,并通过掺杂等方式提高了rGO的电导率及有机太阳能电池电极的空穴收集能力。他们以3-己基取代聚噻吩(P3HT)为电子给体材料、富勒烯衍生物(PCBM)为电子受体材料构成光吸收层,制备出光电转换效率为0.1%的太阳能电池。同年,Wu等通过肼蒸气还原法制备了rGO薄膜电极,并制备了结构为石墨烯/PEDOT:PSS/P3HT-PCBM/LiF/Al的聚合物太阳能电池,如图7-14所示。受限于制备的rGO薄膜具有较多缺陷,其导电性较差,并且疏水的rGO表面不利于PEDOT:PSS在上面均匀旋涂成膜,因此仅获得了0.13%的光电转换效率。

上述报道的太阳能电池效率很低,一方面是因为制备的石墨烯薄膜缺陷较多,导致相应透明电极的导电性较差,增大了电池器件的串联电阻。同时,缺陷的存在使得载流子的复合增多,不利于光生载流子的有效提取,进一步限制了光电流。另一方面,石墨烯薄膜表面的疏水性不利于其他功能材料的溶液法制备。以石墨烯薄膜为底电极的多层薄膜器件中,其他功能层较差的成膜质量也增加了器件制造的困难。除此之外,石墨烯薄膜的功函数通常为4.4~4.8 eV,比功能层势垒较高,内建电场较低,不利于光生载流子的提取。

针对上述问题,科研工作者开展了大量的研究工作。除了可以选择更优异的石墨烯薄膜制备方法,还可以对石墨烯薄膜进行表面修饰和化学掺杂来调控

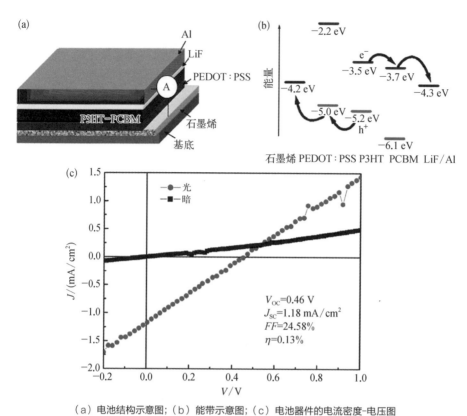

图 7 - 14 肼蒸气还原法制备的 rGO 薄膜电极在聚合物太阳能电池中的应用

（a）电池结构示意图；（b）能带示意图；（c）电池器件的电流密度-电压图

石墨烯薄膜的功函数和导电性，并改善石墨烯薄膜表面的浸润性。

1. 石墨烯透明导电薄膜的制备方法

相较于化学还原氧化石墨烯方法，CVD 法是获得高质量石墨烯更有效的方法。Wang 等通过 CVD 法制备了大面积石墨烯薄膜，将其转移至硅基底表面（图 7-15）。早期 CVD 法制备的石墨烯薄膜虽然均一性较差，但是薄膜覆盖率高，在应用于太阳能电池中时，不容易产生器件的短路，并且连续的薄膜保证了载流子的横向移动，其导电性较化学还原氧化石墨烯方法更高。从拉曼光谱图中可以看到，特征峰的强度随着单层、双层和多层石墨烯薄膜规律变化，并且未出现非常明显的 D 峰（约 1 350 cm⁻¹，缺陷特征峰），进一步证明了 CVD 法制得石墨烯薄膜的完整性。光电性能较化学还原氧化石墨烯制备的透明电极也有大幅度提升。然而受限于石墨烯表面的疏水性，将其作为以 P3HT：PCBM 为活性层的

图 7-15 转移至硅基底上的 CVD 法制备的石墨烯薄膜

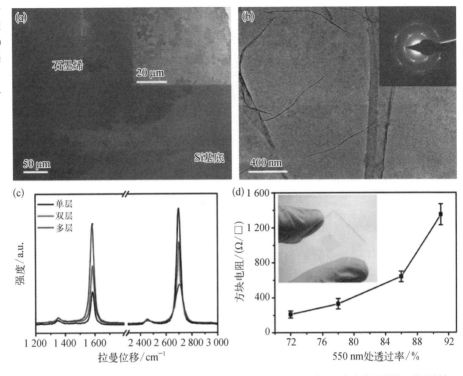

（a）转移至硅基底表面的 CVD 法制备的石墨烯薄膜的 SEM 图（插图为光学显微镜下的照片）；（b）石墨烯薄膜的 TEM 图；（c）不同层数石墨烯薄膜的拉曼光谱图；（d）不同厚度（6～30 nm）石墨烯薄膜的方块电阻和透过率

聚合物太阳能电池阳极时，器件仅获得 0.21% 的光电转换效率。

2. 石墨烯薄膜的表面修饰

在传统电池器件的制备过程中，常用氧等离子体处理透明电极表面以获得更优的亲水性。然而，单层碳原子构成的石墨烯薄膜在这种处理工艺下的完整性会受到影响，薄膜导电性也会大幅度降低。因此，针对石墨烯薄膜表面的疏水性问题，研究人员采用不会对石墨烯薄膜的结构完整性产生影响的紫外臭氧清洗机进行处理，可以暂时获得亲水性的提高（0.5 h 以内）。此外，通过在石墨烯薄膜上直接制备一层聚合物或无机层（如 Cs_2CO_3、MoO_3 等），也可以对石墨烯薄膜进行修饰，获得稳定的亲水性的改善。并且选择功函数适当的修饰层可以调控石墨烯薄膜的功函数，促进器件载流子的提取，以获得性能更加优异的电池器件。

Wang 等分别用紫外光-臭氧(UV‐Ozone)和 N‐羟基琥珀酰亚胺酯 1‐芘丁酸(PBASE)对石墨烯薄膜表面进行处理,并且制备了聚合物太阳能电池,电池结构如图 7‐16 所示。PEDOT：PSS 被用来修饰石墨烯薄膜表面,起到降低表面粗糙度和降低空穴提取壁垒的作用。其中,经 UV‐Ozone 处理的石墨烯薄膜制备的电池获得了 0.74% 的光电转换效率,未经处理的电池仅有 0.21% 的效率,而采用 PBASE 处理的石墨烯薄膜获得了 1.71% 的电池效率,效率得到进一步的提高。效率的提升一方面归因于石墨烯表面亲水性的改善,另一方面归因于调节了石墨烯薄膜的功函数,使得空穴更有效地被传输到石墨烯电极。

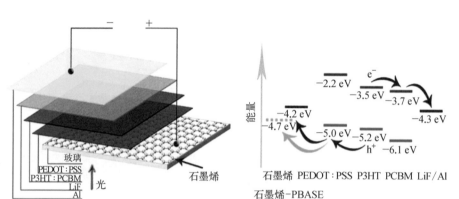

图 7‐16　电池结构示意图和能带示意图

在反型聚合物太阳能电池中,为了降低石墨烯薄膜的功函数以获得更好的器件性能,Jo 等分别研究了聚氧化乙烯(PEO)、碳酸铯(Cs_2CO_3)和季铵盐离子型共轭聚合物(WPF‐6‐oxy‐F)三种不同界面修饰层对石墨烯薄膜功函数的影响,并制备了反型 P3HT：PCBM 电池。从电池器件的电流密度-电压图可以看出,PEO、Cs_2CO_3 和 WPF‐6‐oxy‐F 均对石墨烯薄膜起到了修饰作用,器件性能有了不同程度的提升。其中,以聚合物 WPF‐6‐oxy‐F 作为界面偶极层来修饰石墨烯薄膜可以获得最佳的器件性能。从图 7‐17 的能带示意图可以看出,界面偶极层的修饰使得石墨烯电极的功函数由 4.58 eV 降至 4.25 eV,导致电池内建电场的增强,促进了电极对载流子的收集,获得了器件效率为 1.23% 的太阳能电池。

此外,Loh 等在石墨烯透明导电薄膜表面蒸镀了 2 nm 厚的 MoO_3 来改善石

图 7-17 不同修饰层对石墨烯功函数的影响

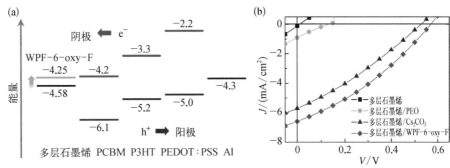

（a）能带示意图；（b）不同界面修饰层对应电池器件的电流密度-电压曲线

墨烯薄膜表面亲水性。一方面石墨烯薄膜表面的亲水性得到了改善，另一方面得益于具有高功函数（6.1～6.6 eV）MoO_3 的修饰，石墨烯薄膜的功函数可提升至 5.47 eV，缩小了与 P3HT：PCBM 的 HOMO 能级（5.2 eV）之间的传输壁垒，器件性能因此得到改善。

3. 石墨烯薄膜的化学掺杂

CVD 法制备的石墨烯薄膜除了功函数需要调控来满足器件性能，其方块电阻往往较大（几百欧方），在作为太阳能电池的透明电极时，较大的电阻使得电池器件的串联电阻较大，器件性能变差。一般地，可以通过对石墨烯进行化学掺杂或者适当增加石墨烯薄膜的层数来提高石墨烯电极的导电性。

Liu 等用金纳米颗粒和 PEDOT：PSS 对单层石墨烯薄膜进行化学掺杂，使其导电性提升了 400%。将掺杂后的石墨烯薄膜作为顶电极材料、ITO 作为底电极材料制备了基于 P3HT：PCBM 活性层的半透明电池，器件结构如图 7-18 所示，器件效率最高可达 2.7%。得益于单层石墨烯薄膜优于 ITO 的透过率，对半透明的电池分别从石墨烯侧和 ITO 侧入射光进行电池器件性能测试。发现当从石墨烯侧入射时，器件效率明显高于 ITO 侧，外量子效率谱图也给出了一致的测试结果。

对 CVD 法制备的石墨烯薄膜的表面修饰和化学掺杂着眼于石墨烯薄膜光电性能的提升，近年来，在单层石墨烯生长方法、掺杂和改性方面的研究使得其具有了替代商用 ITO 的潜力，其在柔性太阳能电池中的应用也一直是人们关注的焦点。

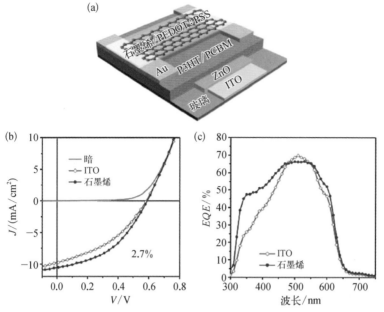

图 7-18 金纳米颗粒修饰及 PEDOT 掺杂后的石墨烯顶电极制备的半透明聚合物太阳能电池

（a）器件结构示意图；（b）光分别从 ITO/石墨烯电极组合两侧入射时的电流密度-电压曲线；（c）光分别从 ITO/石墨烯电极组合两侧入射时的外量子效率谱图

7.2.3　基于石墨烯透明电极的柔性有机/聚合物太阳能电池

早期制备石墨烯柔性透明电极的方法是将 GO 旋涂在 SiO_2/Si 基底上成膜，并在 Ar/H_2 气氛下进行高温热还原处理，以获得较好的导电性。将制备好的 rGO 薄膜转移至 PET 基底上，当石墨烯薄膜厚度为 4 nm 时，可制备最高透过率为 88%、方块电阻为 16 Ω/□ 的柔性透明电极。用 3-己基噻吩(P3HT)和苯基 C_{61} 丁酸甲酯(PCBM)的混合物作为活性层，在柔性 PET 基底上制备了器件结构为 rGO/PEDOT∶PSS/P3HT∶PCBM/TiO_2/Al 的太阳能电池，可以得到 0.78% 的光电转换效率。

Acro 等将 CVD 法制备的石墨烯转移至 PET 基底上制备柔性透明电极，并对基于石墨烯和 ITO 电极的太阳能电池分别进行了抗弯折能力的测试(图 7-19)。对两种电池施加从 0° 逐渐加大的弯折角度，基于石墨烯柔性透明电极的电池在弯折角度达到 138° 时，依然保持较好的电池性能；相比之下，以 ITO 作为柔性透明电极的电池在弯折角度达到 60° 时基本失效。其原因在于弯折角度的增大使得本征易脆的 ITO 薄膜产生裂缝,从而透明电极的电阻增大,使得电池器件中的串联电阻增大,器件性能大幅度降低。相反地,得益于石墨烯薄膜优异的抗弯折性,以 CVD 法制备的石墨烯为柔性透明电极的电池表面并没有出现明显的裂缝,器件性能受弯折角度的影响较小。

图 7 - 19 对比以石墨烯和 ITO 分别作为电极的太阳能电池的性能

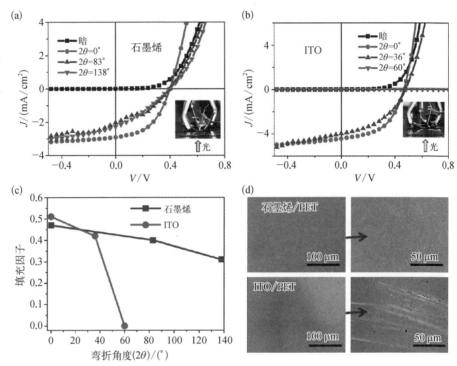

(a,b)以 CVD 法制备的石墨烯和 ITO 为电极的太阳能电池在不同弯折角度下的电流密度-电压曲线;(c)两种器件的填充因子随弯折角度的变化曲线;(d)两种器件在抗弯折测试前后表面的 SEM 图

CVD 法制备的石墨烯在作为电池电极时除了展示出优异的抗弯折性,还因其化学稳定性良好在电池中充当顶电极时,可以有效隔绝水氧对电池功能层的损害,提高无封装电池的稳定性。Liu 等将 HAuCl₄加入 PEDOT∶PSS 溶液中,制备出 PEDOT∶PSS(Au)的混合薄膜对石墨烯进行掺杂,得到了效果明显且十分稳定的掺杂效果。掺杂后,单层石墨烯的方块电阻降至(158±30)Ω/□,而 4 层石墨烯的方块电阻可降至(68±10)Ω/□。并且存放 40 天后,掺杂效果基本无衰退。以 CVD 法制备的石墨烯薄膜为顶电极制备了器件结构如图 7 - 20 所

示的柔性太阳能电池,实现了 3.2% 的光电转换效率。同时对柔性电池进行了抗弯折性和稳定性的测试。以 CVD 法制备的石墨烯为电极的电池在弯折 1 000 次后,光电转换效率只损失了 8%,展现出良好的柔韧性。除此之外,以 CVD 法制备的石墨烯作为顶电极时,对器件的稳定性产生了影响。以基于 ITO 电极的电池作为参照器件,当以单层石墨烯为顶电极时,器件在空气中的稳定性明显提高;当增加石墨烯层数到 2 层时,器件效率衰减速度再次减慢,稳定性继续提高;当石墨烯层数继续增加时,稳定性不再随石墨烯层数的增加而增加。可以推断出,当石墨烯层数达到 2 层及以上时,水氧基本无法穿透电极进入功能层,由外界水氧引起的器件效率衰减基本被控制,器件展现出较好的稳定性。

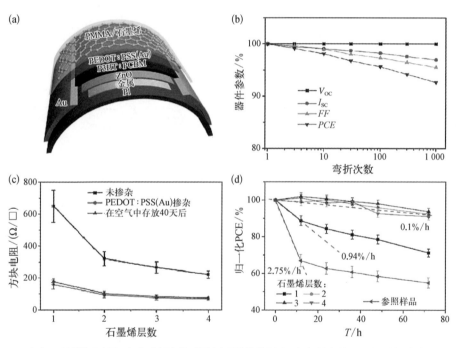

图 7 - 20　多层石墨烯作为柔性太阳能电池顶电极对稳定性的影响

(a) 器件结构示意图;(b) 弯折次数对器件主要性能的影响;(c) 掺杂效果及稳定性;(d) 不同层数石墨烯作为顶电极时对器件稳定性的影响

　　CVD 法制备石墨烯柔性透明电极在稳定掺杂的条件下,方块电阻和透过率接近 ITO。为了获得更佳的电池性能,还可以对石墨烯与其他功能层界面的能级匹配进行优化。Park 等用 MoO_3 电子阻挡层和 ZnO 电子传输层对石墨烯表面进行修饰获得了与功能层更匹配的功函数。以 CVD 法制备的 3 层石墨烯(约 300 Ω/□)分别作为聚合物太阳能电池的阳极和阴极。当石墨烯作为顶电极时,器件效率为 6.1%;当石墨烯为底电极时,器件效率为 7.1%。两种器件以 5 mm 的曲率半径弯折 100 次,其光电转换效率没有衰减,展现出了良好的柔韧性。

除了可以单独作为有机/聚合物太阳能电池的阳极或者阴极材料,石墨烯透明电极还可以同时用作电池的阳极和阴极。Song 等制备了石墨烯同时作为阳极和阴极的半透明太阳能电池。底部的石墨烯通过 PMMA 法转移,而顶部的石墨烯通过干法转移。整个器件在可见光波段具有 61% 的透过率,制得在 PEN 基底上柔性器件具有 3.7% 的光电转换效率。器件制备工艺兼容性强,甚至可以在纸或者 Kapton 胶带上制备(图 7-21)。为了进一步验证石墨烯电极对电池抗弯折性的提高,测试了不同电极组合的器件在不同曲率半径下的效率衰减状况。当顶、底电极材料均为石墨烯(Gr/Gr),曲率半径小至 0.7 mm 时器件效率出现明显衰减,较 ITO/石墨烯电极(ITO/Gr)的 1.2 mm 和 ITO/铝电极(ITO/Al)的 2.0 mm 表现出更好的抗弯折性。

图 7-21 石墨烯电极对电池抗弯折性能的影响

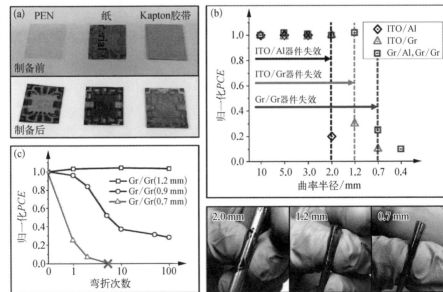

(a)在三种基底(PEN、纸和 Kapton 胶带)上制备器件前后的照片;(b)不同电极组合的器件做抗弯折测试的照片及效率和曲率半径之间的关系;(c)双电极均为石墨烯的器件在不同曲率半径下效率随弯折次数的变化

目前,关于石墨烯薄膜作为有机/聚合物太阳能电池柔性顶、底电极的研究已经初步证明了其在柔性太阳能电池领域对传统 ITO 透明电极的可替代性。并且石墨烯薄膜具有良好的机械柔韧性和化学稳定性,使得其在作为柔性电极和维持电池稳定性方面也起到了重要作用。

7.3　石墨烯薄膜透明电极在钙钛矿太阳能电池中的应用

钙钛矿材料具有很高的光吸收系数、适宜的带隙(约 1.55 eV)、低的激子束缚能和长的载流子扩散距离,是作为薄膜太阳能电池光吸收层的优良材料。得益于钙钛矿太阳能电池光电转换效率的飞速提升,有机-无机杂化钙钛矿太阳能电池技术的发展备受瞩目。

7.3.1　钙钛矿太阳能电池的快速发展

与有机/聚合物太阳能电池长达数几十年的发展历史不同,钙钛矿太阳能电池出现时间较晚但发展迅猛。2009 年,Kojima 等在研究染料敏化太阳能电池的过程中,首次使用具有钙钛矿结构的有机金属卤化物作为敏化剂,获得了 3.8% 的光电转换效率,拉开了钙钛矿太阳能电池研究的序幕。2012 年,Kim 等制备出第一个全固态钙钛矿太阳能电池,并获得了 9.7% 的电池效率。2013 年,Liu 等采用共蒸发方法在平面基底上合成了厚度均一且致密的钙钛矿薄膜,并组装了一种全新的平面异质结钙钛矿太阳能电池,效率可达 15.4%。2014 年,Yang 等通过掺杂修饰 TiO_2 使得电池的电子传输效率大大提高,电池的光电效率提升到了 19.3%。2015 年,Saliba 等通过优化钙钛矿的组分制备了复合钙钛矿薄膜,通过优化制备出效率高达 22.1% 的太阳能电池。最近,Jung 等又将这一纪录提升至 24.2%。

钙钛矿太阳能电池的快速崛起不仅仅体现在基础研究上,其模块化电池组件也很快开始进入人们的视野。Chen 等开发了第一个有效面积为 36.1 cm^2 的钙钛矿模块,获得了 12.1% 的国际认证效率。2017 年,钙钛矿光伏组件效率的世界纪录被提升到了 16.0%,同年 12 月该效率又被刷新为 17.4%,这一组件效率与多晶硅组件效率相当。除此之外,Cheng 等开发的 10 cm×10 cm 塑料基底柔性钙钛矿太阳能电池组件经认证,获得了 13.98%的组件效率。2018 年,欧洲太阳能研究机构 Solliance 使用了 6 in× 6 in 的商用玻璃基底,将 24 块电池通过激光印刷串联制备成组件,该组件在 144 cm^2 的采光面积上测得稳定的效率为13.8%,个别电池则达到 14.5%的光电转换效率。

钙钛矿太阳能电池的组件效率被屡次刷新,不仅代表着钙钛矿太阳能电池在结构与性能上拥有巨大的提升空间与研究潜力,也预示着其在未来太阳能电池领域将占有重要地位。

7.3.2 石墨烯薄膜在钙钛矿太阳能电池中的研究

包括石墨烯薄膜、氧化石墨烯和石墨烯量子点在内的石墨烯材料,因其优异的光电性能可应用于钙钛矿太阳能电池。石墨烯量子点和氧化石墨烯因结构性质和尺寸与石墨烯薄膜有较大差异,通常用来修饰钙钛矿太阳能电池的界面或作为电子和空穴传输层材料。

石墨烯量子点作为新型的零维材料,因其极小的尺寸(通常在 10 nm 以内)表现出显著的量子限域效应和边界效应,主要起到修饰界面的作用。在介孔结构的太阳能电池中,石墨烯量子点可以用来提高电子和空穴的提取速率,降低载流子传输过程中的能量损耗,来实现钙钛矿太阳能电池光电转换效率的提高。在应用氧化锌(ZnO)作为电子传输层的钙钛矿太阳能电池中,rGO 量子点具有钝化 ZnO 表面的功能,减缓因 ZnO 引起的活性层分解,从而提高电池的稳定性。

氧化石墨烯具有被含氧官能团包围的二维 C—C 结构,在作为界面修饰层时,非均匀分布的含氧官能团降低了氧化石墨烯的电子迁移率,因此可以用来阻止载流子的复合。另外,界面的浸润性也得到了较大改善,提高了吸光层在传输材料上的成膜质量。

与 GO 在有机/聚合物太阳能电池中类似,GO 在钙钛矿太阳能电池中通常用来替代或者修饰传统空穴传输材料 PEDOT∶PSS(图 7 - 22)。一方面,GO 较高的 LUMO 能级可以有效阻挡电子,提高空穴的提取速率,增大钙钛矿电池的开路电压;另一方面,化学稳定性较好的 GO 可以减小酸性 PEDOT∶PSS 对 ITO 的腐蚀,提升电池稳定性。但由于 GO 导电性较差,随着厚度的增加亦会增大器件的串联电阻、降低器件效率,因此有科研人员用导电性更好的 rGO 作为电池的空穴传输层。Yeo 等首次将 rGO 作为空穴传输层用于钙钛矿太阳能电池。相比于 GO,rGO(功函数约为 5.0 eV)与钙钛矿有更好的能级匹配度,并且 rGO 自身钝化性能好,可以增强电池的稳定性,延长电池寿命。

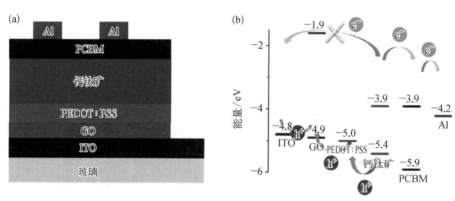

（a）器件结构示意图;（b）能带示意图

图 7 - 22　GO 修饰 PEDOT∶PSS 作为电池器件空穴传输层

　　在钙钛矿太阳能电池中,以 TiO_2 和 ZnO 为代表的电子传输材料通常需要高温烧结工艺来提高结晶质量以达到提高导电性的目的。将石墨烯材料引入电子传输层,可以在低温条件下实现其导电性的提升,这对制备具有柔性塑料基底或者叠层结构的钙钛矿太阳能电池意义重大。一般地,将具有一定导电性的石墨烯材料与传统的金属氧化物电子传输材料复合,制备成可溶液旋涂或印刷的浆料从而进行低温制备。较有代表性的是 Wang 等在 150℃ 的低温下,制备了 TiO_2 纳米晶与石墨烯复合的电子传输层,石墨烯的引入减少了串联电阻和电荷复合损失,所制备的钙钛矿太阳能电池效率高达 15.6%。

　　不同于在界面修饰层或电子传输层中的应用,透明电极对电极材料在光电性能上的要求更为苛刻,因此通常选择具有高载流子迁移率、良好透光率的 CVD 法制备的石墨烯薄膜。2015 年,Yan 等第一次将 CVD 法生长的石墨烯用于制备钙钛矿太阳能电池的顶电极,制备了半透明钙钛矿太阳能电池(图 7 - 23),旋涂一层

PEDOT∶PSS 来提高石墨烯的导电性,同时通过层压将其作为活性层与石墨烯的黏附层。当太阳光从掺杂氟的 SnO₂ 导电玻璃(SnO₂∶F,简称为 FTO)一侧入射时,可以获得12.02%的平均效率;当太阳光从石墨烯一侧入射时,平均效率可以达到11.65%。除了作为钙钛矿太阳能电池的顶电极,Sung 等将 CVD 法制备的石墨烯转移至玻璃基底上作为钙钛矿太阳能电池的底电极。与石墨烯薄膜在有机/聚合物太阳能电池中遇到的问题类似,需要在石墨烯薄膜上旋涂 MoO₃ 来进行界面修饰,一方面改善石墨烯薄膜表面的浸润性,降低与空穴传输层的接触角;另一方面优化电极与空穴传输层的能级匹配,利于空穴的有效提取。采用石墨烯为底电极的钙钛矿太阳能电池因透过率提升获得了高达 17%的光电转换效率。

图 7 - 23 器件结构示意图

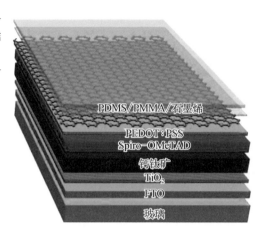

在薄膜太阳能电池中,具有多个吸收层的叠层太阳能电池是近年来太阳能电池技术发展的一个重要方向。叠层太阳能电池可以通过不同吸收材料的选取,获得更宽光谱范围太阳光的吸收,这意味着同样尺寸下的薄膜太阳能电池,叠层太阳能电池可以获得更高的有效入射光,是实现更高效率太阳能电池的有效技术途径。作为太阳能电池的透明电极材料,石墨烯薄膜较 ITO 薄膜在近红外光谱范围内可以提供更高的透过率,是叠层太阳能电池透明电极的重要解决方案。Lang 等将活性层带隙为 1.6 eV 的钙钛矿太阳能电池与带隙为 1.12 eV 的硅基太阳能电池结合构成叠层电池,其结构如图 7 - 24 所示,其中钙钛矿太阳能电池作为

图 7 - 24 钙钛矿太阳能电池与硅基太阳能电池结合构成的叠层电池结构

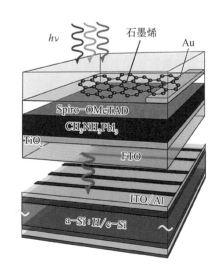

顶电池,石墨烯作为钙钛矿太阳能电池的顶电极。

此外,基于石墨烯透明电极的柔性钙钛矿太阳能电池技术也在迅速发展。Yoon 等用 CVD 法生长的石墨烯作为柔性电极替代 ITO,制备了柔性钙钛矿太阳能电池,获得了 16.8% 的光电转换效率,接近于作为参照的基于 ITO 柔性电极的电池效率为 17.3%。如图 7-25 对两种柔性钙钛矿太阳能电池进行柔韧性测试发现,基于 CVD 法制备石墨烯透明电极的柔性电池在 2 mm 的曲率半径下弯

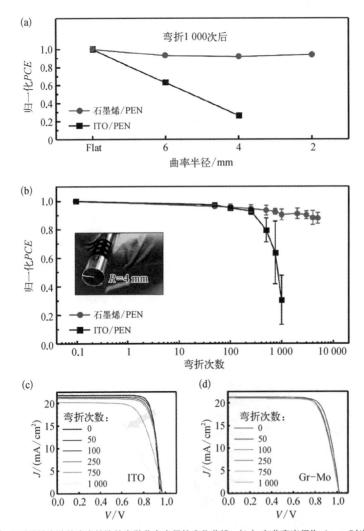

图 7-25　柔性钙钛矿太阳能电池的抗弯折测试

(a) 两种柔性电池的光电转换效率随曲率半径的变化曲线;(b) 在曲率半径为 4 mm 时光电转换效率随弯折次数的变化曲线;(c, d) ITO 柔性电池和石墨烯柔性电池的电流密度-电压曲线随着弯折次数的变化

折1 000次,仍能维持90%的初始效率,在弯折5 000次后降到初始效率的85%;相应地,基于ITO柔性电极的太阳能电池在4 mm的曲率半径下弯折1 000次,光电转换效率迅速衰减至初始效率的25%,在2 mm的曲率半径下则直接损坏。除了石墨烯透明导电薄膜自身性质的影响,与基底材料的黏附程度也在一定程度上影响了柔性电池的抗弯折能力。使用黏附剂可以提升石墨烯透明导电薄膜与基底材料的黏附力,从而得到柔韧性更加出色的太阳能电池。他们用3-氨丙基三乙氧基硅烷(APTES)黏附剂来促进石墨烯透明导电薄膜与基底PET的结合,构成结构为$AuCl_3$-石墨烯/APTES/PET的柔性透明电极。接着,对其上制备的钙钛矿太阳能电池进行抗弯折测试,在曲率半径大于4 mm情况下连续弯折100次,仍能维持90%的初始效率。而作为参照的基于ITO/PET和$AuCl_3$-石墨烯/PET电极的电池在相同的弯折条件下,其光电转换效率分别下降了30%和20%。

7.4　本章小结

综上所述,石墨烯材料在光伏领域展现了丰富的应用场景。其中,以CVD法制备的石墨烯为代表的薄膜材料,一方面可以与硅成结构成肖特基结太阳能电池,简化硅基电池的制备工艺,降低制造成本;另一方面可作为柔性透明电极,满足柔性有机/聚合物太阳能电池和钙钛矿太阳能电池的需求。相信在不久的将来,随着石墨烯薄膜制备、转移、改性技术的进一步发展,石墨烯薄膜在太阳能电池尤其柔性太阳能电池的应用中将会扮演更为重要的角色。

第 8 章

石墨烯薄膜在柔性
电子纸和触控器件
中的应用

8.1　引言

　　柔性电子器件因形状适应性强、结构轻薄,在信息、能源、医疗、国防等众多领域具有广泛的应用前景。石墨烯具有众多优异的物理化学性能,被认为是未来理想的柔性电子材料。近年来,随着石墨烯制备技术的不断突破,国内外研究人员对石墨烯薄膜柔性电子器件的制备及性能开展了广泛研究,同时产业化应用探索也逐步开展。本章就目前与规模化制备的石墨烯薄膜材料性能相适应的两种柔性器件进行介绍:第一种是基于石墨烯透明电极的柔性电子纸,首先介绍了电子纸的概念、显示原理、分类及器件结构等,继而对应用中密切相关的石墨烯薄膜本体力学强度及界面力学行为进行分析,最后介绍了石墨烯电子纸器件的制备情况;第二种是石墨烯柔性触控器件,主要介绍了触控的分类及功能原理,石墨烯薄膜电极的批量图案化工艺及石墨烯柔性触控器件的性能。

8.2　石墨烯柔性电子纸

8.2.1　电子纸概念、显示原理及分类

　　电子纸是一类被动式、反射型显示器件的总称,可使用全柔性有机材料制造,同时具备纸张和电子器件特性,显示效果接近传统纸质媒介。与其他主动显示技术相比,其具有轻薄、双稳态、低能耗、可视角度广等优点。

　　电子纸独特的反射型显示可通过多种技术路径实现,主要分为胆固醇液晶显示(Cholesterd Liquid Crystal Display,Ch‐LCD)、电子粉流体显示(Quick Response Liquid Powder Display,QR‐LPD)、电润湿显示、旋转球显示、电泳显示(Electrophoresis Display,EPD)等。

　　胆固醇液晶具有双稳态效应,通过电场的作用驱动胆固醇液晶在平面状态、

焦锥态、场致向列态之间进行切换(图 8 - 1)。平面状态时,胆固醇液晶反射入射光,且反射的颜色与液晶分子的周期有关;当对胆固醇液晶施加一定电场之后,胆固醇液晶处于焦锥态时,其会进入一种多畴状态,此时表现出对光线的强烈散射,呈现乳白色;当施加电场强度达到一定阈值,胆固醇液晶分子的螺旋轴被打破,液晶分子沿着电场方向排列,表现出对光线透射的特性,此时显示底部基材的颜色。该技术优点为制造工艺简单、可视角度广、显示能耗低,缺点是对比度偏低、响应速度慢。产品主要有美国 Kent Display 公司、日本富士通公司研发的胆固醇液晶显示及日本精工爱普生公司推出的双稳态向列液晶显示。

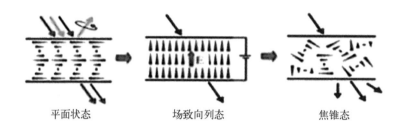

平面状态　　　　　场致向列态　　　　　焦锥态

图 8 - 1　胆固醇液晶显示原理示意图

电子粉流体显示为日本普利司通公司开发,采用黑白两色带电纳米颗粒粉体作为显示介质。工作时,在驱动电极施加适当的正负电压,控制有色电子粉流体位置,进而实现图像显示(图 8 - 2)。该技术响应速度快,但需要高电压驱动。

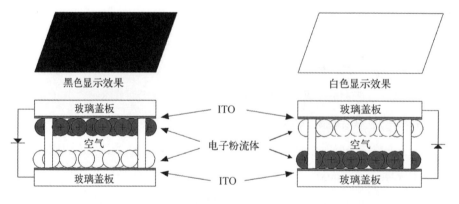

黑色显示效果　　　　　　　　　　白色显示效果

图 8 - 2　电子粉流体显示原理示意图

电润湿显示的基本原理是利用电极平面的电荷对界面液体张力的影响,使显示液滴与平面的接触角发生变化,从而引起液滴的收缩和扩张,进而导致显示颜色的变化。如图8-3所示,当没有对电极施加电压时,着色液体平铺在显示空间,显示青色;当对电极施加电压时,着色液体受电场作用向一端聚集,显示白色。电润湿显示响应速度快、可视角度广、对比度高,但其目前尚不成熟,仍处于实验阶段。

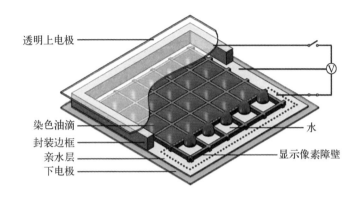

图8-3 电润湿显示原理示意图

旋转球电子纸是美国施乐公司发明的旋转成像反射型电子纸,也称旋转球显示器。这是一种以每半球分别涂成黑与白两色的球形微粒,由电场来控制其旋转、由白色与黑色来显示图像的方式(图8-4)。该技术结构和性能稳定,实验操作300万次,未发现明显的疲劳现象;柔韧性好,相当于一般包装纸和有机薄膜;双稳态显示,图像可以保持数天。然而,这种显示不属于阈值类驱动显示器,只要有附加电压,不管大小,都会使显示状态发生变化。此外,旋转球制备工艺复杂,其体积也限制了它的显示分辨率进一步提升。

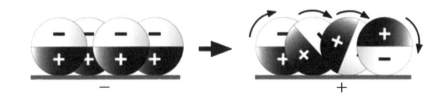

图8-4 旋转球显示原理示意图

电泳显示的基本原理是悬浮于连续液体中的荷电颜料粒子在外加电场作用下实现定向迁移。根据荷电颜料粒子分散液体体系的封装方式不同,电泳显示可分为微胶囊和微杯两种类型。

微胶囊化电泳显示技术最早由麻省理工学院媒体实验室于1998年提出,他们创新性地把颜料粒子和深色染料溶液包裹在微胶囊内,在微胶囊内实现了电泳显示,从而抑制了电泳胶粒在大于微胶囊尺度范围内的团聚、沉积等现象,提高了稳定性,延长了使用寿命。如图8-5所示,微胶囊中包含单一带正电的白色显示粒子。当在微胶囊上下两侧施加不同极性电场时,带正电的白色粒子由于相同电荷互相排斥、异性相吸的原理分别向上下基底聚集,生成显示图案。对底电极进行分区并施加不同电压,即可以实现多级灰度的显示。

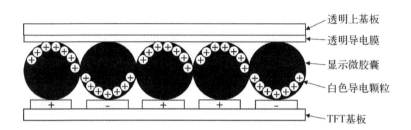

图8-5 微胶囊型电子纸显示原理示意图

透明上基板
透明导电膜
显示微胶囊
白色导电颗粒
TFT基板

　　微胶囊型电子纸显示发展较早,技术成熟,也已实现商品化,在全球市场份额占比最大,但此技术目前仍存在一些问题:① 电泳液对环境敏感,特别是潮湿和温变对器件影响很大;② 微胶囊壁厚且尺寸相对较大,耐磨性差,微胶囊易破裂,导致分辨率降低;③ 微胶囊工艺要实现全彩化必须使用滤光片技术,这会带来能量的大量消耗,从而丧失电子纸体系能耗低的优势。

　　为解决微胶囊型电子纸的上述问题,美国 SiPix Imaging 公司提出并发展了微杯型电子纸。其显示原理也是基于分散荷电颗粒的定向电泳,不同的是将电泳液封装在塑料薄膜模压出的独立微杯中(图8-6)。微杯具有良好的机械性能,在弯曲、卷曲及受压情况下,显示时邻近区域电泳液间不会发生混合串扰,仍

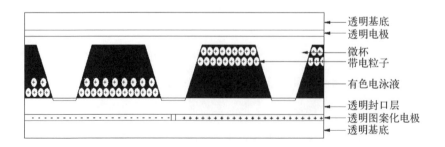

图8-6 微杯型电子纸显示原理示意图

透明基底
透明电极
微杯
带电粒子
有色电泳液
透明封口层
透明图案化电极
透明基底

　　　　　　　　　　　　　　　　　　石墨烯薄膜与柔性光电器件

能保持良好显示性能;便于封装,无须侧封胶,封装后可被裁剪切割为任意尺寸和形状,使用方便快捷。微杯型电子纸的规模化制备可采用卷式工艺,通过整套连续性工艺实现微杯的压膜制备和电泳液的灌注封装,有利于提高生产效率和成本控制,是未来电子纸的主流生产技术。

8.2.2　石墨烯柔性电子纸器件结构

石墨烯在上述的胆固醇液晶显示、电子粉流体显示、电润湿显示、旋转球显示、电泳显示等电子纸中均有重要的应用前景,下面以石墨烯在微胶囊型电子纸中的应用为例介绍石墨烯柔性电子纸器件结构。石墨烯柔性电子纸显示部分的电子膜片结构从上到下依次为光学 PET/石墨烯电极、微胶囊显示层、柔性薄膜晶体管(Thin-Film Transistor,TFT)底板(图 8-7),石墨烯电极与 TFT 底板间通过银浆触电导通。微胶囊显示层对水蒸气较敏感,接触水蒸气后将导致显示发黑、对比度下降,因而需对柔性显示膜片进行阻隔封装。电子膜片上方采用加硬柔性透明阻隔薄膜材料,通过光学胶与石墨烯电极贴合;四周边框使用密封胶进行封固,防止水蒸气侵入。显示驱动模组集成在柔性 TFT 底板上,并通过柔性电路板(Flexible Printed Circuit,FPC)与显示控制系统连接形成控制回路。

图 8-7　石墨烯柔性电子纸器件结构示意图

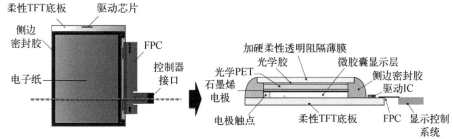

8.2.3　柔性电子纸中石墨烯透明电极的力学性能

柔性电子纸器件中石墨烯用于替代传统 ITO 材料作为透明顶电极。在界面力学和本体力学性能方面,石墨烯与ITO之间存在巨大差异。因此,对这两方面性能进行深入系统研究,对石墨烯电子纸器件的制备及使用可靠性等问题具有重要实际意义。

石墨烯柔性电子纸器件采用经典的"三明治"叠层结构,石墨烯薄膜作为内部功能层之一,其两侧必然分别与其他材料结合而形成两个界面。此两侧界面良好的结合状态是电子纸器件正常工作的重要保障。研究了解石墨烯薄膜形成界面的相互作用类型、作用力大小及界面破坏方式,使石墨烯界面保持紧密的结合,以避免显示功能退化及失效,这是石墨烯电子纸器件制备的关键。

1. 界面静态黏附能

石墨烯薄膜与基底的界面黏附能是石墨烯薄膜界面重要的静态参量,其实验测量方法主要有鼓泡法(Blister Tests)、原子力显微镜(AFM)和双悬臂梁法(Double Cantilever Beam)。

（1）鼓泡法

鼓泡法是将石墨烯薄膜转移覆盖在预制有微腔的基底表面,利用石墨烯薄膜的气密性形成封闭腔室,继而抽真空在微腔室内外形成压差,使得石墨烯薄膜逐步向外鼓泡形变。在某一临界压差时,石墨烯薄膜与基底界面开始发生分离,鼓泡直径开始增加(图8-8)。利用原子力显微镜测量石墨烯气泡直径变化,结合压差数

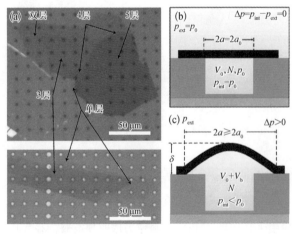
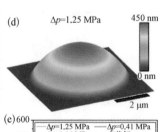
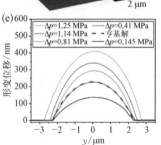

图8-8 鼓泡法研究石墨烯薄膜与基底之间的相互作用能

据可计算得出石墨烯薄膜与基底界面相互作用能。采用这一方法，Koenig 等测得单层单晶石墨烯薄膜与 SiO_2 基底之间的作用能为 (0.45 ± 0.02) J/m^2，双层石墨烯薄膜与 SiO_2 基底间的作用能为 (0.31 ± 0.03) J/m^2。

为了进一步了解石墨烯薄膜与基底间相互作用的类型，Liu 等对鼓泡法进行了改进。他们在微腔中心内置一个与边缘齐平的圆柱，使初始状态时石墨烯薄膜与微腔水平边缘及圆柱水平端同时接触。将试样放入密闭加压的环境中，经历长时间的气体扩散后，微腔内外压强达到平衡。然后将试样取出置于常压环境，这时由于微腔内外压强不同，石墨烯薄膜鼓起。受到微腔中心圆柱端面的吸引作用，在不同压差下，石墨烯薄膜会形成环状或半球形气泡（图 8-9）。当形成半球形气泡时，微腔中的气体逐渐向外扩散，石墨烯气泡高度会随之逐步下降，当气泡高度下降到某一临界值 h_0 时，石墨烯薄膜会由于界面相互吸引力的作用突然吸附在微腔中心圆柱端面上。通过原子力显微镜连续观测，研究发现单层石墨烯薄膜在 SiO_x 基底表面的临界吸附高度 h_0 为 9.2 nm，5 层石墨烯薄膜的 h_0

图 8-9 鼓泡法测量石墨烯薄膜临界吸附高度

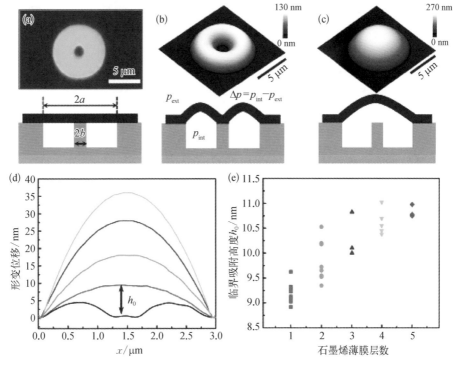

为 10.8 nm,并且吸引力大小与 h_0^4 成反比,符合范德瓦耳斯的长程相互作用关系式。

鼓泡法实际上研究测试的是石墨烯薄膜与附着基底的线性剥离能,剥离线附近石墨烯薄膜弯曲变形需要额外能量,所测得数据较实际情况偏高。另外,鼓泡剥离是一个动态过程,基底的微观不均匀性及表面粗糙度、吸附气体种类等对结果有较大影响,因而不同工作所报道的数据结果差异较大,例如 Bunch 等先后两次报道的单层石墨烯薄膜与 SiO_2 基底的界面黏附能分别为 0.45 J/m^2 和 0.14 J/m^2(图 8 - 10)。为更为准确测试石墨烯薄膜的界面黏附能,Wan 等在石墨烯薄膜与 SiO_2 基底之间嵌入金纳米粒子,石墨烯薄膜围绕纳米粒子会形成轴对称气泡,表面张力与界面黏附能之间形成力学平衡,通过测量石墨烯气泡的高度和直径(图 8 - 11),计算得到石墨烯薄膜与 SiO_2 基底的界面黏附能为 0.151 J/m^2。

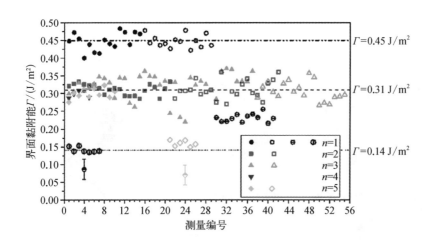

图 8 - 10 鼓泡法所测得 1~5 层石墨烯薄膜与 SiO_2 基底界面黏附能数据

(2) 原子力显微镜

除鼓泡法外,原子力显微镜也是研究石墨烯薄膜界面黏附能的重要方法。Jiang 等采用 AFM 研究测试了石墨烯薄膜/PET 基底体系的黏附能(图 8 - 12)。将 PET 基底拉伸后释放,PET 基底收缩产生应力通过界面传递至石墨烯薄膜并使其产生褶皱。通过 AFM 测量不同 PET 基底应变下石墨烯薄膜所产生褶皱的轮廓尺寸,结合非线性剪滞力学模型,得出单层石墨烯薄膜与 PET 基底的界面黏附能约 0.54 mJ/m^2。受 AFM 探针针尖曲率半径限制,同时石墨烯薄膜褶皱为纳

图 8-11 纳米粒子鼓泡法测量石墨烯薄膜界面黏附能

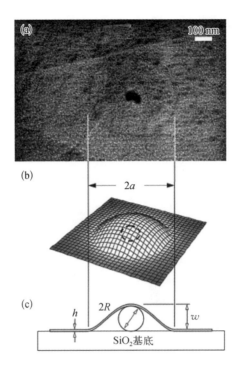

图 8-12 PET 基底收缩引起的石墨烯薄膜褶皱的 AFM 图

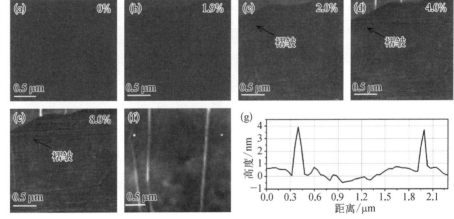

米尺寸,因此 AFM 所测量的褶皱轮廓参数存在较大偏差,导致所得出黏附能数值低于范德瓦耳斯相互作用能范围。

在 AFM 的轻敲模式中,探针针尖与待测表面的接触过程中会产生黏附力,记录探针悬臂梁的法向力并结合接触力学模型可测算界面黏附能数据。采用这一方法,Deng 等实验测得 Si_3N_4 针尖与石墨烯薄膜之间的界面黏附能为($0.34 \pm$

0.06) J/m²,与鼓泡法测试结果相当。

为了消除由 AFM 探尖针尖形状、尺寸引入的测试偏差,使测试过程更符合接触力学模型,Jiang 等用 SiO₂ 微球作为探针针尖,并将石墨烯薄膜转移至具有原子级平整度的云母表面(图 8-13),借助于 Maugis-Dugdale 接触模型,测得 SiO₂ 及 Cu 针尖与单层石墨烯薄膜的界面黏附能分别为 0.46 J/m² 和 0.75 J/m²。

图 8-13 AFM 轻敲模式中用于测试石墨烯薄膜界面黏附能的 SiO₂ 微球及探针针尖

除了轻敲模式,AFM 的接触模式也被用来研究石墨烯薄膜的界面黏附能。Choi 等用 AFM 探针将石墨烯薄膜从基底上刮离(图 8-14),记录石墨烯薄膜在基底刮离过程的力-位移数据,根据力-位移曲线所围面积和探针刮离石墨烯薄膜面积计算石墨烯薄膜与基底之间的界面黏附能。实验结果得出石墨烯薄膜在铜和镍两种不同基底上的界面黏附能分别为 12.8 J/m² 和 72.7 J/m²。

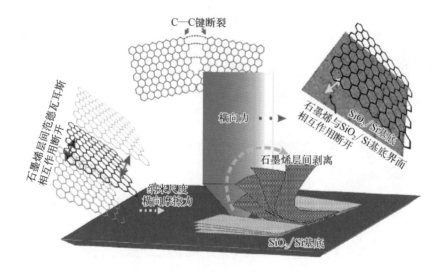

图 8-14 AFM 接触模式测量石墨烯薄膜界面黏附能示意图

石墨烯薄膜与柔性光电器件

（3）双悬臂梁法

Na 等借鉴传统试件结构的界面黏附力测试方法，将石墨烯/铜箔通过环氧树脂与刚性硅基底层合，形成"三明治"夹层结构，继而通过微机械装置实现界面线性剥离（图 8-15）。当剥离速率小于 25 μm/s 时，石墨烯/环氧树脂界面发生分离，而高于 250 μm/s 时石墨烯/铜箔界面发生分离，断裂力学分析结果显示两种界面对应的黏附能分别为 3.4 J/m^2 和 6 J/m^2。而采用类似方法，Yoon 和 Na 等研究小组得出石墨烯与溅射铜薄膜间的界面黏附能分别为 0.72 J/m^2 和 1.5 J/m^2。这些测试结果的差异性主要来源于铜基底表面粗糙度差异。

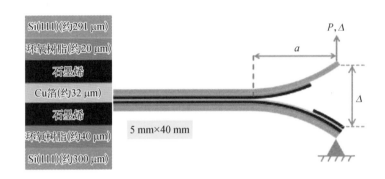

图 8-15 双悬臂梁法中试件结构及实验原理示意图

2. 动态力学性能

黏附能是石墨烯薄膜界面的静态性能，而应用中更为关注石墨烯薄膜界面的破坏过程，因而需对石墨烯薄膜界面的应力传递、滑移、脱黏分离等一系列动态力学行为进行研究。

拉曼光谱是研究石墨烯薄膜界面动态力学性能的主要手段。石墨烯的拉曼特征峰对应力有着非常灵敏的响应：受拉力作用时，拉曼特征峰产生蓝移；在受压应力时发生红移。采用拉曼光谱测量、记录石墨烯薄膜的不同位置在形变前后特征峰的位移，通过力学关系式转换为相应的应变数据，最后分析所得应变分布曲线，得出石墨烯薄膜/基底界面切应力、界面分离的临界应变、界面刚度、界面断裂韧性等力学参数。

利用石墨烯拉曼特征峰 2D 峰对应变的响应特性，Young 等研究了剥离石墨烯/PMMA 的界面应力传递过程（图 8-16），得到该界面能承受的最大切应力为

0.3～0.8 MPa,对应的临界应变为 0.4%～0.6%。随后工作中,他们进一步研究了剥离单层石墨烯/SU8/PMMA体系界面的应变分布,发现聚合物基底应变为0.6%时,界面应变分布发生均匀向不均匀转变,由此得出石墨烯与聚合物基底界面间最大切应力为 0.25 MPa。Zhang 等基于实时拉曼测量和非线性剪滞模型,分析得出单层石墨烯与 PMMA 基底界面间最大切应力为 0.45 MPa,非滑移条件下界面所能传递最大应变为 0.7%。

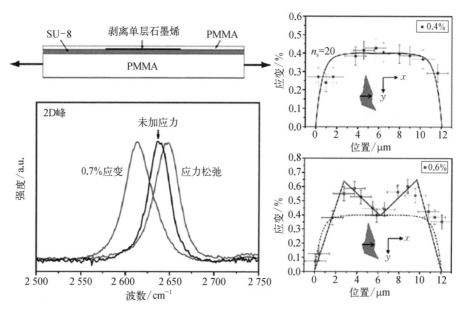

图 8-16 利用 2D 拉曼峰的应变响应特性测量剥离石墨烯/PMMA 界面力学特性

Jiang 等通过 AFM 与拉曼光谱结合的实验方法,测得石墨烯/PET 界面产生滑移的起始应变为 0.3%,通过界面传递的最大应变为 1.2%～1.6%,界面间最大切应力为 0.46～0.69 MPa。Guo 等利用拉曼光谱也对石墨烯/PET 界面进行了单轴拉伸力学性能分析研究(图 8-17),发现对于长度为 100 μm 的单晶石墨烯薄膜,当 PET 基底应变小于 0.5%时,石墨烯薄膜与 PET 基底保持黏附状态,石墨烯薄膜稳态应变与 PET 基底应变一致,应力能有效地通过界面传递至石墨烯薄膜;当 PET 基底应变大于 0.5%后,两者界面发生部分滑移,界面只能传递部分应力,石墨烯薄膜稳定应变小于 PET 基底应变;当 PET 基底应变大于 2%时,石墨烯薄膜与 PET 基底完全分离,界面无法传递应力,石墨烯薄膜稳定应变不再

图 8-17 单晶石墨烯薄膜稳态应变随 PET 基底应变的变化

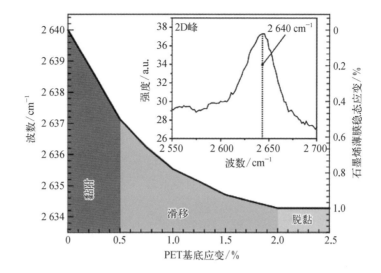

发生变化,此时对应的界面最大切应力为 0.25 MPa。在相同实验条件下,长度为 160 μm 的石墨烯薄膜与 PET 基底分离时对应的界面最大切应力为 0.19 MPa,表明石墨烯薄膜尺寸对其界面分离对应的最大切应力有显著影响。

为明确石墨烯薄膜尺寸对石墨烯/PET 界面力学性能的影响及石墨烯晶界产生的边缘效应,Xu 等利用显微拉曼技术,针对基于 CVD 法制备的多晶石墨烯与 PET 构成的界面进行了进一步深入研究。结果如表 8-1 所示,石墨烯界面所能承受的强度具有显著的尺度效应,其值与石墨烯长度成反比,石墨烯长度由 20 μm 增加到 1 cm,界面强度由 0.314 MPa 降低到 0.004 MPa;而界面所能传递的最大线性应变及界面分离对应的最大应变则与石墨烯薄膜尺寸无关,是与材料特性相关的强度常数,测试值分别为 1.0% 与 2.0%。

表 8-1 不同尺寸多晶石墨烯与 PET 构成界面的力学性能数据

石墨烯长度 L / μm	界面分离最大应变 ε_{smax}/%	石墨烯最大应变 ε_{gmax}/%	界面传递最大线性应变 ε_{imax}/%	临界滑移长度 L_{cl}/ μm	相对临界滑移长度 δ/%	界面强度 τ_c/MPa
20	1.5	0.91	0.59	20	100	0.314
50	2	1	1	40	80	0.237
100	2	1	1	70	70	0.158
200	2	1	1	116	58	0.089
800	2	1	1	280	35	0.055
2 000	2	1.01	0.99	400	20	0.022
5 000	2	1.01	0.99	1 000	20	0.009
10 000	2	1.01	0.99	2 000	20	0.004

表 8-1 不同尺寸多晶石墨烯与 PET 构成界面的力学性能数据

第 8 章 石墨烯薄膜在柔性电子纸和触控器件中的应用

305

力学性能是石墨烯薄膜材料特性的重要方面。目前，石墨烯力学性能研究主要集中在弹性性能（例如二维杨氏模量、弯曲模量等）和非弹性破坏强度（包括拉伸断裂强度、断裂韧性等），研究方法主要有实验测量、数值模拟和理论分析三种途径。

3. 杨氏模量和弯曲模量

通过 AFM 探针对悬空的单层单晶石墨烯薄膜进行按压，Lee 等获得探针所加压力与石墨烯薄膜压入深度的相关数据（图 8-18），结合非线性弹性应力-应变分析，首次得出单层单晶石墨烯薄膜的二维杨氏模量为 340 N/m。随后，该小组又对 CVD 法制备的多晶石墨烯薄膜强度进行了相同测试，发现在无转移破损和褶皱的情况下，多晶石墨烯薄膜与单晶石墨烯薄膜的二维杨氏模量相当。采用相同方法，López 等研究了点缺陷对剥离单晶石墨烯薄膜力学性能的影响。当通过氩离子束辐照引入空位缺陷后，他们发现随着空位缺陷密度的增加，石墨烯

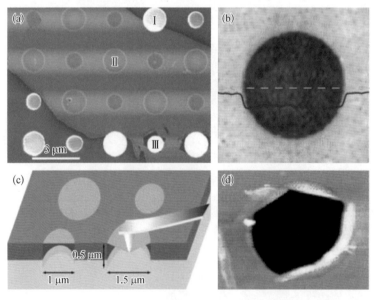

图 8-18 纳米压痕法测试悬空单层单晶石墨烯薄膜力学性能

（a）单层单晶石墨烯薄膜覆盖于圆孔阵列表面的 SEM 图，圆孔直径分别为 1 μm 和 1.5 μm，其中区域 I 对应部分覆盖，区域 II 对应全部覆盖，区域 III 对应因按压而破裂；（b）AFM 的接触模式，圆孔直径为 1.5 μm，圆孔边缘台阶高度约 2.5 nm；（c）单层单晶石墨烯薄膜的纳米按压测试示意图；（d）纳米按压后破裂石墨烯的 AFM 图

薄膜的杨氏模量先增加后下降,空位缺陷密度为0.2%时达到最大值(700 N/m)。作者对这种反常规律解释为点缺陷导致的应变抑制了石墨烯薄膜面外弯曲起伏。然而,这一解释未能受到广泛认可。Los等基于统计力学计算结果指出,尽管抑制石墨烯薄膜面外弯曲起伏确实能够增加二维杨氏模量,但其最大值不能超过绝对水平时石墨烯薄膜的杨氏模量值(340 N/m)。而其他相关研究则认为,当空位缺陷密度较小时,引入空位缺陷会使得石墨烯的晶格发生扩张,进而增强薄膜面外的弯曲,产生的显著几何硬化效应导致杨氏模量异常增加。

除了AFM,鼓泡法也可以用来测量石墨烯薄膜的杨氏模量。Koenig等通过一系列鼓泡实验数据拟合得出了1～5层石墨烯薄膜的杨氏模量,其中单层石墨烯薄膜的杨氏模量为347 N/m,与AFM测得数据非常接近。Nicholl等对鼓泡法进行了改进,用静电场力代替压差使悬空石墨烯薄膜产生鼓泡(图8-19)。实验数据拟合分析后得出室温下石墨烯薄膜的杨氏模量为20～100 N/m,低于之前报道结果。通过进一步实验,他们发现杨氏模量随石墨烯样品宽度减小而显著增加,石墨烯宽度为2.7 μm时,杨氏模量增加到300 N/m。

图8-19 静电场力鼓泡法测量悬空石墨烯薄膜力学性能

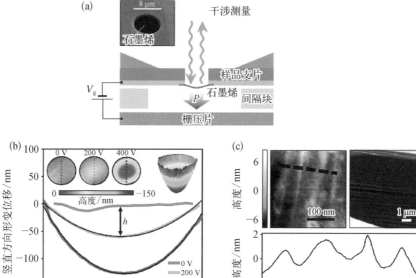

相比于杨氏模量,石墨烯薄膜的弯曲模量实验测试研究工作较少。研究人员最早基于裂解石墨的声子散射曲线,结合波恩-卡曼模型估算出单层石墨烯薄膜的弯曲模量约 1.2 eV。近期,Lindahl 等采用类似于动圈式耳机的电声装置,依据石墨烯薄膜的形变位移-电压实验数据,测算出双层石墨烯薄膜的平均弯曲模量为 35.5 eV。Blees 等通过构筑单层石墨悬臂梁,并以红外激光施加光压,结合经典统计力学的均分原理分析形变数据,得出单层石墨烯薄膜的弯曲模量为 $10^3 \sim 10^4$ eV。他们认为如此高的弯曲模量是由石墨烯薄膜中静扰动和热扰动导致的。以上实验测得石墨烯薄膜弯曲模量数据相互之间差异巨大,从 1 eV 到 10^4 eV 跨越 4 个数量级,需要从实验方法和原理上进一步验证。

理论研究方面,第一性原理被广泛用于对石墨烯薄膜的弹性力学性能进行分析模拟。对于石墨烯薄膜面内各向同性的线性小应变行为,可直接采用第一性原理进行计算分析。相关计算研究得出单层石墨烯薄膜的杨氏模量为 345 N/m,弯曲模量为 1.49 eV,其中杨氏模量与实验测量结果非常接近。大应变情况下,第一性原理需结合连续介质力学模型,用以准确模拟石墨烯薄膜面内各向异性的非线性弹性力学行为,杨氏模量的计算值(348 N/m)也非常接近测量值。

除第一性原理外,分子动力学模拟也是一种常用的理论分析计算方法。分子动力学模拟的关键是选择合适的原子间相互作用势参数,以获得准确运算结果。Los 等采用 LCBOPII 键序势对石墨烯薄膜进行了模拟,得出杨氏模量为 343 N/m,弯曲模量为 1.1 eV。Bao 等采用优化 Tersoff - Brenner 作用势对石墨烯薄膜拉伸进行模拟实验,得出单层石墨烯薄膜的杨氏模量为 349 N/m。

4. 断裂强度及断裂韧性

断裂强度和断裂韧性分别从应力和能量两个方面表征石墨烯薄膜抵抗破坏的能力,相对于描述抵抗形变能力的模量参数在应用中更具有实际指导意义。

单晶石墨烯薄膜拉伸断裂强度主要通过 AFM 探针下压实验测得,其中单层单晶石墨烯薄膜的拉伸断裂强度高达 130 GPa(42 N/m),而双层单晶石墨烯薄膜的拉伸断裂强度(53~83 GPa)则有明显下降。理论方面研究工作较多,通常采用密度泛函方法和分子动力学对单晶石墨烯薄膜的简单拉伸过程进行模拟分析。Liu 等采用第一性原理研究了单层石墨烯薄膜在拉伸作用下的力学性能,得到扶手椅型石墨烯薄膜和锯齿型石墨烯薄膜的理想断裂强度分别为 110 GPa 和 121 GPa;Zhang 等通过密度泛函方法计算,结果显示双层单晶石墨烯薄膜的断裂强度为 46~93 GPa,与实验值一致。由于原子间相互作用势参数选择不同,分子动力学计算结果之间存在较大差异,但整体在合理范围内。

晶界缺陷普遍存在于 CVD 法制备的石墨烯薄膜中,因此,研究晶界缺陷对石墨烯薄膜拉伸断裂行为的影响具有重要的现实意义。多数研究认为,CVD 法制备的石墨烯薄膜中晶界缺陷对弹性模量的影响较弱,但对强度有较大影响,会显著降低极限应变和断裂强度。Ruiz 等的实验研究表明 CVD 法制备的石墨烯薄膜断裂强度为 35 GPa,约为单晶石墨烯薄膜的 1/4。Huang 等的纳米压痕测试也证明晶界的存在极大地削弱了多晶石墨烯薄膜的强度。He 等通过分子动力学计算表明具有单一 Stone-Wales(SW)缺陷的石墨烯薄膜断裂强度为 20~80 GPa,具体数值取决于应力加载方向与 SW 缺陷夹角(图 8-20)。

图 8-20(b)中计算石墨烯晶界强度时采用公式如下:

$$\frac{s_{xx}}{\sigma_0} = -\frac{2\pi^2 \Delta d}{3h_{\mathrm{d}}^2} \times \frac{\theta^2}{\omega^2} \tag{8-1}$$

$$\left(\frac{s_{xx}}{\sigma_0}\right)_{\mathrm{T}} = -\frac{2\pi^2 \Delta d}{3L^2} - \frac{2\pi^2 (h_{\mathrm{d}}+\Delta)d}{3L^2} + \ln\frac{h_{\mathrm{d}}+\Delta+d}{h_{\mathrm{d}}+\Delta-d} \tag{8-2a}$$

$$\left(\frac{s_{xx}}{\sigma_0}\right)_{\mathrm{B}} = -\frac{2\pi^2 \Delta d}{3L^2} - \frac{2\pi^2 (h_{\mathrm{d}}-\Delta)d}{3L^2} - \ln\frac{h_{\mathrm{d}}-\Delta+d}{h_{\mathrm{d}}-\Delta-d} \tag{8-2b}$$

$$\left(\frac{s_{xx}}{\sigma_0}\right)_{\mathrm{T}} = -\frac{2\pi^2 (h_{\mathrm{d}}+\Delta)d}{L^2} + \ln\left(\frac{h_{\mathrm{d}}+\Delta+d}{h_{\mathrm{d}}+\Delta-d} \times \frac{2h_{\mathrm{d}}+\Delta+d}{2h_{\mathrm{d}}+\Delta-d}\right) \tag{8-3a}$$

$$\left(\frac{s_{xx}}{\sigma_0}\right)_{\mathrm{M}} = -\frac{2\pi^2 \Delta d}{L^2} + \ln\frac{h_{\mathrm{d}}^2-(\Delta+d)^2}{h_{\mathrm{d}}^2-(\Delta-d)^2} \tag{8-3b}$$

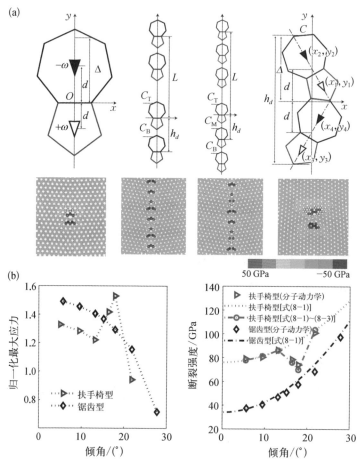

图 8 - 20　晶界缺陷与石墨烯薄膜强度的理论模拟

（a）分子动力学模拟石墨烯薄膜中典型缺陷及其应力分布；（b）最大晶界应力和晶界断裂强度与倾角间的关系曲线

$$\left(\frac{s_{xx}}{\sigma_0}\right)_B = -\frac{2\pi^2(h_d-\Delta)d}{L^2} - \ln\left(\frac{h_d-\Delta+d}{h_d-\Delta-d} \times \frac{2h_d-\Delta+d}{2h_d-\Delta-d}\right) \quad (8-3c)$$

式中，Δ、d、h_d、L 为"五环-七环"缺陷对相关参数，具体如图 8 - 20（a）所示；ω 为向错旋转强度；θ 为石墨烯晶界倾角；s_{xx} 为正向应力；$\sigma_0 = E\omega/4\pi$，其中 E 为石墨烯杨氏模量；下标 T、M、B 分别指顶部、中部、底部缺陷对。

　　关于多晶石墨烯薄膜中单晶片大小及分布对其拉伸断裂强度的影响，研究人员也开展了相应研究。Kotakoski 等实验制备了随机成核并外延拼接的多晶石墨烯薄膜，测试前对转移多晶石墨烯薄膜样品在 3 000 K 进行退火处理以消除残余应力,结果显示大多数情况下多晶石墨烯薄膜在晶界交汇点开始破裂,但断裂强度与多晶石墨烯薄膜中单晶片尺寸之间没有明显对应关系。Song 等采用分子动力学模拟分析具有严格 SW 型晶界结构的多晶石墨烯薄膜的拉伸断裂行为,结果表明 SW 晶界使石墨烯薄膜断裂强度降低 50%以上,断裂优先发生在晶界交汇处,并且断裂强度随单晶片尺寸的减小而增加。Sha 等同样基于分子动力学分析了具有随机晶界结构的多晶石墨烯薄膜的断裂力学性能,他们发现晶界交汇点是力学薄弱点,易引发裂纹,断裂强度随单晶片尺寸的减小而降低。上述独立研究都表明多晶石墨烯薄膜中的晶界交汇点更容易引发裂纹,但断裂强度与单晶片尺寸之间的关系呈现三种不同的规律,有待进一步研究确认。

石墨烯薄膜断裂韧性直接测试难度大,相关实验工作较少,基于分子动力学的理论分析模拟研究相对较多。Zhang 等通过搭建纳米力学装置(图 8 - 21),用 SEM 实时观测拉伸过程,发现石墨烯薄膜呈现典型脆性断裂方式,可以用经典的格里菲斯理论解释其断裂行为,所测得断裂韧性为 15.9 J/m²,与玻璃、硅等脆性

图 8 - 21 通过纳米力学装置测试石墨烯薄膜断裂韧性

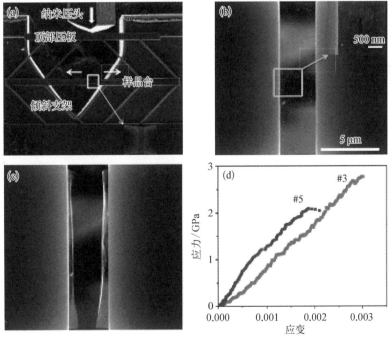

(a)石墨烯薄膜纳米力学装置的 SEM 图;(b,c)石墨烯薄膜拉伸前后的 SEM 图;(d)# 3 和# 5 石墨烯薄膜样品的应力-应变测试曲线

材料相当。相关理论研究工作均显示单晶石墨烯薄膜的断裂为脆性断裂，符合格里菲斯理论公式计算结果，并且所得出断裂韧性与实验值一致。例如，Khare等采用量子力学/分子力学（Quantum Mechanics/Molecular Mechanics，QM/MM）方法计算出单晶石墨烯薄膜的断裂韧性为 15.8 J/m^2；Xu 等通过量子力学结合连续介质力学（Quantum Mechanics/Continuum Mechanics，QM/CM）方法得出断裂韧性为 16.31 J/m^2。然而，多晶石墨烯薄膜断裂韧性的理论计算结果分散性大，介于 6～14 J/m^2，与多晶石墨烯薄膜中单晶片的尺寸和分布有关。

8.2.4　石墨烯柔性电子纸的制备

石墨烯柔性电子纸制备主要包括电子墨水、电子纸膜片和器件集成封装三大制程（图 8-22）。

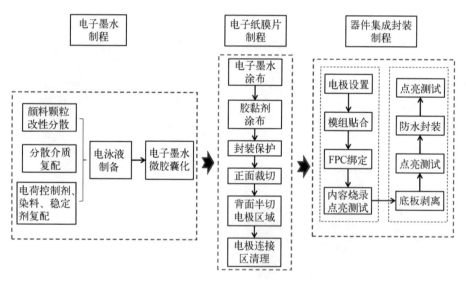

图 8-22　石墨烯柔性电子纸器件组装工艺流程图

电子墨水制程中显示微胶囊制备是整个制程的核心部分。微胶囊包括囊芯和囊壁两部分：囊芯就是电泳显示液，由颜料颗粒、分散介质及各种助剂组成；囊壁通常由透明聚合物构成。

囊芯中颜料颗粒的选择及性质直接影响着电子墨水的显示性能。常用的无机颜料有二氧化钛、炭黑、铬黄、群青、铁红、锰紫等,有机颜料有大红粉、酞菁蓝、酞菁绿等。为保证微胶囊的显示效果,颜料颗粒一般要进行化学改性或修饰,如作为白色颜料的二氧化钛会通过乳液聚合法在表面包裹一层 PMMA,而作为黑色颜料的炭黑则会制备成带有碳碳双键的核壳结构的小球。囊芯中的分散介质通常采用有机溶剂,如脂肪烃、芳烃、卤代烃、环氧化物、硅氧烷等,一般会选择一种或几种复配,以满足电子墨水显示性能的需求。此外,囊芯中还有多种助剂,例如可赋予颜料颗粒强烈色彩对比的染料,如油溶性红、苏丹红、油溶性蓝等;使颜料颗粒表面带电并构成双电层维持体系稳定的电荷控制剂,如有机硫酸盐、磺酸盐、磷酸盐或酯、有机酰胺等;用于稳定分散的表面活性剂等。上述颜料颗粒和分散介质及各种助剂通过物理搅拌分散均匀,即制成囊芯电泳显示液。

微胶囊常用的囊壁多是高分子材料,如聚脲、脲甲醛树脂、聚酰胺、阿拉伯树胶等。根据囊壁形成的机制和成囊条件,微胶囊化的方法可分为化学法、物理法和物理化学法,其中化学法较为常用;根据聚合机理的不同,又可分为界面聚合法、原位聚合法和悬浮聚合法,其中原位聚合法因材料可选性强、反应单体在同一相而更适用于电子墨水的微胶囊化制备。

电子纸膜片具备完整显示功能,是整个电子纸制备的关键。其中,在石墨烯透明电极薄膜上形成均匀微胶囊显示层是该制程的核心步骤。由于石墨烯薄膜表面能低(40~50 mJ/cm²),水性电子墨水不能主动浸润石墨烯薄膜表面,加热干燥过程中电子墨水层易出现缩孔、开裂等问题。该制程须对石墨烯薄膜进行表面改性,增加其表面能以使水性墨水充分润湿铺展,并要求石墨烯薄膜与载体及电子墨水层间具有足够作用力,避免电子墨水干燥收缩导致的开裂现象。微胶囊显示层形成后,再在其上涂布热熔胶层并烘干,通过热辊压贴上离型膜。采用激光裁切出预定大小的显示区域,并在显示胶层背面半切出电极搭接区域,清理掉电子墨水层及热熔胶层,露出石墨烯电极,制得具备显示功能的电子纸膜片。

器件集成封装制程即在显示胶层背面的电极搭接区域点上导电银浆,再通过热熔胶与柔性 TFT 底板对位贴合,之后将 FPC 绑定到柔性 TFT 底板上形成显示模组,通过 FPC 接口对显示模组进行烧录并测试显示效果。测试通过后,利用紫外光对柔性 TFT 底板进行剥离,将整个柔性显示模组从刚性玻璃基底上剥离下来,再对显示模组进行防水封装,贴合阻隔薄膜并于四周边框点防水胶,完成石墨烯柔性电子纸的制备。

国内石墨烯材料生产企业重庆墨希科技有限公司在柔性电子纸器件制备方面开展了探索性工作。他们采用设置中间过渡层的方法提高了石墨烯薄膜与透明载体间的作用力,有效解决了石墨烯薄膜与基底的层间分离问题;并通过物理改性方法,将石墨烯薄膜表面能提高至 $75\sim80 \text{ mJ}/\text{cm}^2$,使电子墨水能够均匀浸润石墨烯薄膜表面,解决了微胶囊显示层缩孔及开裂问题。其与广州奥翼电子科技股份有限公司进行技术合作,成功开发了 8 in 石墨烯柔性电子纸及 5.5 in 石墨烯柔性电子标签(图 8-23)。

图 8-23 重庆墨希科技有限公司与广州奥翼电子科技股份有限公司合作开发的 8 in 石墨烯柔性电子纸(左)及 5.5 in 石墨烯电子标签(右)

8.3 石墨烯柔性触控器件

8.3.1 石墨烯触控器件的分类及功能原理

触控器件是具有透明窗口的输入系统,能够判断手指位置并且检测手指的触摸动作,由触控检测部件和触控控制器组成。触控检测部件安装在显示器屏

石墨烯薄膜与柔性光电器件

幕上方,用于检测触控位置及动作,并将相关信息传输至触控控制器;触控控制器接收触控信息后将其数字化再传输给中央处理器,同时触控控制器也能接收中央处理器发来的命令并加以执行。

目前,所发展的石墨烯触控器件主要有两种:电阻式和电容式。

1. 电阻式石墨烯触控器件

电阻式石墨烯触控器件的检测部分的主体由上下两层载体化石墨烯电极构成,载体通常为光学 PET,两层石墨烯电极间通过众多细小的绝缘透明隔离点分隔。当手指接触屏幕时,对上层石墨烯电极施加作用力使其变形,并在该点接触到下层石墨烯电极形成导通点。其中一层石墨烯电极在 y 轴方向施加恒定工作电压,使得另一石墨烯电极的 y 轴方向电压由零变为非零,触控控制器探测到该电压值后进行模数转换,并将得到的电压值与所施加的工作电压相比,即可得触摸点的 y 轴坐标,同理通过 x 轴方向电压得出触摸点的 x 轴坐标,从而完成触摸点定位[图 8-24(a)]。电阻式触控根据引出线数多少,分为四线式、五线式、六线式、七线式和八线式,其中四线式应用最为广泛。

图 8-24 电阻式石墨烯触摸屏

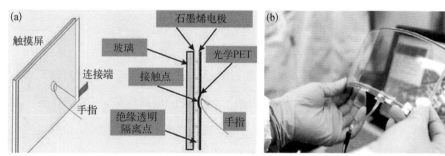

(a)电阻式石墨烯触摸屏结构;(b)7 in 电阻式石墨烯柔性触摸屏

传统电阻式 ITO 触控器件在使用过程中因反复的触摸形变导致 ITO 开裂而使整个器件失效,寿命较短。基于石墨烯透明电极的电阻式器件[图 8-24(b)],通过增加石墨烯层数,利用石墨烯层间的相对滑移释放应力,可延长器件寿命。

电阻式触控器件的优点是不受指尖上油污、水及环境尘埃等杂质的影响,工作原理简单、成本低、功耗小；缺点是由于电极间存在空气薄层，产生额外的空气界面反射光，降低了显示对比度、透过率。

2. 电容式石墨烯触控器件

电容式石墨烯触控器件的发展经历了从简单到复杂的两种类型：表面电容式和投射电容式。

表面电容式触控传感器由单一石墨烯透明电极构成，石墨烯电极无须图案化，四角通过电极线与触控传感器相连。施加电压之后，石墨烯电极表面形成均匀电场。当手指接触传感器表面时，人体的电场让手指和触摸屏表面形成一个耦合电容，对于高频电流来说，电容是直接导体，于是手指从触摸点吸走一个很小的电流。这个电流分别从触摸屏四角上的电极中流出，并且流经这四个电极的电流与手指到四角的距离成正比，触控控制器通过对这四个电流比例的精确计算，得出触摸点的位置（图 8-25）。相较于电阻式触控，表面电容式触控无须施加压力，且灵敏度较高。然而，电场开放度较高，触控较易受外界环境的干扰，并且不能实现对多点触摸的识别。

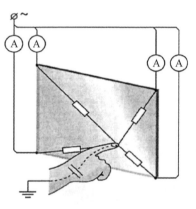

图 8-25 表面电容式触控原理示意图

投射电容式触控传感器采用两层石墨烯电极，中间以透明绝缘层分隔。分别对两层石墨烯电极进行图案化，形成行列交叉的电极矩阵，一般情况为 x 轴和 y 轴方向的垂直交叉形式。当用户以手指接触触控传感器时，手指的电容分别与 x、y 方向电极电容耦合，引起电容变化。触控系统通过外部检测电路连续性扫描探测到电容值的变化，根据采集四个电极流出的电流比值信号，控制芯片计算出触摸点坐标并传给中央处理器。按扫描探测方式的不同，投射电容式触控器件还分为自电容式和互电容式两种类型，其原理对比如图 8-26 所示。

自电容式触控中检测的是石墨烯电极上每个单元相对地间的电容变化。当手指触摸屏幕时，相当于在电极上附加一个耦合电容，电极与地间的总电容值因附加电容而发生了变化。触控芯片交替扫描全部的 x 方向和 y 方向电极，即逐

图8-26 自电容式（左）和互电容式（右）触控原理对比

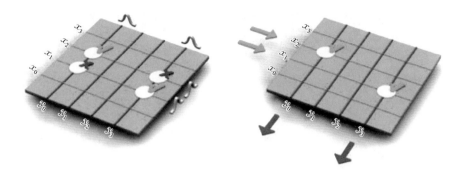

一扫描完 x 方向电极后再逐一扫描 y 方向电极然后重复这一循环。根据电极上电容值的变化来确定 x 轴与 y 轴的坐标,从而确定触摸点的位置。自电容式触控可实现较高频率的扫描,并拥有较高的抗噪声能力,但是由于只能做交替式水平和垂直方向的数据采集,最多只能实现两点手势识别,且会出现"鬼点",因此不是真正意义上的多点触摸。

互电容式触控中检测的是石墨烯电极上相邻单元间的电容变化。当手指接触屏幕时,由于人体是导体,从发射感应单元到接收感应单元的电场部分转移到手指上,从而导致两个感应单元间的场强减弱,相当于互电容值的减小。检测时依次向每条 x 轴电极施加一个激励信号,检测每条 y 轴电极接收到的这个信号,从而推算出相应 x 轴和 y 轴电极交叉点的互电容值,根据互电容值的变化情况确定触摸点的坐标。互电容式触控技术控制模块集成度高,使用耐久、稳定,透光率高,显示清晰,并且可实现多点触控,已成为当前应用的主流触控技术。

为了能够实现真实、有效的多点触摸,拥有更好的使用体验,互电容式触控技术中石墨烯电极的图案化设计是重点。传统方式中为实现多点触摸采用两层石墨烯电极并使其分别图案化,贴合后形成纵横交错的电极图案,类似一个二维感应矩阵。常用的电极图案主要有条形和菱形(图8-27),条形电极寄生电容较低,信噪比比较高,而菱形电极的寄生电容较低,线性度、精准度等特性也比较好,是应用最为广泛、最常见的一种电极图案。

虽然两层石墨烯电极可实现多点触控,但器件整体厚度增加,透过率降低,

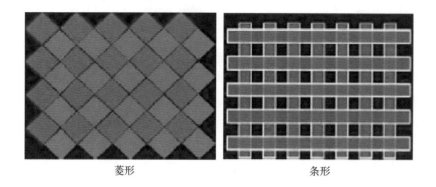

图 8-27 两层石墨烯电极菱形及条形电极设计

菱形　　　　　　　　　　　条形

工艺较为复杂。为了解决这些问题,制备更为轻薄的触控器件,后续又发展出了单层石墨烯电极的图案化设计。在单层石墨烯电极上形成纵横交错的电极图案,最直接的方法是采用搭桥结构,如图 8-28 所示。但搭桥结构在单层石墨烯电极上实现难度大,成本高,极少采用。另外一种方法是采用三角形、锯齿形、"E"字形、"工"字形、毛毛虫等图案设计(图 8-29)。其中,三角形可实现单点手势,锯齿图案可实现真实两点触控,"E"字形、"工"字形、毛毛虫图案能够实现真实五点触控。

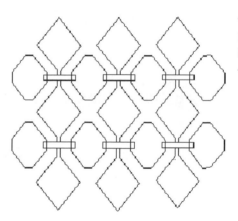

图 8-28 单层石墨烯电极搭桥结构

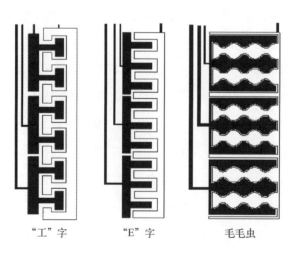

图 8-29 三种单层石墨烯电极非搭桥结构图案设计

"工"字　　　"E"字　　　毛毛虫

8.3.2 石墨烯薄膜批量图案化工艺

图案化工艺是将石墨烯薄膜按照预先设计图案加工成形的过程,是石墨烯触控器件制备过程的关键步骤。石墨烯薄膜化学稳定性极佳,强酸强碱液体均不能对其进行腐蚀,因而石墨烯薄膜的图案化工艺与传统 ITO 的不同,主要有黄光干法刻蚀工艺和激光直写工艺。

1. 黄光干法刻蚀工艺

石墨烯薄膜电极的黄光干法刻蚀工艺通过反应性离子去除石墨烯而形成图案,其流程如图 8-30 所示,其主要工艺步骤如下。

图 8-30 石墨烯黄光干法刻蚀工艺流程图

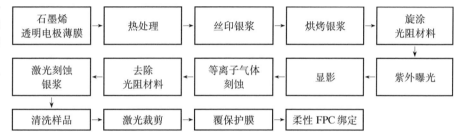

（1）热处理

将载体化石墨烯薄膜电极(载体通常为 PET)置于洁净烘箱中进行加热处理。加热温度为 130～150℃,时间通常为 2 h。该步骤的目的主要有两个:一是释放石墨烯薄膜与载体 PET 间的界面应力,并使掺杂剂老化,进一步稳定石墨烯薄膜的方块电阻;二是使 PET 基底中取向分子链收缩,稳定载体 PET 的尺寸,以免影响后续工艺中图案精度。

（2）光刻胶涂布

将载体化石墨烯薄膜电极平放在匀胶机托盘上,通过自动上胶机把光刻胶均匀涂覆于石墨烯薄膜表面,然后按设定的转速和时间进行匀胶。光刻胶材料应过滤后使用,涂布过程也应在百级洁净工作台或操作间进行,以避免灰尘等异物黏附形成彗星状条纹及缩孔,造成胶层厚度不均,影响后续工艺。此外,涂布过程须严格控制环境温湿度,及时抽离挥发的有机溶剂,并合理设置旋转加速度、匀胶转速、匀胶时间等参数,以保证光刻胶单次涂布均匀性和批次间厚度一致性。

（3）光刻胶前烘

石墨烯薄膜表面涂布光刻胶后将其置于洁净烘箱中,在设定温度和时间下,将光刻胶中残余溶剂完全挥发形成半固态胶膜,以便在后续的图案复制曝光、图案显影工序中能够得到完整可靠的图案。因光刻胶中含有双键、环氧等反应性基团,在前烘过程中温度不可设置过高或时间不宜过长,否则可能让光刻胶提前发生交联,导致曝光显影图案失真,甚至无法显影。

（4）曝光显影

采用接近式曝光方法,把预先设计制作完成的掩模版置于涂覆有光刻胶的石墨烯薄膜上方,用紫外线平行光源进行辐照曝光。依据光刻胶种类不同,曝光区域或光照交联,或光照降解。曝光后的石墨烯薄膜浸于相应的显影液中,形成正形或负形保护图案。

（5）干法刻蚀

将光刻胶固化显影后的石墨烯薄膜置于真空腔室内,通过气体等离子体对没有光刻胶遮盖保护的石墨烯部分进行刻蚀。等离子体通常采用氧或氩等离子体,刻蚀时间须根据等离子体浓度和强度调整。

（6）光刻胶剥离

将刻蚀后的石墨烯薄膜放入光刻胶去除液中,露出被保护石墨烯薄膜表面,再用去离子水清洗并吹干,最终完成石墨烯图案化工艺流程。

若所需石墨烯图案条纹较粗（例如 $100~\mu m$）,且对图案精细度要求不高,可采用丝网印刷方法设计网版图案,将阻蚀油墨丝印到石墨烯薄膜电极表面,省去曝光、显影工序,简化工艺流程。

石墨烯薄膜电极的黄光干法刻蚀工艺与目前主流的黄光工艺兼容度高,配套技术完善,加工效率高,重复性好,适合大规模生产。

2. 激光直写工艺

石墨烯薄膜电极的激光直写工艺通过激光热量烧蚀去除石墨烯，一步形成设计图案，与黄光干法刻蚀工艺相比，流程大为简化（图8-31）。

图8-31 石墨烯激光直写工艺流程图

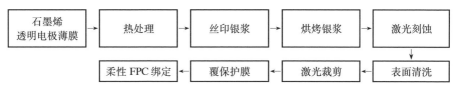

激光直写的前段工艺与黄光干法刻蚀工艺相同，先将载体化石墨烯薄膜电极进行加热处理，以稳定石墨烯薄膜方块电阻及载体PET尺寸，再通过丝网印刷的方式将银浆丝印到石墨烯薄膜上作为外围电路。银浆加热固化后，即可采用激光同时将石墨烯薄膜和银浆按照设计图案烧蚀图案化。最后将整版石墨烯薄膜用激光裁剪，并用各向异性导电胶（异方性导电胶）绑定FPC制成单独的触控器件。

石墨烯薄膜电极的图案化采用价格相对较低的红外气体激光器即可，激光输出功率一般设置为5~8 W。外围银浆电路区域激光图案化所需能量略高，功率通常为12~14 W。激光图案化过程中应使激光聚焦于石墨烯薄膜平面，并注意控制激光输出功率，以免烧蚀到石墨烯薄膜下方的透明有机载体，产生深色烧蚀纹路。

激光直写工艺流程简单，所需设备较少，生产投入低，石墨烯去除速度快，良率高，缺点是生产效率低。

8.3.3 石墨烯柔性触控器件性能

触控器件因其市场体量巨大且持续增长，一直是石墨烯薄膜应用的重点研究方向之一。研发石墨烯触控产品的国内外企业有重庆墨希科技有限公司、无锡格菲电子薄膜科技有限公司、常州二维碳素科技有限公司、三星电子等。经过这些企业的持续研究，石墨烯触控器件生产工艺业已完备，触控性能上与传统ITO器件相当，在柔性、可靠性等性能方面优势明显。

1. 柔性

优异的柔性是石墨烯触控器件有别于传统 ITO 触控产品的特色优势之一。表征石墨烯器件柔性优劣的物理参数主要有其所能承受的最小弯曲半径及对应的反复弯曲次数。柔性测试一般在弯曲测试仪上进行(图8-32),测试过程为:将石墨烯触控器件两端固定于弯曲试验设备的一对活动组件之间,组件间的相对运动带动石墨烯器件形成反复弯曲。完成设定次数弯曲试验后将石墨烯器件取下,首先观察器件外观有无翘曲变形、气泡等缺陷,再对器件的触控功能进行检测。触控功能检测须借助于触控芯片产商提供的测试印制电路板(Printed Circuit Boards,PCB)及测试软件完成。如图8-33所示,石墨烯触控器件置于假压治具上,通过 FPC 与测试 PCB 连接,PCB 通过通用串行总线(Universal Serial Bus,USB)接口再与电脑连接,电脑端运行测试软件逐项完成功能检测(图8-34)。完整触控功能检测包含多项检测项目,主要有石墨烯感应电极电容值测试、划线测试、多点触控测试等(图8-35)。

图8-32 石墨烯触控器件柔性测试装置

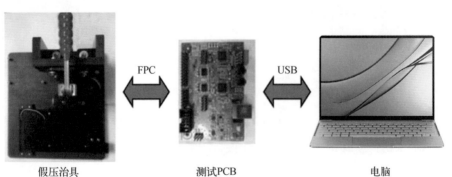

FPC　　　USB

假压治具　　　测试PCB　　　电脑

图8-33 石墨烯触控功能检测装置

石墨烯薄膜与柔性光电器件

图 8 - 34　石墨烯
触控功能检测软件
界面

图 8 - 35　石墨烯
触控功能检测中的
划线测试（左）及多
点触控测试（右）

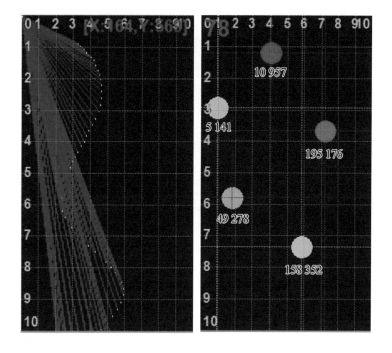

目前,石墨烯柔性触控产品(图8-36)的弯曲半径可达1 mm,疲劳弯曲次数超过10万次。相比而言,ITO(方块电阻为120 Ω/□)触控屏在2 cm的弯曲半径、1 000次反复弯曲条件下即出现通道断裂,丧失触控功能。

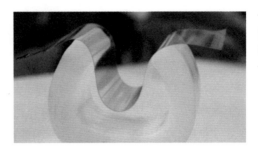

图8-36 石墨烯柔性触控产品

2. 可靠性

可靠性测试是将石墨烯触控器件放置在试验设备腔室内,模拟其在运输、储存及使用过程中环境的高温高湿、冷热交变、静电累积、盐雾等各种复杂情况,并人为加速产品环境老化状况,以测试石墨烯器件触控功能的稳定性,分析研究环境因素的影响程度及其作用机理,评价产品质量,确定产品使用寿命。可靠性测试项目、测试条件等列于表8-2中,其中结果判定标准与柔性测试中相同。石墨烯化学结构稳定,热膨胀系数极低,其触控器件产品经过多年的研制发展,已能通过表中各项测试,满足实用中的各种性能需求。

表8-2 石墨烯柔性触控器件可靠性测试

测试项目	测 试 条 件	结果判定标准
高温储存	1. 温度:80℃ 2. 时间:240 h 3. 实验完成2 h后进行结果测试判定	1. 触控功能正常 2. 无翘曲变形、气泡等外观异常
高温运行	1. 温度:80℃ 2. 时间:240 h 3. 实验完成2 h后进行结果测试判定	
低温储存	1. 温度:−30℃ 2. 时间:240 h 3. 实验完成2 h后进行结果测试判定	
低温运行	1. 温度:−30℃ 2. 时间:240 h 3. 实验完成2 h后进行结果测试判定	
高温高湿储存	1. 温度:70℃ 2. 湿度:90% 3. 时间:240 h 4. 实验完成2 h后进行结果测试判定	
高低温冷热冲击	1. 温度:−30℃ ⟶ 80℃ 2. 时间:低温30 min,高温30 min为一个循环 3. 循环数:100 4. 实验完成2 h后进行结果测试判定	

　石墨烯薄膜与柔性光电器件

测试项目	测　试　条　件	结果判定标准
盐雾试验	1. 盐雾浓度：5%（质量分数）NaCl 溶液 2. 时间：24 h 3. 实验完成 16 h 后进行结果测试判定	
静电测试	空气放电：+/−8 kV 开始，测试完毕后升至 12 kV 开始测试，并进行记录 耦合放电：+/−4 kV 开始，每升 1 kV 逐级（除 7 kV）开始电压测试，直到 8 kV	

8.4　本章小结

近年来，柔性电子产品市场增长迅速。据韩国 Displaybank 公司估算，到 2020 年，柔性显示市场的规模将从 2015 年的 11 亿美元增长到 420 亿美元，约占平板显示市场的 16%；出货量预计将从 2015 年的 2 500 万台扩大到 8 亿台，约占市场的 13%。未来柔性显示产品不仅会部分替代现有显示产品，还将创造出例如柔性触控、柔性穿戴等新兴市场。

石墨烯薄膜作为理想的柔性电子材料，其市场应用前景极其广阔。经过近 10 年的发展，多晶形态的石墨烯薄膜已实现低成本规模化生产，近期有望率先在柔性电子纸及柔性触控器件领域获得应用。随着单晶石墨烯薄膜制备技术及设备的进一步突破，石墨烯将在 OLED、太阳能电池、高频电子器件等更广泛的领域中获得应用。

参考文献

［1］ Weiss N O, Zhou H L, Liao L, et al. Graphene: An emerging electronic material ［J］. Advanced Materials, 2012, 24(43): 5782 - 5825.

［2］ 姜辛,孙超,洪瑞江,等.透明导电氧化物薄膜［M］.北京:高等教育出版社,2008.

［3］ Ellmer K. Past achievements and future challenges in the development of optically transparent electrodes ［J］. Nature Photonics, 2012, 6(12): 809 - 817.

［4］ Hecht D S, Hu L B, Irvin G. Emerging transparent electrodes based on thin films of carbon nanotubes, graphene, and metallic nanostructures ［J］. Advanced Materials, 2011, 23(13): 1482 - 1513.

［5］ Guo C F, Ren Z F. Flexible transparent conductors based on metal nanowire networks ［J］. Materials Today, 2015, 18(3): 143 - 154.

［6］ Lu H F, Ren X G, Ouyang D, et al. Emerging novel metal electrodes for photovoltaic applications ［J］. Small, 2018, 14(14): 1703140.

［7］ Hu L B, Kim H S, Lee J Y, et al. Scalable coating and properties of transparent, flexible, silver nanowire electrodes ［J］. ACS Nano, 2010, 4(5): 2955 - 2963.

［8］ Hu L B, Wu H, Cui Y. Metal nanogrids, nanowires, and nanofibers for transparent electrodes ［J］. MRS Bulletin, 2011, 36(10): 760 - 765.

［9］ Wu H, Kong D S, Ruan Z C, et al. A transparent electrode based on a metal nanotrough network ［J］. Nature Nanotechnology, 2013, 8(6): 421 - 425.

［10］ Khan A, Lee S, Jang T, et al. High-performance flexible transparent electrode with an embedded metal mesh fabricated by cost-effective solution process ［J］. Small, 2016, 12(22): 3021 - 3030.

［11］ 薛志超.叠层透明导电薄膜的制备及其性能研究［D］.长春:中国科学院长春光学精密机械与物理研究所,2015.

［12］ Zhang C, Zhao D W, Gu D E, et al. An ultrathin, smooth, and low-loss Al-doped Ag film and its application as a transparent electrode in organic photovoltaics ［J］. Advanced Materials, 2014, 26(32): 5696 - 5701.

［13］ Kang H, Jung S, Jeong S, et al. Polymer-metal hybrid transparent electrodes for flexible electronics ［J］. Nature Communications, 2015, 6: 6503.

［14］ Kim N, Kee S, Lee S H, et al. Highly conductive PEDOT: PSS nanofibrils

石墨烯薄膜与柔性光电器件

induced by solution-processed crystallization [J]. Advanced Materials, 2014, 26 (14): 2268 - 2272.

[15] Shin S, Yang M Y, Guo L J, et al. Roll-to-roll cohesive, coated, flexible, high-efficiency polymer light-emitting diodes utilizing ITO-free polymer anodes [J]. Small, 2013, 9(23): 4036 - 4044.

[16] Wu Z C, Chen Z H, Du X, et al. Transparent, conductive carbon nanotube films [J]. Science, 2004, 305(5688): 1273 - 1276.

[17] 张强, 黄佳琦, 赵梦强, 等. 碳纳米管的宏量制备及产业化[J]. 中国科学: 化学, 2013, 43(6): 641 - 666.

[18] Cho D Y, Eun K, Choa S H, et al. Highly flexible and stretchable carbon nanotube network electrodes prepared by simple brush painting for cost-effective flexible organic solar cells [J]. Carbon, 2014, 66: 530 - 538.

[19] Du J H, Pei S F, Ma L P, et al. 25th anniversary article: Carbon nanotube- and graphene- based transparent conductive films for optoelectronic devices [J]. Advanced Materials, 2014, 26(13): 1958 - 1991.

[20] Snow E S, Novak J P, Campbell P M, et al. Random networks of carbon nanotubes as an electronic material [J]. Applied Physics Letters, 2003, 82(13): 2145 - 2147.

[21] Novoselov K S, Fal'ko V I, Colombo L, et al. A roadmap for graphene [J]. Nature, 2012, 490(7419): 192 - 200.

[22] Chen J H, Jang C, Xiao S D, et al. Intrinsic and extrinsic performance limits of graphene devices on SiO_2 [J]. Nature Nanotechnology, 2008, 3(4): 206 - 209.

[23] Song Y, Fang W J, Brenes R, et al. Challenges and opportunities for graphene as transparent conductors in optoelectronics [J]. Nano Today, 2015, 10 (6): 681 - 700.

[24] Xu X Z, Zhang Z H, Dong J C, et al. Ultrafast epitaxial growth of metre-sized single-crystal graphene on industrial Cu foil [J]. Science Bulletin, 2017, 62(15): 1074 - 1080.

[25] Han T H, Lee Y, Choi M R, et al. Extremely efficient flexible organic light-emitting diodes with modified graphene anode [J]. Nature Photonics, 2012, 6(2): 105 - 110.

[26] Bae S, Kim H, Lee Y, et al. Roll-to-roll production of 30 - inch graphene films for transparent electrodes [J]. Nature Nanotechnology, 2010, 5(8): 574 - 578.

[27] Chang J K, Lin W H, Taur J I, et al. Graphene anodes and cathodes: Tuning the work function of graphene by nearly 2 eV with an aqueous intercalation process [J]. ACS Applied Materials & Interfaces, 2015, 7(31): 17155 - 17161.

[28] Berry V. Impermeability of graphene and its applications [J]. Carbon, 2013, 62: 1 - 10.

[29] Bonaccorso F, Sun Z P, Hasan T, et al. Graphene photonics and optoelectronics [J]. Nature Photonics, 2010, 4(9): 611 - 622.

[30] Park H, Chang S, Zhou X, et al. Flexible graphene electrode-based organic photovoltaics with record-high efficiency [J]. Nano Letters, 2014, 14 (9): 5148 – 5154.

[31] Ryu J, Kim Y, Won D, et al. Fast synthesis of high-performance graphene films by hydrogen-free rapid thermal chemical vapor deposition [J]. ACS Nano, 2014, 8(1): 950 – 956.

[32] Things you could do with graphene [J]. Nature Nanotechnology, 2014, 9 (10): 737.

[33] Novoselov K S, Geim A K, Morozov S V, et al. Electric field effect in atomically thin carbon films [J]. Science, 2004, 306(5696): 666 – 669.

[34] Geim A K, Novoselov K S. The rise of graphene [J]. Nature Materials, 2007, 6 (3): 183 – 191.

[35] Novoselov K S, Morozov S V, Mohinddin T M G, et al. Electronic properties of graphene [J]. Physica Status Solidi(b), 2007, 244(11): 4106 – 4111.

[36] Novoselov K S., Geim A K, Morozov S V, et al. Two-dimensional gas of massless Dirac fermions in graphene [J]. Nature, 2005, 438(7065): 197 – 200.

[37] Kim K S, Zhao Y, Jang H, et al. Large-scale pattern growth of graphene films for stretchable transparent electrodes [J]. Nature, 2009, 457(7230): 706 – 710.

[38] Geim A K. Graphene: Status and prospects [J]. Science, 2009. 324 (5934): 1530 – 1534.

[39] Yu Q K, Lian J, Siriponglert S, et al. Graphene segregated on Ni surfaces and transferred to insulators [J]. Applied Physics Letters, 2008, 93(11): 113103.

[40] Reina A, Jia X T, Ho J, et al. Large area, few-layer graphene films on arbitrary substrates by chemical vapor deposition [J]. Nano Letters, 2009, 9(1): 30 – 35.

[41] Li X S, Cai W W, An J H, et al. Large-area synthesis of high-quality and uniform graphene films on copper foils [J]. Science. 2009, 324 (5932): 1312 – 1314.

[42] Li X S, Zhu Y W, Cai W W, et al. Transfer of large-area graphene films for high-performance transparent conductive electrodes [J]. Nano Letters, 2009, 9(12): 4359 – 4363.

[43] Li X S, Cai W W, Colombo L, et al. Evolution of graphene growth on Ni and Cu by carbon isotope labeling [J]. Nano Letters, 2009, 9(12): 4268 – 4272.

[44] Li X S, Magnuson C W, Venugopal A, et al. Graphene films with large domain size by a two-step chemical vapor deposition process [J]. Nano Letters, 2010, 10 (11): 4328 – 4334.

[45] 任文才,高力波,马来鹏,等.石墨烯的化学气相沉积法制备[J].新型炭材料,2011, 26(1): 71 – 80.

[46] Li Z C, Wu P, Wang C X, et al. Low-temperature growth of graphene by chemical vapor deposition using solid and liquid carbon sources [J]. ACS Nano, 2011, 5(4): 3385 – 3390.

[47] Wu T R, Ding G Q, Shen H L, et al. Triggering the continuous growth of graphene toward millimeter-sized grains [J]. Advanced Functional Materials, 2013, 23(2): 198 – 203.

[48] Gan X C, Zhou H B, Zhu B J, et al. A simple method to synthesize graphene at 633 K by dechlorination of hexachlorobenzene on Cu foils [J]. Carbon, 2012, 50 (1): 306 – 310.

[49] Xue Y Z, Wu B, Jiang L, et al. Low temperature growth of highly nitrogen-doped single crystal graphene arrays by chemical vapor deposition [J]. Journal of the Ameican Chemical Society, 2012, 134(27): 11060 – 11063.

[50] Choi J H, Li Z, Cui P, et al. Drastic reduction in the growth temperature of graphene on copper via enhanced London dispersion force [J]. Scientific Reports, 2013, 3: 1925.

[51] Jang J, Son M, Chung S, et al. Low-temperature-grown continuous graphene films from benzene by chemical vapor deposition at ambient pressure [J]. Scientific Reports, 2015, 5: 17955.

[52] Weatherup R S, Bayer B C, Blume R, et al. In situ characterization of alloy catalysts for low-temperature graphene growth [J]. Nano Letters, 2011, 11(10): 4154 – 4160.

[53] Chen S S, Ji H X, Chou H, et al. Millimeter-size single-crystal graphene by suppressing evaporative loss of Cu during low pressure chemical vapor deposition [J]. Advanced Materials, 2013, 25(14): 2062 – 2065.

[54] Gao L B, Ren W C, Xu H L, et al. Repeated growth and bubbling transfer of graphene with millimetre-size single-crystal grains using platinum [J]. Nature Communications, 2012, 3: 699.

[55] Ma T, Ren W C, Zhang X Y, et al. Edge-controlled growth and kinetics of single-crystal graphene domains by chemical vapor deposition [J]. Proceedings of the National Academy of Sciences of the United States of America, 2013, 110(51): 20386 – 20391.

[56] Wu P, Zhang W H, Li Z Y, et al. Mechanisms of graphene growth on metal surfaces: Theoretical perspectives [J]. Small, 2014, 10(11): 2136 – 2150.

[57] Li X, Magnuson C W, Venugopal A, et al. Large-area graphene single crystals grown by low-pressure chemical vapor deposition of methane on copper [J]. Journal of the American Chemical Society, 2011, 133(9): 2816 – 2819.

[58] Gao J F, Yuan Q H, Hu H, et al. Formation of carbon clusters in the initial stage of chemical vapor deposition graphene growth on Ni(111) surface [J]. The Journal of Physical Chemistry C, 2011, 115(36): 17695 – 17703.

[59] Meyer J C, Geim A K, Katsnelson M I, et al. On the roughness of single-and bi-layer graphene membranes [J]. Solid State Communications. 2007, 143(1 – 2): 101 – 109.

[60] Shu H B, Tao X M, Ding F, et al. What are the active carbon species during

graphene chemical vapor deposition growth? [J]. Nanoscale,2015，7(5)：1627 - 1634.

[61] Gao J F，Yip J，Zhao J J，et al. Graphene nucleation on transition metal surface： Structure transformation and role of the metal step edge [J]. Journal of the American Chemical Society, 2011, 133(13)：5009 - 5015.

[62] Li Q Y，Chou H，Zhong J H，et al. Growth of adlayer graphene on Cu studied by carbon isotope Labeling [J]. Nano Letters, 2013, 13(2)：486 - 490.

[63] Yuan Q H，Gao J F，Shu H B，et al. Magic carbon clusters in the chemical vapor deposition growth of graphene [J]. Journal of the American Chemical Society, 2012, 134(6)：2970 - 2975.

[64] Fang W J，Hsu A L，Song Y，et al. A review of large-area bilayer graphene synthesis by chemical vapor deposition [J]. Nanoscale, 2015，7(48)：20335 - 20351.

[65] Li X S，Colombo L，Ruoff R S，et al. Synthesis of graphene films on copper foils by chemical vapor deposition [J]. Advanced Materials, 2016, 28(29)：6247 - 6252.

[66] Lee J H，Lee E K，Joo W J，et al. Wafer-scale growth of single-crystal monolayer graphene on reusable hydrogen-terminated germanium [J]. Science, 2014, 344 (6181)：286 - 289.

[67] Nguyen V L，Shin B G，Duong D L，et al. Seamless stitching of graphene domains on polished copper (111) foil [J]. Advanced Materials, 2015, 27(8)：1376 - 1382.

[68] 韩江丽，曾梦琪，张涛，等.石墨烯单晶的可控生长[J],科学通报,2015,60(22)： 2091 - 2107.

[69] Tan Y Y，Jayawardena K D G I，Adikaari A A D T，et al. Photo-thermal chemical vapor deposition growth of graphene [J]. Carbon, 2012, 50(2)： 668 - 673.

[70] Cui P，Choi J H，Zeng C，et al. A Kinetic pathway toward high-density ordered N doping of epitaxial graphene on Cu(111) using C_5NCl_5 precursors [J]. Journal of the American Chemical Society, 2017, 139(21)：7196 - 7202.

[71] Kairi M I，Khavarian M，Bakar S A，et al. Recent trends in graphene materials synthesized by CVD with various carbon precursors [J]. Journal of Materials Science, 2018, 53(2)：851 - 879.

[72] Dai B，Fu L，Zou Z Y，et al. Rational design of a binary metal alloy for chemical vapor deposition growth of uniform single-layer graphene [J]. Nature Communications, 2011, 2：522.

[73] Regmi M，Chisholm M F，Eres G. The effect of growth parameters on the intrinsic properties of large-area single layer graphene grown by chemical vapor deposition on Cu [J]. Carbon, 2012, 50(1)：134 - 141.

[74] Hu B S，Ago H，Ito Y，et al. Epitaxial growth of large-area single-layer graphene over Cu(111)/sapphire by atmospheric pressure CVD [J]. Carbon, 2012, 50(1)：

57 - 65.

[75] 喻佳丽,辛斌杰.铜基底化学气相沉积石墨烯的研究现状与展望[J].材料导报, 2015,29(1): 66 - 71.

[76] 邹志宇,戴博雅,刘忠范.石墨烯的化学气相沉积生长与过程工程学研究[J].中国科学:化学,2013,43(1): 1 - 17.

[77] Nguyen V L, Lee Y H. Towards wafer-scale monocrystalline graphene growth and characterization [J]. Small, 2015, 11(29): 3512 - 3528.

[78] Qing F Z, Shen C Q, Jia R T, et al. Catalytic substrates for graphene growth [J]. MRS Bulletin, 2017, 42(11): 819 - 824.

[79] Wu T R, Zhang X F, Yuan Q H, et al. Fast growth of inch-sized single-crystalline graphene from a controlled single nucleus on Cu-Ni alloys [J]. Nature Materials, 2016, 15(1): 43 - 47.

[80] Xu X Z, Zhang Z H, Qiu L, et al. Ultrafast growth of single-crystal graphene assisted by a continuous oxygen supply [J]. Nature Nanotechnology, 2016, 11 (11): 930 - 935.

[81] Vlassiouk I V, Stehle Y, Pudasaini P R, et al. Evolutionary selection growth of two-dimensional materials on polycrystalline substrates [J]. Nature Materials, 2018, 17(4): 318 - 322.

[82] Wang H, Xu X Z, Li J Y, et al. Surface monocrystallization of copper foil for fast growth of large single-crystal graphene under free molecular flow [J]. Advanced Materials, 2016, 28(40): 8968 - 8974.

[83] Hao Y F, Bharathi M S, Wang L, et al. The role of surface oxygen in the growth of large single-crystal graphene on copper [J]. Science, 2013, 342 (6159): 720 - 723.

[84] Wu B, Geng D C, Xu Z P, et al. Self-organized graphene crystal patterns [J]. NPG Asia Materials, 2013, 5: e36.

[85] Huang M, Biswal M, Park H J, et al. Highly oriented monolayer graphene grown on a Cu/Ni(111) alloy foil [J]. ACS Nano, 2018, 12(6): 6117 - 6127.

[86] Sutter P W, Flege J I, Sutter E A, et al. Epitaxial graphene on ruthenium [J]. Nature Materials, 2008, 7(5): 406 - 411.

[87] Liu X, Fu L, Liu N, et al. Segregation growth of graphene on Cu - Ni alloy for precise layer control [J]. The Journal of Physical Chemistry C, 2011, 115(24): 11976 - 11982.

[88] Nie S, Wu W, Xing S R, et al. Growth from below: Bilayer graphene on copper by chemical vapor deposition [J]. New Journal of Physics, 2012, 14: 093028.

[89] Yan K, Peng H L, Zhou Y, et al. Formation of bilayer bernal graphene: Layer-by-layer epitaxy via chemical vapor deposition [J]. Nano Letters, 2011, 11(3): 1106 - 1110.

[90] Yang W, Chen G R, Shi Z W, et al. Epitaxial growth of single-domain graphene on hexagonal boron nitride [J]. Nature Materials, 2013, 12(9): 792 - 797.

[91] Ismach A, Druzgalski C, Penwell S, et al. Direct chemical vapor deposition of graphene on dielectric surfaces [J]. Nano Letters, 2010, 10(5): 1542 – 1548.

[92] Yang C, Wu T R, Wang H M, et al. Chemical vapor deposition of graphene on insulating substrates and its potential applications [J]. Chinese Science Bulletin, 2017, 62(20): 2168 – 2179.

[93] 张盈利,刘开辉,王文龙,等.石墨烯的透射电子显微学研究[J].物理,2009,38(6): 401 – 408.

[94] Dresselhaus M S, Dresselhaus G. Intercalation compounds of graphite [J]. Advances in Physics, 1981, 30(2): 139 – 326.

[95] Heersche H B, Jarillo-Herrero P, Oostinga J B, et al. Bipolar supercurrent in graphene [J]. Nature, 2007, 446(7131): 56 – 59.

[96] Berger C, Song Z M, Li X B, et al. Electronic confinement and coherence in patterned epitaxial graphene [J]. Science, 2006, 312(5777): 1191 – 1196.

[97] Zhang Y B, Tan Y W, Stormer H L, et al. Experimental observation of the quantum hall effect and Berry's phase in graphene [J]. Nature, 2005, 438(7065): 201 – 204.

[98] Schedin F, Geim A K, Morozov S V, et al. Detection of individual gas molecules adsorbed on graphene [J]. Nature Materials, 2007, 6(9): 652 – 655.

[99] Wang X, Zhi L J, Muellen K. Transparent, conductive graphene electrodes for dye-sensitized solar cells [J]. Nano Letters, 2008, 8(1): 323 – 327.

[100] Viculis L M, Mack J J, Kaner R B. A chemical route to carbon nanoscrolls [J]. Science, 2003, 299(5611): 1361.

[101] Li X L, Wang X R, Zhang L, et al. Chemically derived, ultrasmooth graphene nanoribbon semiconductors [J]. Science, 2008, 319(5867): 1229 – 1232.

[102] Novoselov K S, Jiang D, Schedin F, et al. Two-dimensional atomic crystals [J]. Proceedings of the National Academy of Sciences of the United States of America, 2005, 102(30): 10451 – 10453.

[103] Geim A K, Novoselov K S. The rise of graphene [J]. Nature Materials, 2007, 6 (3): 183 – 191.

[104] Liang X G, Fu Z L, Chou S Y. Graphene transistors fabricated via transfer-printing in device active-areas on larger wafer [J]. Nano Letters, 2007, 7(12): 3840 – 3844.

[105] Liang X G, Chang A S P, Zhang Y G, et al. Electrostatic force assisted exfoliation of prepatterned few-layer graphenes into device sites [J]. Nano Letters, 2009, 9(1): 467 – 472.

[106] Wang C, Ryu K, Badmaev A, et al. Device study, chemical doping, and logic circuits based on transferred aligned single-walled carbon nanotubes [J]. Applied Physics Letters, 2008, 93(3): 033101.

[107] Ryu K, Badmaev A, Wang C, et al. CMOS-analogous wafer-scale nanotube-on-insulator approach for submicrometer devices and integrated circuits using aligned

nanotubes [J]. Nano Letters, 2009, 9(1): 189 - 197.

[108] Lu X K, Huang H, Nemchuk N, et al. Patterning of highly oriented pyrolytic graphite by oxygen plasma etching [J]. Applied Physics Letters, 1999, 75(2): 193 - 195.

[109] Ni Z H, Wang H M, Kasim J, et al. Graphene thickness determination using reflection and contrast spectroscopy [J]. Nano Letters, 2007, 7(9): 2758 - 2763.

[110] Wang F, Zhang Y B, Tian C S, et al. Gate-variable optical transitions in graphene [J]. Science, 2008, 320(5873): 206 - 209.

[111] Teweldebrhan D, Balandin A A. Modification of graphene properties due to eletron-beam irradiation [J]. Applied Physics Letters, 2009, 94: 013101.

[112] Tuinstra F, Koenig J L. Raman spectrum of graphite [J]. The Journal of Chemical Physics, 1970, 53(3): 1126 - 1130.

[113] Berciaud S, Ryu S, Brus L E, et al. Probing the intrinsic properties of exfoliated graphene: Raman spectroscopy of free-standing monolayers [J]. Nano Letters, 2009, 9(1): 346 - 352.

[114] Wang Y, Tong S W, Xu X F, et al. Interface engineering of layer-by-layer stacked graphene anodes for high-performance organic solar cells [J]. Advanced Materials, 2011, 23(13): 1514 - 1518.

[115] Caldwell J D, Anderson T J, Culbertson J C, et al. Technique for the dry transfer of epitaxial graphene onto arbitrary substrates [J]. ACS Nano, 2010, 4 (2): 1108 - 1114.

[116] Kang S J, Kim B, Kim K S, et al. Inking elastomeric stamps with micro-patterned, single layer graphene to create high-performance OFETs [J]. Advanced Materials, 2011, 23(31): 3531 - 3535.

[117] Song J, Kam F Y, Png R Q, et al. A general method for transferring graphene onto soft surfaces [J]. Nature Nanotechnology, 2013, 8(5): 356 - 362.

[118] Antonova I V, Golod S V, Soots R A, et al. Comparison of various methods for transferring graphene and few layer graphene grown by chemical vapor deposition to an insulating SiO₂/Si substrate [J]. Semiconductors, 2014, 48(6): 804 - 808.

[119] Park H J, Meyer J, Roth S, et al. Growth and properties of few-layer graphene prepared by chemical vapor deposition [J]. Carbon, 2010, 48(4): 1088 - 1094.

[120] Lin Y C, Jin C H, Lee J C, et al. Clean transfer of graphene for isolation and suspension [J]. ACS Nano, 2011, 5(3): 2362 - 2368.

[121] Lee W H, Suk J W, Lee J, et al. Simultaneous transfer and doping of CVD-grown graphene by fluoropolymer for transparent conductive films on plastic [J]. ACS Nano, 2012, 6(2): 1284 - 1290.

[122] Chen X D, Liu Z B, Zheng C Y, et al. High-quality and efficient transfer of large-area graphene films onto different substrates [J]. Carbon, 2013, 56(5): 271 - 278.

[123] Lee J, Kim Y, Shin H J, et al. Clean transfer of graphene and its effect on contact resistance [J]. Applied Physics Letters, 2013, 103(10): 103104.

[124] Hong J Y, Shin Y C, Zubair A, et al. A rational strategy for graphene transfer on substrates with rough features [J]. Advanced Materials, 2016, 28(12): 2382 - 2392.

[125] Lee Y, Bae S, Jang H, et al. Wafer-scale synthesis and transfer of graphene films [J]. Nano letters, 2010, 10(2): 490 - 493.

[126] Kim M, An H, Lee W J, et al. Low damage-transfer of graphene using epoxy bonding [J]. Electronic Materials Letters, 2013, 9(4): 517 - 521.

[127] Martins L G P, Song Y, Zeng T Y, et al. Direct transfer of graphene onto flexible substrates [J]. Proceedings of the National Academy of Sciences of the United States of America, 2013, 110(44): 17762 - 17767.

[128] Wang D Y, Huang I S, Ho P H, et al. Clean-lifting transfer of large-area residual-free graphene films [J]. Advanced Materials, 2013, 25(32): 4521 - 4526.

[129] Gao L B, Ni G X, Liu Y P, et al. Face-to-face transfer of wafer-scale graphene films [J]. Nature, 2014, 505(7482): 190 - 194.

[130] Wang Y, Zheng Y, Xu X F, et al. Electrochemical delamination of CVD-grown graphene film: Toward the recyclable use of copper catalyst [J]. ACS Nano, 2011, 5(12): 9927 - 9933.

[131] Lock E H, Baraket M, Laskoski M, et al. High-quality uniform dry transfer of graphene to polymers [J]. Nano Letters, 2011, 12(1): 102 - 107.

[132] Yoon T, Shin W C, Kim T Y, et al. Direct measurement of adhesion energy of monolayer graphene as-grown on copper and its application to renewable transfer process [J]. Nano Letters, 2012, 12(3): 1448 - 1452.

[133] Hesjedal T. Continuous roll-to-roll growth of graphene films by chemical vapor deposition [J]. Applied Physics Letters, 2011, 98(13): 133106.

[134] 李永峰,刘主宸,杨帆,等.一种连续制备大面积石墨烯薄膜的方法及装置:中国, 201310193880 [P]. 2013 - 08 - 07.

[135] Yamada T, Ishihara M, Kim J, et al. A roll-to-roll microwave plasma chemical vapor deposition process for the production of 294 mm width graphene films at low temperature [J]. Carbon, 2012, 50(7): 2615 - 2619.

[136] Yamada T, Ishihara M, Hasegawa M. Large area coating of graphene at low temperature using a roll-to-roll microwave plasma chemical vapor deposition [J]. Thin Solid Films, 2013, 532: 89 - 93.

[137] Hong B H, Ahn J, Bae S, et al. Roll-to-roll transfer method of graphene, graphene roll produced by the method, and roll-to-roll transfer equipment for graphene: United States, 8916057 [P]. 2014 - 12 - 23.

[138] Liu H T, Liu Y Q, Zhu D B. Chemical doping of graphene [J]. Journal of Materials Chemistry, 2011, 21(10): 3335 - 3345.

[139] Pinto H, Markevich A. Electronic and electrochemical doping of graphene by surface adsorbates [J]. Beilstein Journal of Nanotechnology, 2014, 5(1): 1842 - 1848.

[140] Syu J Y, Chen Y M, Xu K X, et al. Wide-range work-function tuning of active graphene transparent electrodes via hole doping [J]. RSC Advances, 2016, 6 (39): 32746 - 32756.

[141] Kwon S J, Han T H, Ko T Y, et al. Extremely stable graphene electrodes doped with macromolecular acid [J]. Nature Communications, 2018, 9: 2037.

[142] Pham V P, Kim K H, Jeon M H, et al. Low damage pre-doping on CVD graphene/Cu using a chlorine inductively coupled plasma [J]. Carbon, 2015, 95: 664 - 671.

[143] Yu Y J, Zhao Y, Ryu S, et al. Tuning the graphene work function by electric field effect [J]. Nano letters, 2009, 9(10): 3430 - 3434.

[144] Jo G, Choe M, Lee S, et al. The application of graphene as electrodes in electrical and optical devices [J]. Nanotechnology, 2012, 23(11): 112001.

[145] Tongay S, Berke K, Lemaitre M, et al. Stable hole doping of graphene for low electrical resistance and high optical transparency [J]. Nanotechnology, 2011, 22 (42): 425701.

[146] Jo I, Kim Y, Moon J, et al. Stable n-type doping of graphene by high-molecular-weight ethylene amines [J]. Physical Chemistry Chemical Physics, 2015, 17(44): 29492 - 29495.

[147] Park C, Yoo D, Im S, et al. Large-scalable RTCVD Graphene /PEDOT: PSS hybrid conductive film for application in transparent and flexible thermoelectric nanogenerators [J]. RSC Advances. 2017, 7(41): 25237 - 25243.

[148] Li N, Oida S, Tulevski G S, et al. Efficient and bright organic light-emitting diodes on single-layer graphene electrodes [J]. Nature Communications, 2013, 4: 2294.

[149] Yuan H Y, Chang S, Bargatin I, et al. Engineering ultra-low work function of graphene [J]. Nano Letters, 2015, 15(10): 6475 - 6480.

[150] Kwon K C, Choi K S, Kim S Y. Increased work function in few-layer graphene sheets via metal chloride doping [J]. Advanced Functional Materials, 2012, 22 (22): 4724 - 4731.

[151] Kwon K C, Kim B J, Lee J L, et al. Effect of anions in Au complexes on doping and degradation of graphene [J]. Journal of Materials Chemistry C, 2013, 1 (13): 2463 - 2469.

[152] Shi Y M, Kim K K, Reina A, et al. Work function engineering of graphene electrode via chemical doping [J]. ACS Nano, 2010, 4(5): 2689 - 2694.

[153] Garg R, Dutta N K, Choudhury N R. Work function engineering of graphene [J]. Nanomaterials, 2014, 4(2): 267 - 300.

[154] Guo B D, Fang L, Zhang B H, et al. Graphene doping: A review [J]. Insciences

Journal, 2011, 1(2): 80 - 89.

[155] Giovannetti G, Khomyakov P A, Brocks G, et al. Doping graphene with metal contacts [J]. Physical Review Letters, 2008, 101(2): 026803.

[156] Kim J H, Hwang J H, Suh J, et al. Work function engineering of single layer graphene by irradiation-induced defects [J]. Applied Physics Letters, 2013, 103 (17): 171604.

[157] Song Y, Fang W J, Hsu A L, et al. Iron (III) Chloride doping of CVD graphene [J]. Nanotechnology, 2014, 25(39): 395701.

[158] Lee B, Chen Y S, Duerr F, et al. Modification of electronic properties of graphene with self-assembled monolayers [J]. Nano Letters, 2010, 10(7): 2427 - 2432.

[159] Zhou S Y, Gweon G H, Fedorov A V, et al. Substrate-induced bandgap opening in epitaxial graphene [J]. Nature Materials, 2007, 6(10): 770 - 775.

[160] Heo J H, Shin D H, Song D H, et al. Super-flexible bis (trifluoromethanesulfonyl)-amide doped graphene transparent conductive electrodes for photo-stable perovskite solar cells [J]. Journal of Materials Chemistry A, 2018, 6(18): 8251 - 8258.

[161] Celis A, Nair M N, Taleb-Ibrahimi A, et al. Graphene nanoribbons: Fabrication, properties and devices [J]. Journal of Physics D: Applied Physics, 2016, 49(14): 143001.

[162] Ni Z H, Yu T, Lu Y H, et al. Uniaxial strain on graphene: Raman spectroscopy study and band-gap opening [J]. ACS Nano, 2008, 2(11): 2301 - 2305.

[163] Wei D C, Liu Y Q, Wang Y, et al. Synthesis of N-doped graphene by chemical vapor deposition and its electrical properties [J]. Nano Letters, 2009, 9 (5): 1752 - 1758.

[164] Wang X R, Li X L, Zhang L, et al. N-doping of graphene through electrothermal reactions with ammonia [J]. Science, 2009, 324 (5928): 768 - 771.

[165] Panchakarla L S, Subrahmanyam K S, Saha S K, et al. Synthesis, structure, and properties of boron-and nitrogen-doped graphene [J]. Advanced Materials, 2009, 21(46): 4726 - 4730.

[166] Kim K K, Reina A, Shi Y M, et al. Enhancing the conductivity of transparent graphene films via doping [J]. Nanotechnology, 2010, 21(28): 285205.

[167] Zhou S Y, Siegel D A, Fedorov A V, et al. Metal to insulator transition in epitaxial graphene induced by molecular doping [J]. Physical Review Letters, 2008, 101(8): 086402.

[168] Coletti C, Riedl C, Lee D S, et al. Charge neutrality and band-gap tuning of epitaxial graphene on SiC by molecular doping [J]. Physical Review B, 2010, 81 (23): 235401.

[169] Pinto H, Jones R, Goss J P, et al. p-type doping of graphene with F4 - TCNQ

[J]. Journal of Physics: Condensed Matter, 2009, 21(40): 402001.

[170] Dong X C, Fu D L, Fang W J, et al. Doping single-layer graphene with aromatic molecules [J]. Small, 2009, 5(12): 1422 - 1426.

[171] Kholmanov I N, Magnuson C W, Aliev A E, et al. Improved electrical conductivity of graphene films integrated with metal nanowires [J]. Nano Letters, 2012, 12(11): 5679 - 5683.

[172] Khrapach I, Withers F, Bointon T H, et al. Novel highly conductive and transparent graphene-based conductors [J]. Advanced Materials, 2012, 24(21): 2844 - 2849.

[173] Oswald W, Wu Z G. Energy gaps in graphene nanomeshes [J]. Physical Review B, 2012, 85(11): 115431.

[174] Chang C K, Kataria S, Kuo C C, et al. Band gap engineering of chemical vapor deposited graphene by in situ BN doping [J]. ACS Nano, 2013, 7(2): 1333 - 1341.

[175] Ohta T, Bostwick A, Seyller T, et al. Controlling the electronic structure of bilayer graphene [J]. Science, 2006, 313(5789): 951 - 954.

[176] Balog R, Jørgensen B, Nilsson L, et al. Bandgap opening in graphene induced by patterned hydrogen adsorption [J]. Nature Materials, 2010, 9(4): 315 - 319.

[177] Yavari F, Kritzinger C, Gaire C, et al. Tunable bandgap in graphene by the controlled adsorption of water molecules [J]. Small, 2010, 6(22): 2535 - 2538.

[178] Zhang Y B, Tang T T, Girit C, et al. Direct observation of a widely tunable bandgap in bilayer graphene [J]. Nature, 2009, 459(7248): 820 - 823.

[179] Lee K, Ki H. Fabrication and optimization of transparent conductive films using laser annealing and picosecond laser patterning [J]. Applied Surface Science, 2017, 420: 886 - 895.

[180] Zhang T T, Wu S, Yang R, et al. Graphene: Nanostructure engineering and applications [J]. Frontiers of Physics, 2017, 12(1): 127206.

[181] Lee J H, Jang Y, Heo K, et al. Large-scale fabrication of 2 - D nanoporous graphene using a thin anodic aluminum oxide etching mask [J]. Journal of Nanoscience and Nanotechnology, 2013, 13(11): 7401 - 7405.

[182] Kumar R, Singh R K, Singh D P, et al. Laser-assisted synthesis, reduction and micro-patterning of graphene: Recent progress and applications [J]. Coordination Chemistry Reviews, 2017, 342: 34 - 79.

[183] Zheng Y Q, Hua W, Hou S F, et al. Lithographically defined graphene patterns [J]. Advanced Materials Technologies, 2017, 2(5): 1600237.

[184] Feng J, Li W B, Qian X F, et al. Patterning of graphene [J]. Nanoscale, 2012, 4(16): 4883 - 4899.

[185] 李艳,张芳,陈辉,等.石墨烯微纳结构加工技术的研究进展[J].微纳电子技术, 2013,50(4): 255 - 263.

[186] Kaplas T, Bera A, Matikainen A, et al. Transfer and patterning of chemical

vapor deposited graphene by a multifunctional polymer film [J]. Applied Physics Letters, 2018, 112(7): 073107.

[187] Campos L C, Manfrinato V R, Sanchez-Yamagishi J D, et al. Anisotropic etching and nanoribbon formation in single-layer graphene [J]. Nano Letters, 2009, 9(7): 2600-2604.

[188] Nemes-Incze P, Magda G, Kamaras K, et al. Crystallographically selective nanopatterning of graphene on SiO_2 [J]. Nano Research, 2010, 3(2): 110-116.

[189] Chen Z H, Lin Y M, Rooks M J, et al. Graphene nano-ribbon electronics [J]. Physica E: Low-dimensional Systems and Nanostructures, 2007, 40 (2): 228-232.

[190] Han M Y, Ozyilmaz B, Zhang Y B, et al. Energy band-gap engineering of graphene nanoribbons [J]. Physical Review Letters, 2007, 98(20): 206805.

[191] Ferrari A C. Raman spectroscopy of graphene and graphite: Disorder, electron-phonon coupling, doping and nonadiabatic effects [J]. Solid State Communications, 2007, 143(1-2): 47-57.

[192] Krauss P R, Chou S Y. Nano-compact disks with 400 Gbit/in² storage density fabricated using nanoimprint lithography and read with proximal probe [J]. Applied Physics Letters, 1997, 71(21): 3174-3176.

[193] Liang X G, Jung Y S, Wu S W, et al. Formation of bandgap and subbands in graphene nanomeshes with sub-10 nm ribbon width fabricated via nanoimprint lithography [J]. Nano Letters, 2010, 10(7): 2454-2460.

[194] Wang C, Morton K J, Fu Z L, et al. Printing of sub-20 nm wide graphene ribbon arrays using nanoimprinted graphite stamps and electrostatic force assisted bonding [J]. Nanotechnology, 2011, 22(44): 445301.

[195] Pak Y, Jeong H, Lee K H, et al. Large-area fabrication of periodic sub-15 nm-width single-layer graphene nanorings [J]. Advanced Materials, 2013, 25(2): 199-204.

[196] Lin M H, Chen C F, Shiu H W, et al. Multilength-scale chemical patterning of self-assembled monolayers by spatially controlled plasma exposure: Nanometer to centimeter range [J]. Journal of the American Chemical Society, 2009, 131(31): 10984-10991.

[197] George A, Maijenburg A W, Nguyen M D, et al. Nanopatterning of functional materials by gas phase pattern deposition of self-assembled molecular thin films in combination with electrodeposition [J]. Langmuir, 2011, 27(20): 12760-12768.

[198] Park J B, Xiong W, Gao Y, et al. Fast growth of graphene patterns by laser direct writing [J]. Applied Physics Letters, 2011, 98(12): 123109.

[199] Morin A, Lucot D, Ouerghi A, et al. FIB carving of nanopores into suspended graphene films [J]. Microelectronic Engineering, 2012, 97: 311-316.

[200] Hemamouche A, Morin A, Bourhis E, et al. FIB patterning of dielectric, metallized and graphene membranes: A comparative study [J].

Microelectronic Engineering，2014，121：87－91.

[201] Abbas A N，Liu G，Liu B L，et al. Patterning，characterization and chemical sensing applications of graphene nanoribbon arrays down to 5 nm using helium ion beam lithography［J］. ACS Nano，2014，8(2)：1538－1546.

[202] Zhang K，Zhang L，Yap F L，et al. Large-area graphene nanodot array for plasmon-enhanced infrared spectroscopy［J］. Small，2016，12(10)：1302－1308.

[203] Zhu X L，Wang W H，Yan W，et al. Plasmon-phonon coupling in large-area graphene dot and antidot arrays fabricated by nanosphere lithography［J］. Nano Letters，2014，14(5)：2907－2913.

[204] Park J B，Yoo J H，Grigoropoulos C P. Multi-scale graphene patterns on arbitrary substrates via laser-assisted transfer-printing process［J］. Applied Physics Letters，2012，101(4)：043110.

[205] Kazemi A，He X，Alaie S，et al. Large-area semiconducting graphene nanomesh tailored by interferometric lithography［J］. Scientific Reports，2015，5：11463.

[206] Xia D Y，Ku Z，Lee S C，et al. Nanostructures and functional materials fabricated by interferometric lithography［J］. Advanced Materials，2011，23(2)：147－179.

[207] 林喆,叶晓慧,韩金鹏,等.基于飞秒激光切割的石墨烯图案化研究[J].中国激光, 2015,42(7)：93－97.

[208] Xu W T，Seo H K，Min S Y，et al. Rapid Fabrication of designable large-scale aligned graphene nanoribbons by electro-hydrodynamic nanowire lithography ［J］. Advanced Materials，2014，26(21)：3459－3464.

[209] Xu W T，Lee Y，Min S Y，et al. Simple，inexpensive，and rapid approach to fabricate cross-shaped memristors using an inorganic-nanowire digital-alignment technique and a one-step reduction process［J］. Advanced Materials，2016，28 (3)：527－532.

[210] Wang M，Fu L，Gan L，et al. CVD growth of large area smooth-edged Graphene nanomesh by nanosphere lithography［J］. Scientific Reports，2013，3：1238.

[211] Song X J，Gao T，Nie Y F，et al. Seed-assisted growth of single-crystalline patterned graphene domains on hexagonal boron nitride by chemical vapor deposition［J］. Nano Letters，2016，16(10)：6109－6116.

[212] Weber N E，Wundrack S，Stosch R，et al. Direct growth of patterned graphene ［J］. Small，2016，12(11)：1440－1445.

[213] Lee E，Lee S G，Lee H C，et al. Direct growth of highly stable patterned graphene on dielectric insulators using a surface-adhered solid carbon source［J］. Advanced Materials，2018，30(15)：1706569.

[214] 韩媛媛.基于石墨烯透明电极的高效有机发光二极管的研究[D].苏州大学,2014.

[215] Sreeprasad T S，Berry V. How do the electrical properties of graphene change with its cunctionalization？［J］. Small，2013，9(3)：341－350.

[216] Bunch J S，Verbridge S S，Alden J S，et al. Impermeable atomic membranes

from graphene sheets [J]. Nano Letters, 2008, 8(8): 2458 - 2462.

[217] Kim D, Lee D, Lee Y, et al. Work-function engineering of graphene anode by bis(trifluoromethanesulfonyl)amide doping for efficient polymer light-emitting diodes [J]. Advanced Functional Materials, 2013, 23(40): 5049 - 5055.

[218] Kim S M, Jo Y W, Kim K K, et al. Transparent organic p-dopant in carbon nanotubes: Bis(trifluoromethanesulfonyl)imide [J]. ACS Nano, 2010, 4(11): 6998 - 7004.

[219] Sun Y, Forrest S R. Enhanced light out-coupling of organic light-emitting devices using embedded low-index grids [J]. Nature Photonics, 2008, 2(8): 483 - 487.

[220] Reineke S, Lindner F, Schwartz G, et al. White organic light-emitting diodes with fluorescent tube efficiency [J]. Nature, 2009, 459(7244): 234 - 238.

[221] Wu T L, Yeh C H, Hsiao W T, et al. High-performance organic light-emitting diode with substitutionally boron-doped graphene anode [J]. ACS Applied Materials and Interfaces, 2017, 9(17): 14998 - 15004.

[222] Jeong J, Park S, Kang S J, et al. Impacts of molecular orientation on the hole injection barrier reduction: CuPc/HAT-CN/graphene [J]. The Journal of Physical Chemistry C, 2016, 120(4): 2292 - 2298.

[223] Hwang J, Choi H K, Moon J, et al. Multilayered graphene anode for blue phosphorescent organic light emitting diodes [J]. Applied Physics Letters, 2012, 100(13): 133304.

[224] Kuruvila A, Kidambi P R, Kling J, et al. Organic light emitting diodes with environmentally and thermally stable doped graphene electrodes [J]. Journal of Materials Chemistry C, 2014, 2(34): 6940 - 6945.

[225] Meyer J, Hamwi S, Kroeger M, et al. Transition metal oxides for organic electronics: Energetics, device physics and applications [J]. Advanced Materials, 2012, 24(40): 5408 - 5427.

[226] Meng H, Luo J X, Wang W, et al. Top-emission organic light-emitting diode with a novel copper/graphene composite anode [J]. Advanced Functional Materials, 2013, 23(26): 3324 - 3328.

[227] Tsai Y S, Wang S H, Chen C H, et al. Using copper substrate to enhance the thermal conductivity of top-emission organic light-emitting diodes for improving the luminance efficiency and lifetime [J]. Applied Physics Letters, 2009, 95(23): 233306.

[228] Lim J T, Lee H, Cho H, et al. Flexion bonding transfer of multilayered graphene as a top electrode in transparent organic light-emitting diodes [J]. Scientific Reports, 2015, 5: 17748.

[229] Chang J H, Lin W H, Wang P C, et al. Solution-processed transparent blue organic light-emitting diodes with graphene as the top cathode [J]. Scientific Reports, 2015, 5: 9693.

[230] Seo J T, Han J, Lim T, et al. Fully transparent quantum dot light-emitting diode

integrated with graphene anode and cathode [J]. ACS Nano, 2014, 8(12):
12476 -12482.

[231] Lee B K, Cho H, Chung B H. Nonstick, modulus-tunable and gas-permeable replicas for mold-based, high-resolution nanolithography [J]. Advanced Functional Materials, 2011, 21(19): 3681 - 3689.

[232] Kim S Y, Kim J J. Outcoupling efficiency of organic light emitting diodes employing graphene as the anode [J]. Organic Electronics, 2012, 13(6): 1081 - 1085.

[233] Kim S Y, Kim J J. Outcoupling efficiency of organic light emitting diodes and the effect of ITO thickness [J]. Organic Electronics, 2010, 11(6): 1010 - 1015.

[234] Lee J, Han T H, Park M H, et al. Synergetic electrode architecture for efficient graphene-based flexible organic light-emitting diodes [J]. Nature Communications, 2016, 7: 11791.

[235] Yao L, Li L, Qin L X, et al. Efficient small molecular organic light emitting diode with graphene cathode covered by a Sm layer with nano-hollows and n-doped by Bphen : Cs$_2$CO$_3$ in the hollows [J]. Nanotechnology, 2017, 28 (10): 105201.

[236] Kwon S J, Han T H, Kim Y H, et al. Solution-processed n-type graphene doping for cathode in inverted polymer light-emitting diodes [J]. ACS Applied Materials and Interfaces, 2018, 10(5): 4874 - 4881.

[237] Lee C, Wei X D, Kysar J W, et al. Measurement of the elastic properties and intrinsic strength of monolayer graphene [J]. Science, 2008, 321 (5887): 385 - 388.

[238] Gass M H, Bangert U, Bleloch A L, et al. Free-standing graphene at atomic resolution [J]. Nature Nanotechnology, 2008, 3(11): 676 - 681.

[239] Leenaerts O, Partoens B, Peeters F M. Graphene: A perfect nanoballoon [J]. Applied Physics Letters, 2008, 93(19): 193107.

[240] Seo H K, Park M H, Kim Y H, et al. Laminated graphene films for flexible transparent thin film encapsulation [J]. ACS Applied Materials and Interfaces, 2016, 8(23): 14725 - 14731.

[241] Tropsha Y G, Harvey N G. Activated rate theory treatment of oxygen and water transport through silicon oxide /poly(ethylene terephthalate) composite barrier structures [J]. The Journal of Physical Chemistry B, 1997, 101(13): 2259 - 2266.

[242] Weaver M S, Michalski L A, Rajan K, et al. Organic light-emitting devices with extended operating lifetimes on plastic substrates [J]. Applied Physics Letters, 2002, 81(16): 2929 - 2931.

[243] Dameron A A, Davidson S D, Burton B B, et al. Gas diffusion barriers on polymers using multilayers fabricated by Al$_2$O$_3$ and rapid SiO$_2$ atomic layer deposition [J]. The Journal of Physical Chemistry C, 2008, 112(12): 4573 - 4580.

[244] Liu Z K, Li J H, Yan F. Package-free flexible organic solar cells with graphene top electrodes [J]. Advanced Materials, 2013, 25(31): 4296 – 4301.

[245] Zhao Y D, Xie Y Z, Hui Y Y, et al. Highly impermeable and transparent graphene as an ultra-thin protection barrier for Ag thin films [J]. Journal of Materials Chemistry C, 2013, 1(32): 4956 – 4961.

[246] Choi K, Nam S, Lee Y, et al. Reduced water vapor transmission rate of graphene gas barrier films for flexible organic field-effect transistors [J]. ACS Nano, 2015, 9(6): 5818 – 5824.

[247] Park M H, Kim J Y, Han T H, et al. Flexible lamination encapsulation [J]. Advanced Materials, 2015, 27(29): 4308 – 4314.

[248] Paetzold R, Winnacker A, Henseler D, et al. Permeation rate measurements by electrical analysis of calcium corrosion [J]. Review of Scientific Instruments, 2003, 74(12): 5147 – 5150.

[249] Nam T, Park Y J, Lee H, et al. A composite layer of atomic-layer-deposited Al_2O_3, and graphene for flexible moisture barrier [J]. Carbon, 2017, 116: 553 – 561.

[250] Wang X R, Tabakman S M, Dai H J. Atomic layer deposition of metal oxides on pristine and functionalized graphene [J]. Journal of the American Chemical Society, 2008, 130(26): 8152 – 8153.

[251] Lee B, Park S Y, Kim H C, et al. Conformal Al_2O_3 dielectric layer deposited by atomic layer deposition for graphene-based nanoelectronics [J]. Applied Physics Letters, 2008, 92(20): 203102.

[252] Rammula R, Aarik L, Kasikov A, et al. Atomic layer deposition of aluminum oxide films on graphene [J]. IOP Conference Series: Materials Science and Engineering, 2013, 49: 012014.

[253] Williams J R, Dicarlo L, Marcus C M. Quantum hall effect in a gate-controlled p-n junction of graphene [J]. Science, 2007, 317(5838): 638 – 641.

[254] Cho S H, Kim H J, Lee S H, et al. Influence of Nb_2O_5 interlayer on permeability of oxide multilayers on flexible substrate [J]. Current Applied Physics, 2012, 12 (4): S85 – S88.

[255] Szeghalmi A, Helgert M, Brunner R, et al. Atomic layer deposition of Al_2O_3 and TiO_2 multilayers for applications as bandpass filters and antireflection coatings [J]. Applied Optics, 2009, 48(9): 1727 – 1732.

[256] Ha J, Park S, Kim D, et al. High-performance polymer light emitting diodes with interface-engineered graphene anodes [J]. Organic Electronics, 2013, 14 (9): 2324 – 2330.

[257] Sun T, Wang Z L, Shi Z J, et al. Multilayered graphene used as anode of organic light emitting devices [J]. Applied Physics Letters, 2010, 96 (13): 133301.

[258] Han Y Y, Zhang L, Zhang X J, et al. Clean surface transfer of graphene films

石墨烯薄膜与柔性光电器件

via an effective sandwich method for organic light-emitting diode applications [J]. Journal of Materials Chemistry C, 2014, 2(1): 201 - 207.

[259] Zhou W X, Chen J, Chen J Y, et al. Ag nanowire films coated with graphene as transparent conductive electrodes for organic light-emitting diodes [J]. Journal of Nanoscience and Nanotechnology, 2016, 16(12): 12609 - 12616.

[260] Li X M, Zhu H W, Wang K L, et al. Graphene-on-silicon schottky junction solar cells [J]. Advanced Materials, 2010, 22(25): 2743 - 2748.

[261] Levesque P L, Sabri S S, Aguirre C M, et al. Probing charge transfer at surfaces using graphene transistors [J]. Nano Letters, 2011, 11(1): 132 - 137.

[262] Li X M, Xie D, Park H, et al. Ion doping of graphene for high-efficiency heterojunction solar cells [J]. Nanoscale, 2013, 5(5): 1945 - 1948.

[263] Miao X C, Tongay S, Petterson M K, et al. High efficiency graphene solar cells by chemical doping [J]. Nano Letters, 2012, 12(6): 2745 - 2750.

[264] Cui T X, Lv R, Huang Z H, et al. Enhanced efficiency of graphene/silicon heterojunction solar cells by molecular doping [J]. Journal of Materials Chemistry A, 2013, 1(18): 5736 - 5740.

[265] Xie C, Zhang X J, Ruan K Q, et al. High-efficiency, air stable graphene/Si micro-hole array Schottky junction solar cells [J]. Journal of Materials Chemistry A, 2013, 1(48): 15348 - 15354.

[266] Zhang X Z, Xie C, Jie J S, et al. High-efficiency graphene/Si nanoarray schottky junction solar cells via surface modification and graphene doping [J]. Journal of Materials Chemistry A, 2013, 1(22): 6593 - 6601.

[267] Ho P H, Liou Y T, Chuang C H, et al. Self-crack-filled graphene films by metallic nanoparticles for high-performance graphene heterojunction solar cells [J]. Advanced Materials, 2015, 27(10): 1724 - 1729.

[268] Wu Y M, Zhang X Z, Jie J S, et al. Graphene transparent conductive electrodes for highly efficient silicon nanostructures-based hybrid heterojunction solar cells [J]. The Journal of Physical Chemistry C, 2013, 117(23): 11968 - 11976.

[269] Jiao T P, Liu J, Wei D P, et al. Composite transparent electrode of graphene nanowalls and silver nanowires on micropyramidal Si for high-efficiency schottky junction solar cells [J]. ACS Applied Materials and Interfaces, 2015, 7(36): 20179 - 20183.

[270] Shi E Z, Li H B, Yang L, et al. Colloidal antireflection coating improves graphene-silicon solar cells [J]. Nano Letters, 2013, 13(4): 1776 - 1781.

[271] Xie C, Zhang X Z, Wu Y M, et al. Surface passivation and band engineering: A way toward high efficiency graphene-planar Si solar cells [J]. Journal of Materials Chemistry A, 2013, 1(30): 8567 - 8574.

[272] Yang L F, Yu X G, Xu M S, et al. Interface engineering for efficient and stable chemical-doping-free graphene-on-silicon solar cells by introducing a graphene oxide interlayer [J]. Journal of Materials Chemistry A, 2014, 2(40): 16877 -

16883.

[273] Song Y, Li X M, Mackin C, et al. Role of interfacial oxide in high-efficiency graphene-silicon schottky barrier solar cells [J]. Nano Letters, 2015, 15(3): 2104 - 2110.

[274] Yuan J, Zhang Y Q, Zhou L Y, et al. Single-junction organic solar cell with over 15% efficiency using fused-ring acceptor with electron-deficient core [J]. Joule, 2019, 3(4): 1140 - 1151.

[275] Xu Y F, Long G K, Huang L, et al. Polymer photovoltaic devices with transparent graphene electrodes produced by spin-casting [J]. Carbon, 2010, 48 (11): 3308 - 3311.

[276] Wang Y, Chen X H, Zhong Y L, et al. Large area, continuous, few-layered graphene as anodes in organic photovoltaic devices [J]. Applied Physics Letters, 2009, 95(6): 063302.

[277] Jo G, Na S I, Oh S H, et al. Tuning of a graphene-electrode work function to enhance the efficiency of organic bulk heterojunction photovoltaic cells with an inverted structure [J]. Applied Physics Letters, 2010, 97(21): 213301.

[278] Wang Y, Tong S W, Xu X F, et al. Graphene: Interface engineering of layer-by-layer stacked graphene anodes for high-performance organic solar cells [J]. Advanced Materials, 2011, 23(13): 1514 - 1518.

[279] Liu Z K, Li J H, Sun Z H, et al. The application of highly doped single-layer graphene as the top electrodes of semitransparent organic solar cells [J]. ACS Nano, 2012, 6(1): 810 - 818.

[280] Watcharotone S, Dikin D A, Stankovich S, et al. Graphene-silica composite thin films as transparent conductors [J]. Nano Letters, 2007, 7(7): 1888 - 1892.

[281] Yin Z Y, Sun S Y, Salim T, et al. Organic photovoltaic devices using highly flexible reduced graphene oxide films as transparent electrodes [J]. ACS Nano, 2010, 4(9): 5263 - 5268.

[282] Lewis G D A, Zhang Y, Schlenker C W, et al. Continuous, highly flexible, and transparent graphene films by chemical vapor deposition for organic photovoltaics [J]. ACS Nano, 2010, 4(5): 2865 - 2873.

[283] Song Y, Chang S, Gradecak S, et al. Visibly-transparent organic solar cells on flexible substrates with all-graphene electrodes [J]. Advanced Energy Materials, 2016, 6(20): 1600847.

[284] Eda G, Lin Y Y, Miller S, et al. Transparent and conducting electrodes for organic electronics from reduced graphene oxide [J]. Applied Physics Letters, 2008, 92(23): 233305.

[285] You P, Liu Z K, Tai Q D, et al. Efficient semitransparent perovskite solar cells with graphene electrodes [J]. Advanced Materials, 2015, 27(24): 3632 - 3638.

[286] Li D, Cui J, Li H, et al. Graphene oxide modified hole transport layer for $CH_3NH_3PbI_3$ planar heterojunction solar cells [J]. Solar Energy, 2016, 131:

176 - 182.

[287] Sung H, Ahn N, Jang M S, et al. Transparent conductive oxide-free graphene-based perovskite solar cells with over 17% efficiency [J]. Advanced Energy Materials, 2016, 6(3): 1501873.

[288] Lang F, Gluba M A, Albrecht S, et al. Perovskite solar cells with large-area CVD-graphene for tandem solar cells [J]. The Journal of Physical Chemistry Letters, 2015, 6(14): 2745 - 2750.

[289] Yoon J, Sung H, Lee G, et al. Super flexible, high-efficiency perovskite solar cells employing graphene electrodes: Towards future foldable power sources [J]. Energy and Environmental Science, 2016, 10(1): 337 - 345.

[290] Guo Q J, Ford G M, Yang W C, et al. Fabrication of 7.2% efficient CZTSSe solar cells using CZTS nanocrystals [J]. Journal of the American Chemical Society, 2010, 132(49): 17384 - 17386.

[291] Park H, Chang S, Smith M, et al. Interface engineering of graphene for universal applications as both anode and cathode in organic photovoltaics [J]. Scientific Reports, 2013, 3: 1581.

[292] 徐迪恺. 石墨烯/硅太阳能电池的界面工程及性能优化[D]. 杭州: 浙江大学, 2018.

[293] 王俊, 禹豪, 王红航, 等. 石墨烯材料在钙钛矿太阳能电池中的研究进展[J]. 电子元件与材料, 2017, 36(6): 14 - 19.

[294] Koenig S P, Boddeti N G, Dunn M L, et al. Ultrastrong adhesion of graphene membranes [J]. Nature Nanotechnology, 2011, 6(9): 543 - 546.

[295] Na S R, Suk J W, Tao L, et al. Selective mechanical transfer of graphene from seed copper foil using rate effects [J]. ACS Nano, 2015, 9(2): 1325 - 1335.

[296] Corro E D, Taravillo M, Baonza V G. Nonlinear strain effects in double-resonance Raman bands of graphite, graphene, and related materials [J]. Physical Review B, 2012, 85(3): 033407.

[297] He Y, Chen W F, Yu W B, et al. Anomalous interface adhesion of graphene membranes [J]. Scientific Reports, 2013, 3: 2660.

[298] Lee G H, Cooper R C, An S J, et al. High-strength chemical-vapor-deposited graphene and grain boundaries [J]. Science, 2013, 340(6136): 1073 - 1076.

[299] López-Polín G, Gómez-Navarro C, Parente V, et al. Increasing the elastic modulus of graphene by controlled defect creation [J]. Nature Physics, 2015, 11 (1): 26 - 31.

[300] Los J H, Fasolino A, Katsnelson M I. Scaling behavior and strain dependence of in-plane elastic properties of graphene [J]. Physical Review Letters, 2016, 116 (1): 015901.

[301] Song Z G, Xu Z P. Geometrical effect 'stiffens' graphene membrane at finite vacancy concentrations [J]. Extreme Mechanics Letters, 2016, 6: 82 - 87.

[302] Nicholl R J T, Conley H J, Lavrik N V, et al. The effect of intrinsic crumpling on the mechanics of free-standing graphene [J]. Nature Communications, 2015,

6: 8789.

[303] Rasool H I, Ophus C, Klug W S, et al. Measurement of the intrinsic strength of crystalline and polycrystalline graphene [J]. Nature Communications, 2013, 4: 2811.

[304] Grantab R, Shenoy V B, Ruoff R S. Anomalous strength characteristics of tilt grain boundaries in graphene [J]. Science, 2010, 330(6006): 946 – 948.

[305] Jhon Y I, Chung P S, Smith R, et al. Grain boundaries orientation effects on tensile mechanics of polycrystalline graphene [J]. RSC Advances, 2013, 3(25): 9897 – 9903.

[306] Huang P Y, Ruiz-Vargas C S, van der Zande A M, et al. Grains and grain boundaries in single-layer graphene atomic patchwork quilts [J]. Nature, 2011, 469(7330): 389 – 392.

[307] Kotakoski J, Meyer J C. Mechanical properties of polycrystalline graphene based on a realistic atomistic model [J]. Physical Review B, 2012, 85(19): 195447.

[308] Sha Z D, Quek S S, Pei Q X, et al. Inverse pseudo Hall-Petch relation in polycrystalline graphene [J]. Scientific Reports, 2014, 4: 5991.

[309] Zhang P, Ma L L, Fan F F, et al. Fracture toughness of graphene [J]. Nature Communications, 2014, 5: 3782.

[310] Shekhawat A, Ritchie R O. Toughness and strength of nanocrystalline graphene [J]. Nature Communications, 2016, 7: 10546.

[311] Jung G S, Qin Z, Buehler M J. Molecular mechanics of polycrystalline graphene with enhanced fracture toughness [J]. Extreme Mechanics Letters, 2015, 2: 52 – 59.

[312] Hayes R A, Feenstra B J. Video-speed electronic paper based on electrowetting [J]. Nature, 2003, 425(6956): 383 – 385.

[313] Chen Y, Au J, Kazlas P, et al. Flexible active-matrix electronic ink display [J]. Nature, 2003, 423(6936): 136.

[314] Hong K, Park S. Melamine resin microcapsules containing fragrant oil: Synthesis and characterization [J]. Materials Chemistry and Physics, 1999, 58 (2): 128 – 131.

[315] Choi H J, Lee Y H, Kim C A, et al. Microencapsulated polyaniline particals for electroeological materials [J]. Journal of Materials Science Letters, 2000, 19(6): 533 – 535.

[316] Rogers J A, Bao Z, Baldwin K, et al. Paper-like electronic displays: Large-area rubber-stamped plastic sheets of electronics and microencapsulated electrophoretic inks [J]. Proceedings of the National Academy of Sciences of the United States of America, 2001, 98(9): 4835 – 4840.

[317] Wang Y T, Zhao X P, Wang D W. Electrophoretic ink using urea-formaldehyde microspheres [J]. Journal of Microencapsulation, 2006, 23(7): 762 – 768.

[318] 赵晓鹏,郭慧林,王建平.电子墨水与电子纸[M].北京：化学工业出版社,2006.

[319]　冯宇光.电子纸用多彩电泳粒子的合成及应用[D].北京：北京交通大学,2011.

[320]　葛雷雨.基于 PDLC 材料的柔性电子纸显示器件的研究[D].南京：南京大学,2018.

[321]　贾鸥莎.基于单片机控制的电子墨水显示性能研究和显示器件制作[D].天津：天津大学,2009.

[322]　王宇.基于拼接法的大幅面电子纸的设计与实现[D].西安：西安电子科技大学,2013.

[323]　范公瑾.内嵌式电容触摸屏传感器的设计与分析[D].哈尔滨：哈尔滨工业大学,2017.

[324]　周自立.电容式触摸屏的多点解决方案[D].广州：华南理工大学,2012.

[325]　谢江容.投射式电容触摸屏的灵敏度探究[D].南京：南京航空航天大学,2017.

[326]　陈松生.投射式电容触摸屏探究[D].苏州：苏州大学,2011.

[327]　沈奕.新型投射式电容触摸屏关键问题的研究[D].广州：华南理工大学,2015.

索 引

X

吸附掺杂　10,154,165,167,171,226,
　230
牺牲层　99,100,184
肖特基势垒　262－264,268
旋转球　293,295,297

Y

压敏胶　81,96
压印模板　190,191
阳极　8,11,16,112,114,115,196,
　197,221,222,225－235,237－248,
　258,277,283
杨氏模量　3,86,225,250,306－308,
　310
氧等离子体　89,94,103,183,186,
　193,209,232－234,277
氧含量　53,232,234
液晶显示面板　11,13,14
一步式直接刻蚀转移　81,106
乙烯醋酸乙烯酯　81,90
异质结　211,261－263,267,271,
　274,284
阴极　8,11,16,112,115,221,222,
　238,246－249,258,283

有机发光二极管　4,6,11,91,221,222
有机硅　81,93,94,96
原位外延　208

Z

载流子　3,4,9－11,46,50,71,72,90,
　96,98,100,115,123,126,137,139,
　140,143,145,146,149－158,161,
　165,166,168,170,171,217,221,
　223－226,230,231,236,240,262,
　263,268－271,273,275－278,
　284－286
载气　24,31,38,72
褶皱　37,38,49,52,63,73,82,89－
　91,96,100,102,105,109,116,119,
　124,131,266,300,301,306
种子诱导法　211
转印技术　122
紫外臭氧处理　232,234
自电容式触控　316,317
自动化转移装置　126
自组装单层膜　140,144,145,149
阻隔性　11,85,128,221,250,252,
　253,255,256,258
最低未占分子轨道　139,221,274
最高占据分子轨道　139,221,274